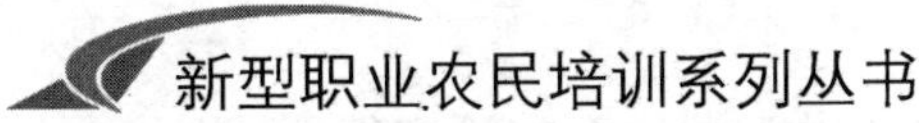

上海市粮油作物栽培技术

SHANGHAISHI LIANGYOU ZUOWU ZAIPEI JISHU

顾玉龙　李秀玲　主编

中国农业出版社

图书在版编目（CIP）数据

上海市粮油作物栽培技术 / 顾玉龙，李秀玲主编 . —北京：中国农业出版社，2015.8
（新型职业农民培训系列丛书）
ISBN 978-7-109-20617-5

Ⅰ.①上… Ⅱ.①顾… ②李… Ⅲ.①粮食作物-栽培技术②油料作物-栽培技术 Ⅳ.①S504

中国版本图书馆 CIP 数据核字（2015）第 145840 号

中国农业出版社出版
（北京市朝阳区麦子店街 18 号楼）
（邮政编码 100125）
策划编辑　石飞华
文字编辑　李　蕊

中国农业出版社印刷厂印刷　　新华书店北京发行所发行
2015 年 8 月第 1 版　　2015 年 8 月北京第 1 次印刷

开本：880mm×1230mm　1/32　　印张：9.25　　插页：11
字数：295 千字
定价：28.00 元

丛 书 编 委 会

本书编委会

主　编： 顾玉龙（水稻篇）

李秀玲（麦子篇、油菜篇）

副主编： 李　刚　周　燕　苏瑞芳（水稻篇）

张春明　王依明（麦子篇）

陈　旭　孙　利（油菜篇）

参与编写人员（以姓名笔画为序）

水稻篇：

于庆华　冯加根　朱　国　朱新春

江　健　李志余　吴雪源　吴雄兴

何正其　余飞宇　宋忠明　张　玉

张　强　陆文敏　陈晓锋　周锋利

胡大明　费全凤　袁联国　顾春军

顾树平　梅锦培　曹玲珍　董阳洋

蒋成国　管培民　戴国忠

麦子篇：

王治雄　王新新　朱培民　刘章生

江　健　沈　淳　张　珍　张文芳

张秋丽　胡海峰　费全凤　贾晴晴

顾远帆　徐培培　诸光明　樊丽萍

油菜篇：

王成科　王雅凤　方群英　孙珍夏

沈　淳　宋　卫　茅一平　建颖颖

顾　盈　钱建龙

审　稿： 金桓先

序

2014年中央1号文件明确指出要“加大农业先进适用技术推广应用和农民技术培训力度”“扶持发展新型农业经营主体”。上海市现代农业“十二五”规划中也确立了“坚持把培育新型农民、增加农民收入作为现代农业发展的中心环节”等五大基本原则。这些都对加强农业技术培训和农业人才培育，加快农业劳动者由传统农民向新型农民的转变提出了新的要求。

上海市农业技术推广服务中心多年来一直承担着本市种植业条线农业技术人员和农民培训的职责，针对以往培训教材风格不一，有的教材内容滞后等问题，组织本市种植业条线农业技术推广部门各专业领域的多位专家编写了这套农民培训系列丛书。该丛书涵盖了粮油、蔬菜、西瓜、草莓、果树等作物栽培技术，以及粮油、蔬菜作物病虫害防治技术和土壤肥料技术等内容。编写人员长期从事农业生产工作，内容既有长期实践经验的理论提升，又有最新研究成果的总结提炼。同时，丛书力求通俗易懂、风格统一，以满足新形势下农民培训的要求。

相信该丛书的出版有助于上海市农业技术培训工作水平的提升和农业人才的加快培育，为上海都市现代农业的发展提供强大技术支撑和人才保障。

中共上海市委农村工作办公室

上海市农业委员会

副主任

2014 年 12 月

目录

麦 子 篇

油菜篇

水稻篇

Shuidaopian

第一章 水稻基础知识

第一节　水稻概述

水稻是我国主要的粮食作物，播种面积占粮食作物的1/4，稻谷产量超过粮食总产量的1/3，占商品粮的一半以上。据我国国民经济和社会发展公报公布，2013年，全国稻谷总产量20 329万t、小麦总产量12 172万t、玉米总产量21 773万t，粮食总产量60 194万t，稻谷占33.77%。同时，全国约有半数以上的人口以稻米为主食。因此，水稻在我国粮食生产中占有举足轻重的地位。

稻米营养价值高，一般含碳水化合物75%～79%，蛋白质6.5%～9%（少量品种为12%～15%），脂肪0.2%～2%，粗纤维0.2%～1%，灰分0.4%～1.5%。与其他粮食相比，其所含粗纤维最少，淀粉粒特小，粉质细，易于消化，各种营养成分的可消化率和吸收率较高。水稻稻谷产量约占生物产量的50%，比其他粮食作物为高，稻谷加工后的米糠、谷壳以及稻草，在工农业生产上用途甚广。

水稻又是一种稳产、高产作物，抗逆性强，适应性广，栽培范围遍及全国各地。在生长季节较长、灌溉水源较好的条件下，不论酸性红壤、盐碱土、重黏土、沼泽地以及其他作物不能完全适应生长的地方，一般均可栽培水稻。因此，充分利用我国有利条件，大力发展水稻生产，对增加粮食产量，促进我国国民经济的发展，具有极重要的意义。

一、栽培稻的起源和分类

（一）世界栽培稻的起源

栽培稻种在植物分类学上属禾本科（Gramineae）稻属（*Oryza*）植物。目前全球稻属植物有 20 多个种，但栽培稻种只有 2 个，即普通栽培稻种（*Oryza sativa* L.）和非洲栽培稻种（*Oryza glaberrima* Steud.）。前者普遍栽培于世界各稻区，后者现仅在西非一带有少量栽培。我国栽培的均为普通栽培稻种。

世界上，对于栽培稻的起源问题历来争议较大，目前较多学者接受的观点是，稻属植物起源于冈瓦纳古大陆，2 个栽培稻种拥有一个共同的祖先，均起源于野生稻种。我国是栽培稻的起源地之一。

（二）我国栽培稻的演变和分类

1. 栽培稻类型的系统分类 我国现在栽培的水稻都属于普通栽培稻种，根据众多学者的研究证明，我国栽培稻种起源于我国的热带和亚热带地区，主要在华南的热带和亚热带地区，包括云南、广西、广东、台湾一带。丁颖等根据各类稻种的起源、演变、生态特性和栽培发展过程，将我国栽培稻种系统分为籼亚种和粳亚种，早、中季稻和晚季稻群，水稻和陆稻型，黏稻和糯稻变种以及一般栽培品种共 5 级。其系统关系如图 1-1 所示。

（1）籼稻和粳稻 籼稻是基本型，粳稻是在较低温度的生态条件下，由籼稻经过自然选择和人工选择逐渐演变而形成的变异型。在植物学分类上已成为相对独立的 2 个亚种，其亲缘关系相距较远，杂交亲和力弱，杂交结实率低。典型的籼稻和粳稻在形态上和生理上具有明显的差别，但存在一些中间类型品种，必须根据其综合性状表现来鉴别（表 1-1）。

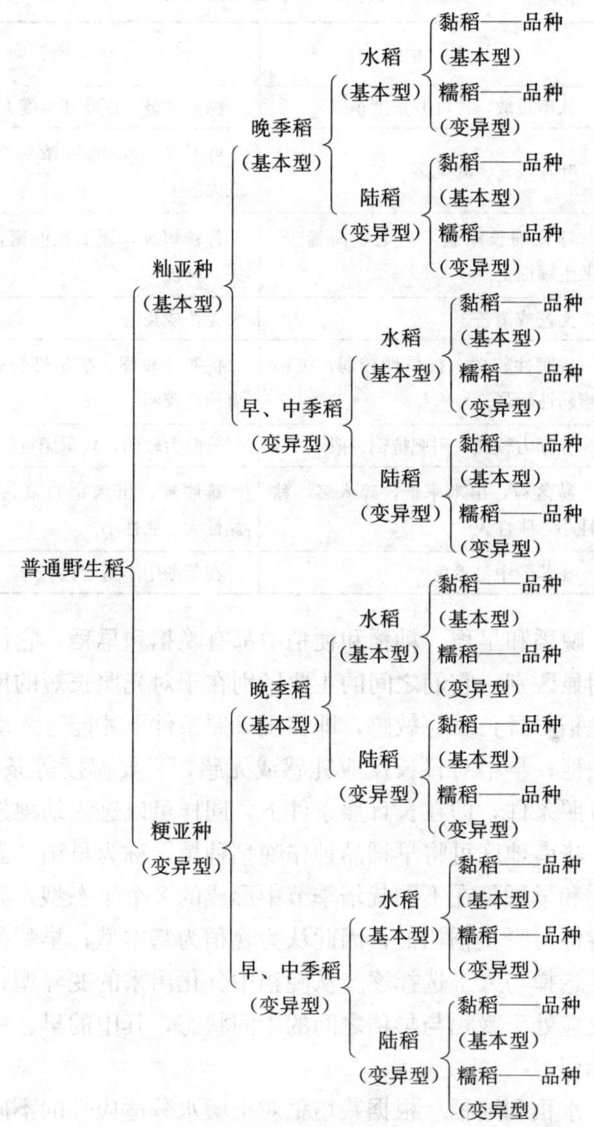

图 1-1 栽培稻种分类系统

表 1-1　籼稻与粳稻主要形态特征及生理特性比较

项目	籼　稻	粳　稻
形态特征	株型较散，顶叶开角度小	株型较竖，顶叶开角度大
	叶片较宽、叶毛多	叶片较窄，色较浓绿，叶毛少或无
	籽粒细长略扁，颖毛短而稀少，散生颖面上	籽粒短圆，颖毛长而密，集生颖尖、颖棱
	无芒或短芒	无芒或长芒
生理特征	抗寒性较弱，抗旱性较弱，抗稻瘟病性较强	抗寒性较强，抗旱性较强，抗稻瘟病性较弱
	分蘖力较强，耐肥抗倒一般	分蘖力较弱，较耐肥抗倒
	易落粒，出米率低，碎米多，黏性小，胀性大	难脱粒，出米率较高，碎米少，黏性大，胀性小
	在苯酚中易着色	在苯酚中不易着色

（2）晚稻和早稻　籼稻和粳稻中都有晚稻和早稻，它们在外形上没有明显区别。它们之间的主要区别在于对光照长短的反应特性不同。晚稻对日长反应敏感，即在短日照条件下才能进入幼穗发育阶段并抽穗；早稻对日长反应钝感或无感，只要温度等条件适宜，没有短日照条件，即在长日照条件下，同样可以进入幼穗发育阶段并抽穗。华南地区可将早稻品种作晚稻种植，称为早稻“翻秋”。

晚稻和早稻是在不同栽培季节中形成的 2 个生态型，其中晚稻的感光特性与野生稻相似，因此认为晚稻为基本型；早稻是通过长期的自然选择与人工选择逐步从晚稻中分化出来的变异型；中稻对日长的反应处于晚稻与早稻之间的中间状态，其中的早、中熟品种与早稻相似。

（3）水稻和陆稻　根据栽培稻对土壤水分适应性的不同，分为水稻（包括灌溉稻、低地雨育稻、深水稻、浮稻）和陆稻（又称为旱稻）两大类型。上述不同生态类型的主要区别在于彼此耐旱性不同，进而表现出形态解剖上和生理生态方面的差别。从稻的系统分类中已知，在籼粳稻的早、中、晚稻中都存在水稻和陆稻。水稻在整个生育期中，都可适应于有水层的环境，是一种水生或湿生植物；而陆稻则和其他旱作物一样，可在旱地栽培。水稻的水生环境与野生稻生长在沼泽地带相似，因此认为水稻为基本型，而陆稻是变异型。

（4）黏稻和糯稻　各稻种类型中都有黏稻（又称为非糯稻）和糯稻。两者的主要区别在于个别主效基因的差异，导致淀粉组成不同和米粒颜色各异。黏米呈半透明，含支链淀粉70%～80%、直链淀粉20%～30%。糯米为乳白色，几乎全部为支链淀粉。所以，黏稻煮的饭黏性弱，胀性大；糯稻煮的饭黏性强，胀性小。野生稻都属于黏稻。因此，可认为黏稻为基本型，糯稻是由于其淀粉成分的变异，经人工选择而演变成的变异型。

2. 栽培稻品种分类　作物品种是人们针对农艺性状或经济性状如生育期、株高、产量、品质、抗性等，经过人工选择育种而形成的。在近半个世纪内，栽培稻品种选育工作发展快，品种类型丰富。通常根据栽培稻品种的熟期、株型、穗型、稻种繁殖方式和稻米品质等特征、特性进行分类。

（1）按熟期分类　一般将早稻、中稻和晚稻分别分为早、中、迟熟品种，共9个类型。熟期的早迟，是根据品种在当地生育期长短划分的。在不同的耕作制度或生态条件下，选用不同熟期的品种进行合理搭配，有利于获得最佳的经济效益和生态效益。

（2）按株型分类　主要按其茎秆长短划分为高秆、中秆和矮秆品种。一般来说，茎秆长度在100 cm以下的为矮秆品种，长度在120 cm以上的为高秆品种，长度在100～120 cm的为中秆品种。矮秆品种一般耐肥抗倒，但过矮，其生物学产量低，难以获得高产；高秆品种一般不耐肥抗倒，生物学产量虽高，而收获指数低，也不易高产，目前生产上很少利用。因此，当前生产上利用的水稻品种多为矮中偏高或中秆品种类型。

（3）按穗型分类　分为大穗型和多穗型。大穗型品种一般秆粗、叶大、分蘖少，每穗粒数多；多穗型品种一般秆细、叶小、分蘖较多、每穗粒数较少，而每穗粒数的多少，又往往受环境和栽培条件的影响。在栽培上，多穗型品种必须在争取足够茎蘖数的基础上，提高成穗率而获取高产；大穗型品种，除在一定成穗数的基础上，应主攻大穗，以发挥其穗大、粒多的优势而充分挖掘其生产潜力。

(4) 按稻种繁殖方式分类　分为杂交稻种和常规稻种。杂交稻遗传基础丰富，具有杂种优势，通常产量较高。目前推广的杂交稻品种，以中秆、大穗类型的籼稻较多，且根系发达，分蘖力强。当前我国南方稻区籼稻以杂交稻为主。

(5) 按稻米品质分类　可分为优质稻、中质稻和劣质稻。目前我国仍以生产中质稻为主。随着人民生活水平不断提高，对优质稻米的需求量将越来越多。近年来，优质稻种植有较大发展，但由于多数常规优质稻品种产量不高，故发展速度受到一定限制。随着高产优质稻品种选育的进展，今后我国优质稻种植面积将进一步扩大。

3. 特种稻　水稻在长期演化中还形成了香稻和其他一些特种稻品种。随着我国消费者对香稻等特种稻需求的不断增长，其生产规模呈增长趋势。

香稻是能够散发出香味的品种，通常的香稻除根部外其茎、叶、花、米粒均能产生香味。不同的香稻类型可能具有不同的香型，一般认为香稻的香气主要来自 2-乙酰-1-吡咯啉。用香米蒸煮的米饭会散发出诱人的香味。

有色稻米包括红米、黑米和绿米，色素多积聚于颖果果皮内很薄的一层种皮细胞中，因为加工成精米时果皮种皮和胚都会被碾去，所以市场上出售的有色稻米都是糙米。

甜米是指淀粉含量相对较少而可溶性糖含量相对较大、米饭有甜味的稻米。用它制成各种食品，可减少食糖用量，制出高质量保健食品。

巨胚稻的胚占糙米体积的 20%左右，是普通稻米胚的 2～3 倍。糙米中蛋白质、脂肪、纤维素、烟酸等营养成分的含量明显高于普通稻米，其糙米可用作保健食品原料。

二、水稻的生产与分布

(一) 世界水稻生产概况

水稻是世界三大作物之一，在各大洲均有栽培，但主要集中分布于温暖湿润的东南亚季风区域。其中，亚洲占90%以上；其次是美洲、非洲、欧洲与大洋洲。根据联合国粮农组织（FAO）统计，2013 年世界水稻种植面积为 16 472.2 万 hm^2，平均单产为 4 530 kg/hm^2，稻谷总产量超过 74 600 万 t。水稻种植面积较大的国家有印度、中国、印度尼西亚、孟加拉国、泰国等；稻谷总产量较高的国家有中国、印度、印度尼西亚、孟加拉国、越南、缅甸、泰国等。水稻单产较高的国家有埃及、澳大利亚、美国、日本、中国、韩国等。

(二) 我国水稻生产概况

水稻是我国最主要的粮食作物，播种面积和总产量均占粮食作物的首位。20 世纪 60 年代以来，由于育种和栽培技术水平的提高，水稻单产和稻谷总产量得到显著提升。其中，单产水平几乎呈现直线上升趋势，平均单产由 1961 年的 2 040 kg/hm^2，提高至 2013 年的 6 730.5 kg/hm^2，平均年递增约 2.3 个百分点；稻谷总产量也由 1961 年的 5 364 万 t，提高至 2013 年的 20 329 万 t，总产量约提高 2.8 倍。稻谷总产量的提升呈现 2 个态势，1961—1997 年几乎呈现逐年上升的趋势，最高年份稻谷总产量达 20 000 多万 t；1997—2013 年，由于栽培面积有所减少，总产量总体呈现稳定状态。

(三) 我国稻作的分布和区划

我国稻作分布辽阔，南自海南岛，北至黑龙江省黑河地区，东自台湾省，西至新疆维吾尔自治区；低如东南沿海的潮田，高至云贵高原海拔 2 600 m 左右的山区，都有水（旱）稻栽培。但主要稻区（90%）分布于秦岭—淮河以南地区，其中长江中下游平原、珠江流域的河谷平原和三角洲、成都平原是我国主要产区。

我国稻作区划，近年以丁颖（1957）的研究为基础，结合我国气候生态区划的研究，划分为6个稻作带8个稻作区（二级区）。

1. 华南湿热双季稻作带 位于南岭以南，包括云南省西南部、广东中南部、广西南部、福建东南部、台湾省，以及沿海岛屿。本带稻田面积和产量居全国第二位，约占全国的16%，品种以籼稻为主，山区也有粳稻。

2. 华中湿润单、双季稻作带 位于淮河—秦岭以南，南岭以北。包括江苏、安徽省的中、南部，河南、陕西省的南缘，四川省东半部，浙江、湖南、湖北、江西诸省及上海市的全部，广东省和广西壮族自治区北部，福建省的中、北部。本带稻田面积和产量约占全国的66%，居全国首位。根据本带热量条件和耕作制度特点，又划分为南部双季稻作区（$Ⅱ_1$）与北部单、双季稻作区（$Ⅱ_2$）。早稻以籼稻为主，晚稻和一季稻有中、晚籼和中、晚粳。

3. 华北半湿润单季稻作带 位于秦岭—淮河以北，长城以南。包括辽宁省的辽东半岛，北京、天津两个直辖市，河北省的张家口至多伦一线以南地区、内蒙古东南和南部，山西省全部，陕西省秦岭以北的东南大部分地区，宁夏回族自治区的固原以南的黄土高原，甘肃省兰州以东，河南省北部，山东省全部，以及江苏、安徽两省的淮北地区。本带稻田面积、产量约占全国的8%，品种以粳稻为主。

4. 东北半湿润早熟单季稻作带 位于辽东半岛西北与长城以北、大兴安岭以东地区，包括黑龙江大兴安岭以东地区、吉林省、辽宁省的北半部。本带是我国北方主要稻区，稻田面积、产量约占全国的2%，品种均为早熟粳稻。

5. 西北干燥单季稻作带 位于大兴安岭以西，长城、祁连山与青藏高原以北地区，包括黑龙江省大兴安岭以西部分、内蒙古自治区、甘肃省西北部、宁夏回族自治区的北半部、陕西省西北部、河北省北部以及新疆维吾尔自治区。根据水分条件对稻作生产的影响，又可分为东部半干旱稻作区（V_1）和西部干旱稻作区（V_2）。本带稻田面积和产量只占全国的0.5%左右，主要栽培的品种为早熟粳稻。

6. 西南高原湿润单季稻作带　位于我国西南部，主要包括贵州大部、云南中北部以及四川西部和青海全部、西藏的零星稻区。本带以山地高原为主，稻田面积和产量约占全国的7%，稻种类型在垂直分布上有明显规律，低海拔地区主要为籼稻，海拔较高地区以粳稻为主，中间地带为籼粳交错分布区。

（四）上海水稻生产概况

水稻是上海郊区主要粮食作物，播栽面积、稻谷总产量和单产水平均位于粮食作物首位。改革开放30多年来，随着农村经济的发展、城市规模的延伸和农村劳动力的转移，郊区水稻生产也历经了多个转变和提升。

1. 经营方式　在经营方式上，由1983年前的以生产队为基础统一集体经营模式为主，向分田到户、家庭联产承包责任制模式为主转变，至20世纪末和21世纪初，随着农村劳动力转移和生产力发展的需求，经营方式又逐步向种粮大户、粮食生产专业合作社、集体农场、家庭农场等多种规模经营方式转变。至2013年，全市粮食规模经营面积约占全市水稻总面积的70%以上。

2. 茬口模式　在粮食生产茬口模式上，从1985年起，随着郊区粮食生产任务的松动，在种植业结构调整中，逐步将原来的粮田一年三熟制调整为两熟制，压缩早稻、后季稻，扩大单季晚稻。至1990年，全市单季晚稻种植面积比例达80%以上，基本恢复了两熟制生产。市郊粮食生产以“麦—稻”“油菜—稻”“绿肥—稻”等一年两熟制茬口模式一直沿用至今。

3. 栽培技术　在栽培技术上，伴随熟制的调整和生产技术的进步，从20世纪90年代初起，以水稻直播、抛秧栽培为重点的水稻现代农艺（轻型栽培）技术在市郊得到全面推广。至1995年，市郊直播稻、抛秧稻合计面积占全市单季晚稻总面积的70%以上，改变了以往水稻生产“面朝黄土背朝天、弯腰曲背几千年”的人工育苗、人工移栽传统栽插历史。至21世纪初以来，随着新一轮水稻机械化育插栽培技术的推广和普及，以及水稻机械化直播（穴播、条播）栽培技术的示范和应用，水稻机械化种植技术得到有效提升。至2013年，全市水稻机械化种植面积比例占全市水稻种植面积近40%，人工育插秧面积比例不足2个百分点，全市水稻生产基本形成了以人工直播、机械化育插秧、机械直播等3种栽培方式共存的格局。同时，随着机械化水平的提高，水稻机械化种植面积将不断扩大。

4. 水稻品种 在品种上，1985年以来，伴随熟制调整，市郊水稻种植品种类型逐步由籼稻转为粳稻。至1990年恢复“两熟制”生产后，全市粳谷比重由1985年的77%提高到了97%，籼谷比重仅在3%左右。在之后的1～2年，籼稻品种基本退出上海，市郊种植的水稻品种几乎全部为粳型品种。同时伴随上海市第一个杂交粳稻寒优湘晴新组合的选育成功，连同之后的20多年间相继育成的闵优系列、申优系列、秋优金丰等10多个杂交粳稻新组合，1985—2007年上海市累计推广杂交粳稻新组合38.67万hm^2。杂交粳稻新组合的示范和推广，为利用杂交优势，提高水稻增产潜力发挥了积极作用。尤其是2011—2013年，3年间全市累计推广秋优金丰、花优14杂交粳稻新组合4.17万hm^2，平均单产9 448.5 kg/hm^2，较对照平均增产879 kg，增幅10.3%，并涌现出一批单产超过10 500 kg/hm^2的高产典型，增产效果显著。

同时，近10年来（2004年以来），在上海市良种补贴及种子统供政策扶持下，全市水稻品种得到了有序更新，基本实现了平均每4～5年更换一次的目标，对有效促进大面积平衡增产发挥了重要作用。

5. 种植面积和单产水平 改革开放30多年来，随着熟制改革和农村经济、城市规模的发展，以及生产技术的进步，郊区水稻种植面积刚性减少趋势不可逆转，但单产水平得到明显提高。

（1）种植面积 30多年来，全市水稻种植面积总体呈现递减趋势（图 1-2）。依据递减幅度大体可分为两个阶段：一是锐减阶段。1978—2003 年，市郊水稻播栽面积由 1978 年的 34.3 万 hm^2 锐减至 2003 年的 10.6 万 hm^2，平均年减少水稻种植面积 0.95 万 hm^2；二是基本稳定阶段。2004 年以来，在国家宏观政策调控下，水稻种植面积锐减趋势得到遏制，2004—2012 年，全市水稻种植面积基本稳定在 10.67 万 hm^2 左右。

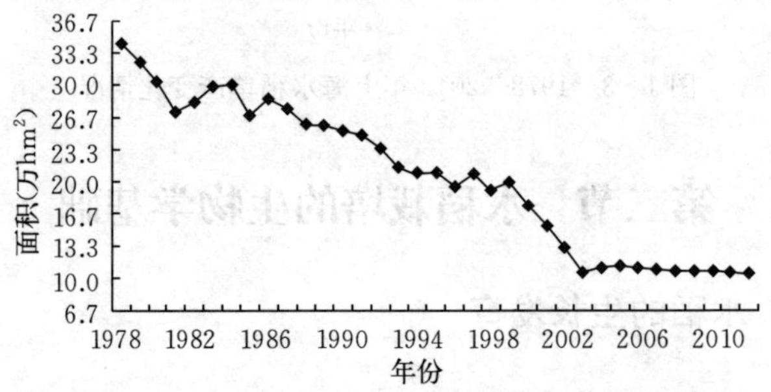

图 1-2　1978—2012 年上海水稻面积变化情况

（2）单产水平　30 多年来，依靠科技进步和品种改良，上海市水稻平均单产实现了 6 000 kg/hm^2、7 500 kg/hm^2、8 250 kg/hm^2“三个”突破（图 1-3）。一是熟制改革。1985 年起，全市粮食生产改一年三熟制为两熟制，恢复“两熟制”后，1986 年市郊水稻平均单产达 6 120 kg/hm^2，首年实现了超 6 000 kg/hm^2 的目标；二是栽培技术进步。随着水稻直播、抛秧等现代农艺技术的推广应用，1994 年起，郊区水稻平均单产首次突破 7 500 kg/hm^2，达到 7 882.5 kg/hm^2；三是新品种或新组合的推广和高产栽培技术的集成应用。1995 年以来，上海市以直播稻和抛秧稻为重点，积极开展水稻群体质量栽培技术研究和应用，进一步加大高产优质新品种或新组合的示范推广，实施良种良法配套栽培，改传统的以足苗争足穗的技术路线，为“精播减苗、高效施肥、适时控苗、生化促控”为核心的高产栽培技术路线，并在大面积推广应用。通过各项高产栽培技术的集成应用，用了近 15 年时间，至 2009 年全市水稻平均单产达 8 296.5 kg/hm^2，并连续 5 年平均单产稳定在 8 250 kg/hm^2 以上。

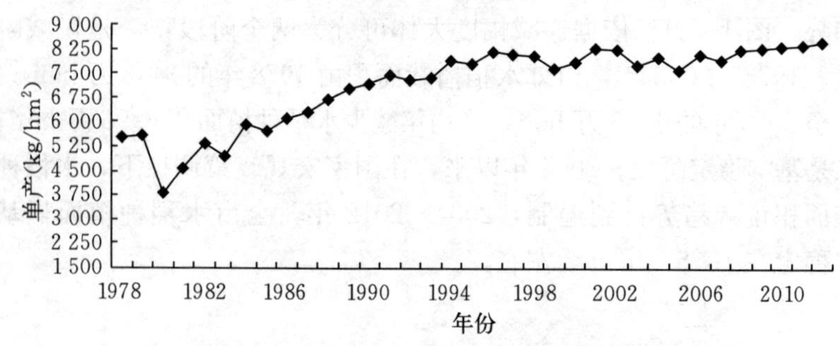

图 1-3　1978—2012 年上海水稻单产变化情况

第二节　水稻栽培的生物学基础

一、水稻的生长发育

（一）水稻的生长发育过程

水稻的一生在栽培学上是指从种子萌发开始到新种子成熟。在水稻生育过程中，包括 2 个彼此紧密联系而又性质互异的生长发育时期，即营养生长期和生殖生长期。一般以稻穗开始分化作为生殖生长期开始的标志。

1. 营养生长期　营养生长是指水稻营养体的增长，包括种子发芽和根、茎、叶、蘖的增长，并为过渡到生殖生长积累必要的养分，此期可分为幼苗期和分蘖期。在育秧移栽时，营养生长期又可分为秧田期（播种到拔秧移栽）和本田分蘖期。

（1）幼苗期　从种子萌动开始到 3 叶期称为幼苗期。胚根与种子等长，胚芽长至种子一半长度时，称为发芽；当不完全叶突破芽鞘、叶色转青时称为出苗或现青。幼苗至 3 叶期末胚乳基本耗尽，称为断乳期，此后秧苗由异养阶段转入自养阶段。移栽水稻的幼苗期通常在秧田期度过。

（2）分蘖期　从第四叶出生开始萌发分蘖，直到拔节分蘖停止，称为分蘖期。

（3）返青期　对于移栽而言。秧苗移栽后，由于根系损伤，有一个地上部生长停滞和萌发新根的过程，经5～7 d才能恢复正常生长，这一段时期即为返青期，也称为“缓苗期”。

返青后分蘖不断发生，到开始拔节时，生长中心转移，分蘖不再发生，分蘖数达到最高峰。分蘖高峰期后，稻株从发根节以上的节间开始伸长，称为拔节。到抽穗后4～7 d，拔节过程才完成。分蘖在拔节后向两极分化，一部分出生较早的分蘖继续生长，以后抽穗结实，称为有效分蘖；一部分出生较迟的小分蘖，生长逐渐停滞而消亡，称为无效分蘖。分蘖前期产生有效分蘖的时期称为有效分蘖期。分蘖后期产生无效分蘖的时期称为无效分蘖期。

（4）有效分蘖临界叶龄期　按照水稻叶龄模式栽培理论，以N代表主茎总叶片数，n代表伸长节间数，并依据具有4叶（3叶1心）分蘖能独立生活、成穗可靠的原理，生产上往往以（$N-n$）叶龄期为水稻有效分蘖临界叶龄期。但不同类型品种间由于伸长节间数的不同，有效分蘖临界叶龄期略有差异。

对于5个及6个伸长节间的品种，有效分蘖临界叶龄期基本符合（$N-n$）的通式。以17叶5个伸长节间品种为例，有效分蘖临界叶龄期为12叶，其分蘖实际发生叶位为第九叶位。12叶龄以前和9叶位以下，均为有效分蘖期；12叶龄之后和9叶位以上发生的分蘖一般为无效分蘖。

对于4个伸长节间以下的短生育期的品种而言，拔节期只有3叶（2叶1心）的分蘖，也能成为有效分蘖，有效分蘖临界叶龄期为（$N-n+1$）叶龄期。以11叶4个伸长节间的品种为例，其有效分蘖叶龄通式为（$N-n+1$）。该类品种8叶期（$N-n+1$）发生的分蘖，到10叶期（拔节）只有2叶1心，但它已初步具有发根的条件。该分蘖发生后至孕穗，主茎只抽出3片叶，冠层的叶片数较少，分蘖的受光条件相对较好，故能继续发育成为有效分蘖。这是4个伸长节间品种有效分蘖叶龄期能比5个以上节间品种能推后1个叶龄的主要原因。也有个别的5个及6个伸长节间的品种，在良好的生长环境下出现类同的现象。

2. 生殖生长期 生殖生长是指结实器官的生长，包括稻穗的分化形成和开花结实，此期可分为长穗期和灌浆结实期。实际上在稻穗分化的同时，营养器官的节间伸长、新叶抽出、根系扩大仍在旺盛进行。因而，严格地说，从稻穗分化开始到抽穗是营养生长和生殖生长并进时期，抽穗后基本上是生殖生长期。

（1）长穗期 是指从幼穗分化开始，至出穗为止，一般要经25～35 d，生育期短的小穗型品种长穗期较短，生育期长的大穗型品种长穗期较长。上海地区主栽品种尽管是拔节在前，穗分化在后，但两者间时间差异不过在3 d左右，之后节间伸长与幼穗分化是并进的，因此，生产上将长穗期也通常称作为拔节长穗期。

幼穗分化与拔节因早、中、晚稻而异，有先有后，通常可分为重叠生育型、衔接生育型和分离生育型等3种。

重叠生育型：凡先幼穗分化而后拔节的，称为重叠生育型。如地上部伸长3～4个节间的早稻品种。

衔接生育型：凡拔节和幼穗分化同时进行的，一般称为衔接生育型，如地上部伸长5个节间的中稻品种。

分离生育型：凡拔节后隔一段时间再进入幼穗分化的，称为分离生育型，如地上部伸长6个或6个以上节间的晚稻品种。

目前上海地区种植的单季晚稻品种绝大部分属于分离生育型，幼穗分化是在拔节后一段时间内开始的，个别特早熟品种，一般指在国庆节前后成熟的中稻品种，属于衔接生育型。

在实际生产中，对于大面积单季晚稻主栽品种而言，判断拔节和幼穗分化方法除了直接剥查或镜检外，主要运用叶龄模式栽培理论，以前人研究结果和叶龄期来科学判断或预测水稻生育进程，指导大面积生产。按照叶龄模式栽培理论，以及叶与节间同伸关系的原理，生产上往往以（$N-n+3$）叶龄期或（$n-2$）倒数叶龄期为拔节叶龄期。例如，18叶6个伸长节间的品种，其拔节始期应为15叶龄期。15叶龄期是18叶品种的倒数第四叶，和“$n-2$”的公式的结果相一致。穗分化开始的时期，一般来说，倒4叶出生一半为苞原基分化期；倒 3 叶露尖到全展，为枝梗分化期；从倒 2 叶露尖到全展，为颖花分化期；倒 1 叶露尖到全展，为减数分裂期；倒 1 叶全展到出穗为花粉粒成熟期。这样，可以用“叶龄余数法”，也就是用未出叶数来诊断幼穗分化大致时期。当知道某一品种的总叶片数和当时生长的叶片数或叶龄余数时，就可以推算出幼穗分化的时期。同时，对于分离生育型品种而言，也可以视节间伸长情况来判断幼穗分化进程。具体叶龄余数、节间伸长、幼穗分化三者的关系大致如下。

倒 4 叶出生一半≈第 1 节间伸长≈苞原基分化期

倒 3 叶出生至全展≈第 2 节间伸长≈枝梗分化期

倒 2 叶出生至全展≈第 3 节间伸长≈颖花分化期

倒 1 叶出生至全展≈第 4 节间伸长≈花粉母细胞减数分裂期

倒 1 叶全展至穗顶露出≈第 5 节间伸长≈花粉粒成熟期

穗顶露出到穗完全抽出＝第 6 节间伸长

在实际生产中，通常应用上述的叶、节间和幼穗分化进程相互关系判断和决策相应的栽培措施，指导大面积生产。

（2）灌浆结实期　是指从抽穗开花到谷粒成熟一段时期，又可分为抽穗扬花期和结实期。抽穗扬花期一般历经 5～7 d；抽穗开花后即进入灌浆结实阶段，米粒的成熟过程通常分为乳熟期、蜡熟期和完熟期 3 个时期。

乳熟期：一般指开花后 3～10 d 的这段时间，米粒内开始有淀粉积累，呈现白色乳液，直至内容物逐渐浓缩，胚乳结成硬块，米粒大致形成，背部仍为绿色。

蜡熟期：在开花后 11～17 d，米粒逐渐硬结，与蜡质相似，手压仍可变形，米粒背部绿色逐渐消失，谷壳渐转黄。

完熟期：谷壳已呈黄色，米粒硬实，不易破碎，并具固有的色泽。

灌浆结实期因所处气候条件（主要是温度）和品种的不同特性，一般在 25～55 d，早稻偏短，晚稻偏长。上海地区种植的单季晚稻主栽品种，从开花到谷粒成熟，灌浆结实期一般在 45～55 d。

（二）水稻的生育期

水稻从播种到成熟的天数称为全生育期，从移栽到成熟称本田或大田生育期。水稻的生育期是品种的固有特性。同一品种在同一地区，在适时播种、移栽的季节下，其生育期是比较稳定的；而在不同地区，或在非正常的播种、移栽的季节下，其生育期则有变异。南方稻区，根据水稻品种生育期长短，分为早稻、中稻与晚稻3类，每一类中又分为早熟、中熟和迟熟等不同熟期的品种。根据稻作栽培制度，在适宜稻作生长季节能栽一季的称为一季稻或单季稻，能栽两季的称为双季稻。目前，上海地区习惯种一季水稻，且以中熟或迟熟的晚稻类品种为主，简称为单季晚稻。早在20世纪60年代中期至80年代中后期，由于粮食三熟制的推广，上海水稻种植也以双季稻为主，分早稻和双季晚稻（也称为后季稻）。

二、水稻器官的建成与功能

（一）种子的发芽与幼苗生长

1. 种子的形态与结构　成熟的稻谷在生产上称为种子。稻谷的形状因品种不同而有不同。籼稻的稻谷呈细长扁平状，而粳稻的稻谷为短圆状。习惯上用长宽比例表示稻谷的形态。粳稻谷的长宽比例在（1.6～1.8）：1.0，籼稻谷的长宽比例多在1.9：1.0以上。生产上常用1 000粒稻谷的质量即千粒重来表示种子或谷粒的大小，单位为g。目前，生产上栽培的水稻种子的千粒重为21～32 g。

谷粒由谷壳和糙米两大部分构成（图1-4）。谷壳主要由内、外颖构成，其两缘相互钩合，对其内的糙米起机械保护作用。谷壳的外颖顶端有1个小突起，称为颖尖，有的品种颖尖伸长为芒。内、外颖着生于小花梗上，其下方有2片退化的护颖，再下有1对呈突起状的副护颖，副护颖以下为比较短的小穗梗，其基部着生于二次或一次枝梗上。谷粒的形状、颖壳及颖尖颜色，芒的有无，颖毛多少、长短与分布情况等，都是鉴别品种的主要特征。

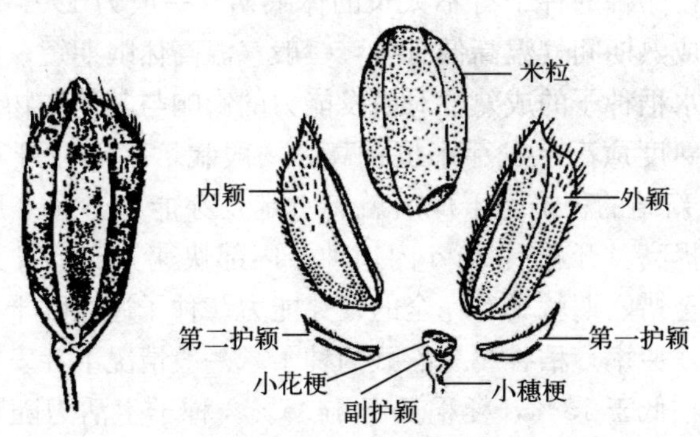

图 1-4　谷粒的外形及结构

糙米是由果皮、种皮、胚乳（糊粉层与胚乳淀粉组织）及胚组成。种皮在果皮内侧，是很薄的一层；胚乳在种皮之内，外被糊粉层所包，糊粉层不含淀粉，含糊粉粒、脂肪、维生素 B 及酶类等。果皮、种皮、糊粉层连同胚在精加工的过程中被全部碾去，所有被碾去部分，一般统称为糠层。胚乳淀粉组织约占糙米质量的 90%，是种子萌发和幼苗生长所需的营养物质和能量的来源。有的在腹部或米粒中心部分带有粉白色，不透明，这些部分称为腹白和心白。腹白和心白的大小，品种间有差异，凡腹白或心白大的米粒易被碾碎，米质不好。垩白度的大小是评判大米外观品质的一个重要指标。

胚位于糙米的下腹部（外颖的一侧），质量约占糙米的 2%，胚的上端为胚芽，下端为胚根，其间为胚轴，盾片着生于胚轴上靠胚乳的一侧。胚芽由 1 个茎端生长点、1 个叶原基、2 个幼叶和 1 个胚芽鞘构成。胚根由胚根生长点、胚根冠和胚根鞘构成。盾片紧靠胚乳的一面，富含多种酶类，在稻种萌动和幼苗生长的过程中，起到促使胚乳贮藏物质分解、并将其吸入胚的作用。

2. 种子的萌发能力　水稻种子的萌发能力主要与种谷的休眠

状态、成熟度以及贮藏的条件和时间有关。水稻种子的休眠期，品种间差异很大。绝大部分籼稻品种的种子无明显休眠期，部分粳稻品种如早粳品种的种子有不太长的休眠期，一般为1～4周。休眠期长短与成熟期间气温高低有关，一般气温高休眠期短，气温低休眠期长。水稻种子的成熟度对萌发能力的影响与其他作物一样，一般种子成熟度愈高，发芽率也愈高。一般栽培水稻在开花授粉后7～10 d，新结的种子经干燥后就有一定发芽能力，14 d后种子发芽率大为提高。开花后20 d内，种子内部快速充实，发芽能力已趋正常，至蜡熟期就具有完全的发芽能力。种子通过晒干处理，可以提高其发芽率。稻谷属易贮藏的种子。一般情况下，安全贮藏含水量：籼稻低于13%，粳稻低于14.5%。种子生活力随贮存时间延长而降低，降低稻种谷含水率，有助于延长保持活力的时间。

3. 发芽和幼苗生长 稻谷发芽的最低温度，一般粳稻为10 ℃，籼稻为12 ℃，部分热带品种为15 ℃。稻谷萌发的最适温度一般为28～36 ℃，但品种间差异明显。稻谷在适宜的温度和水分条件下吸水，开始萌动。其发芽需经过吸胀、萌发（露白及破胸）及发芽3个阶段。发芽是从种子吸水膨胀开始的，首先是胚芽鞘与胚根鞘明显膨胀，顶破外颖，露出白色的胚部，称为露白或破胸。之后，呼吸量剧增，根、芽加速生长。胚根突破胚根鞘，成为1条种子根。胚芽鞘露出谷壳后，称为芽鞘。芽鞘为圆筒形，顶端呈圆锥状，不含叶绿素，一般呈白色。芽鞘伸长终止前后，向谷壳一侧弯曲，从顶端裂口中抽出不完全叶，不完全叶抽出后1～2 d，长出第一片完全叶，开始进行光合作用；到第二片完全叶展开时，光合作用能力增强，光合产物已能较多补充幼苗代谢活动的需要，以后按一定出叶间隔期继续长出完全叶。含有叶绿素的不完全叶抽出，幼苗呈现绿色，常称为“现青”。当第一片叶完全抽出前后，在芽鞘节上长出5条不定根，这些根短壮粗白，形如鸡爪，故称为“鸡爪根”。随着幼苗的生长，谷粒中的胚乳逐渐减少，约到3叶末期残留胚乳极微，此时称为“离乳期”，是幼苗从依赖自身胚乳营养满足生长的异养阶段，转为靠自身叶片光合作用和根系吸收养分进行独立生活的自养阶段的转折期。水稻出苗及幼苗生长的最低温度，粳稻为 12 ℃，籼稻为 14 ℃，若温度高于 16 ℃，粳、籼稻的出苗及生长均较顺利。一般出苗前短期日最低气温下降到－2～－1 ℃，种芽尚不会明显受害；但 3 叶期后，抗寒力下降，日最低气温在 5～7 ℃或更低时，秧苗即会受冷害。水稻幼苗期的发根、出叶过程如图 1－5 所示。

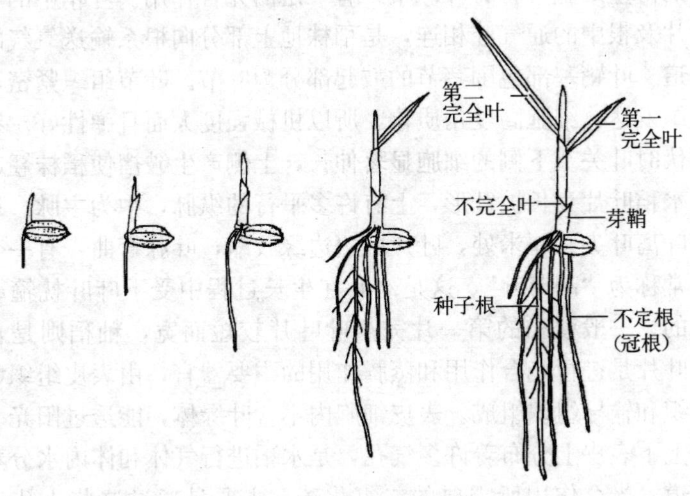

图 1－5　水稻幼苗期发根、出叶过程

（二）叶的生长

1. 叶的形态与结构　水稻的叶可分为芽鞘（鞘叶）、不完全叶和完全叶 3 种。芽鞘为白色，在发芽时最先出现。不完全叶是从芽鞘中抽出的第一片绿叶，一般只见叶鞘不见叶片，习惯上属于不完全叶，在计算主茎叶片数时，常将其除外。完全叶由叶鞘与叶片组成。叶鞘的基部与叶片交界处白色带状部分，称为叶枕。叶枕内面从叶鞘上端伸长出膜片，称为叶舌。在叶枕与叶鞘的交界处，生有 1 对钩状的器官，称为叶耳。叶耳上生有茸毛。稗草没有叶耳，这是稗与稻的不同之处。但也有极个别的无叶耳、叶舌的水稻品种，称为筒稻。

叶鞘抱茎，有保护幼叶、分蘖芽、嫩茎、幼穗和增强茎秆强度、支持植株的作用。叶鞘的形状可分为2种：一种是着生在分蘖节上的叶鞘，为三角形；另一种是着生在茎秆节上的叶鞘，其叶鞘横切面略呈圆形而没有明显的鞘脊，累积淀粉的能力比三角形叶鞘能力强，由于其形状及功能发生了变化，所以称为变形叶鞘。叶鞘外侧的薄壁细胞中含有叶绿素，有一定的光合作用。叶鞘中的气腔和叶片及根中的通气腔相连，是稻株地上部分向根系输送氧气的主要通道。叶鞘基部包围茎节的鼓起部分为叶节。叶节组织紧密，机械组织发达，细胞高度角质化，所以机械强度大而且弹性好。在稻株倒伏时叶关节下侧的细胞显著伸长，上侧产生皱褶使稻株翘起。

水稻叶片为长披针形，上有许多平行的纵脉，中为主脉。顶部几片叶离叶尖几厘米处，叶片两边边缘收缩，叶脉弯曲，有一个缢痕，常称为“葫芦叶”，这是幼叶在生长过程中受下叶叶枕箍勒所造成的。一般粳稻的第一片完全叶叶片较短而宽，籼稻则是长而窄。叶片是进行光合作用和蒸腾作用的主要器官，由表皮组织、叶肉组织和输导组织组成。表皮细胞内不含叶绿体，能透过阳光。叶片的上下表皮上分布着许多气孔，是水稻进行气体和体内水分蒸腾的要道。光合作用所需要的二氧化碳，主要是通过这些小孔进入的。叶肉是上下表皮细胞之间的薄壁细胞层，这些细胞内含有大量叶绿体，它是进行光合作用，制造有机物质的场所。

2. 叶的分化与生长 稻叶的分化生长过程可分4个时期。①叶原基分化形成期。在茎端生长点基部，由于原套、原体细胞的分裂增殖形成一个小突起。②叶的组织分化期。叶原基的分生组织不断分裂，长成风雪帽状的幼叶。其顶端断续伸长，并在最上部开始分化出主脉，而后向左右及下部渐次分化出叶脉，继而分化出叶耳、叶舌，其下部分化为叶鞘。此时，大叶脉的分化数目确定。③叶片伸长期。在叶鞘分化出现后，叶片生长加速，同时，叶内相继分化出小维管束和横生的维管束，叶肉组织和表皮上各组织的细微结构自上而下逐渐分化形成。④叶片抽出期。叶片伸长进入最后阶段，叶片组织分化完成，叶片确定。接着叶鞘迅速伸长，叶片从其下一叶的叶鞘内逐渐抽出，同时叶片细胞充实，开始进行光合作用。叶片完全展开后不久，叶鞘停止伸长，全叶伸长结束，叶片进入功能盛期。

稻株营养生长期，相邻的各叶分化进程和叶的生长保持着大体稳定的顺序关系，即：心叶内包着3个幼叶和1个叶原基。当心叶（n叶）正处于叶片抽出期时，则（$n+1$）叶处于叶片伸长期；（$n+2$）叶处于叶组织分化期的后期，呈笔套状；（$n+3$）叶处于组织分化期的前期，呈风雪帽状；（$n+4$）叶为原基环状突起。

在同一植株上，相邻叶的生长也有如下规律性：叶片伸长在先，在叶片伸长达到高峰时，叶鞘开始伸长，上一叶的叶片与下一叶的叶鞘同时伸长，如第六叶的叶片与第五叶的叶鞘同时伸长，待第五叶叶鞘伸长定型而露出叶枕时，第六叶的叶尖也同时露出，此时第六叶叶片已接近全长，但大部分叶片仍在第五叶叶鞘中，之后随着第六叶的叶鞘伸长，而将叶片顶出。

水稻某叶的叶尖开始抽出至叶片全部抽出、展平所经历的时期，称为某叶龄期，相邻两片叶伸出的间隔日数，称为出叶间隔（又称为出叶速度）。出叶间隔与生育期关系密切。离乳期之前出生的3片叶，因主要靠胚乳供应养分，而且叶片面积小，所以出叶间隔最短，一般在3 d左右，其中以第一叶最短，仅1～2 d。分蘖节上出生的叶为5～6 d，着生在茎秆上的叶，出叶间隔最长，为7～9 d。影响出叶速度最大的因素是温度，在32 ℃以下，温度越高出叶越快；水分对出叶速度也有影响，土壤干旱时出叶速度变慢；栽培密度对出叶速度的影响表现为稀植的出叶快；而且出叶数增加，单本栽插的往往比多本栽插的多出1～2片叶。叶片的寿命，随叶位上升而逐渐延长。如1～3叶，一般只有10多d，剑叶寿命最长，有的可达60 d以上。一般说来，生育期长的品种，叶的寿命较长。干旱、缺肥或光照弱等条件对叶的寿命有明显不利影响。

主茎一生的叶片数，因品种类型和环境条件不同而有所变化，一般早稻为9～13叶，中稻为14～15叶，晚稻为16叶以上。主茎叶片的长度变化，一般自第一片完全叶开始，叶片长度随叶位上升而渐增，幼穗分化初期长出的倒 4、倒 3 叶最长，以后叶片的长度又依次递减。尤其是剑叶长度往往较前几叶短。最长叶的出现叶位与品种的伸长节数有关，伸长节数多，最长叶的叶位偏下，节数少的则偏上。生育期短的品种最长叶的叶位偏上，生育期长则偏下。水稻植株上倒 3 叶的长度，对稻株群体受光影响甚大，各叶片从抽出到衰亡所经历的时间，通常也是随叶位上升而延长。叶片的长短和姿态，受外界环境条件的影响较大，在多肥，尤其是氮素水平高时能使叶面积显著增加，并促进单个叶肉细胞增大，叶肉变厚，控制肥、水，会使叶片长度相对缩短。由于叶的生长受营养条件的影响很大，所以在生产上通常都将叶长、叶面积、叶色等作为田间诊断的指标。

水稻各生育期都有相应的养料输入中心（生长中心），各叶的光合产物主要向它集中。当光合产物不足时，在分配上优先保证输入中心的需要。分蘖期及拔节期输入中心主要是幼嫩的叶子及分蘖，孕穗期主要为穗和茎，出穗期及乳熟期则主要为穗部。在同一时期不同部位的叶片光合产物的运转特点也有差异，分蘖期和拔节期顶叶的光合产物主要留在本叶及叶鞘中，孕穗期开始部分流向茎、穗，出穗期则大量流入穗中，各生育期的倒 2 叶的光合产物则都大量流向该时期的养料输入中心。分蘖期及拔节期倒 4 叶的光合产物除流向该时期的输入中心顶叶外，同时，对根系及茎秆基部的物质供应也起着较大的作用，孕穗期后倒 4 叶的光合能力变弱，光合产物很少向外流出。

（三）分蘖的生长

1. 分蘖的分化与生长　稻的分蘖是由稻茎基部的节（分蘖节）上的腋芽（分蘖芽）在适宜的条件下长成的。一般芽鞘节和不完全叶节上的芽不能萌发成分蘖。稻的第一个分蘖是第一叶节上的分蘖芽萌发成的。茎秆节上的芽与稻茎基部 1～3 个节一般不萌发。因此，仅在接近地表几个中间节位上能发生分蘖，这类节又称为分蘖节。

分蘖原基形成很早，当某叶处于组织分化后期时，在其上位的风帽状幼叶的叶缘下方出现的小突起即是该叶腋的分蘖原基。后经细胞分裂增殖，分化出分蘖鞘原基，继而分化出第一和第二叶原基，当第二叶原基分化出现时，分蘖原基已具备了芽的形态，成为分蘖芽。此时，正是其母茎同节位叶的抽出期。

分蘖芽形成后，继续分化发育，并在母茎叶鞘内伸长，最终抽出同位叶的叶鞘而成分蘖。初抽出的是分蘖的第一叶。分蘖的第一叶抽出后，其出叶速度大体与母茎相同。分蘖上可再发生分蘖，通常将主茎上发生的分蘖称为一次分蘖，从一次分蘖茎节上发生的分蘖称为二次分蘖，以此类推。水稻在多本移栽时三次分蘖的发生极少，在稀播稀植条件下，一部分可能发生三次分蘖。分蘖在茎节上着生的节位称为分蘖位。各次分蘖都有其一定的着生节位。同一母茎上最下一个分蘖的着生节位称为最低分蘖位，最上一个分蘖的着生节位称为最高分蘖位，高低分蘖位相差大，则标志单株分蘖数多。蘖位的分布，受品种及栽培条件的影响，分蘖力强，则生育期长，叶片数多的品种以及稀植的分蘖多，反之，则分蘖少。

叶、蘖同伸现象：分蘖发生的时期与母茎出叶期存在着密切关系。不管是一次分蘖发生，还是二次或三次分蘖的发生，（$n-3$）叶位的分蘖与母茎第 n 叶同期抽出，这种现象称为叶、蘖同伸现象。

就一个分蘖的形成而言，从分蘖原基的出现到分蘖芽的形成几乎不受内外条件的影响，按母茎的出叶进程顺序进行；而分蘖芽形成之后能否长成分蘖，则要受制于多种内外条件。叶、蘖同伸现象也是判断植株健壮生长的一个重要标志。

2. 有效分蘖和无效分蘖 分蘖的有效或无效，是以能否成穗来区别的。分蘖从发生、生长至最后抽穗结实（一般以每穗结实 5 粒以上），称为有效分蘖，否则为无效分蘖。分蘖的有效性主要取决于在主茎拔节前能否长出根系，独立地吸收水分和矿质元素，以制造营养物质。在 3 叶以前，分蘖尚未出根，所需养分主要靠主茎供给。拔节后主茎的茎、穗、叶迅速生长，需要大量的营养物质，因而对分蘖的养分供应锐减，这时如果分蘖还未长成独立根系，则可能因养分不足而中途停止生长甚至死亡。如此时分蘖叶数较多，根系发达，独立营养能力较强，则可能成穗。无效分蘖的生长枯衰包括 2 种情况，一种是分蘖发生极迟，生长非常缓慢，在其进入穗分化之前，就停止生育，而后逐渐萎枯。这种分蘖一般只长出 1～2 叶，幼穗尚未分化。另一种为低次位分蘖，其出现期较有效分蘖晚，或者比母茎同伸叶发生过迟，虽在初期生长正常，但当母茎进入穗分化后，出叶速度显著减缓，当母茎进入减数分裂期，即开始逐渐枯黄，但在死亡前，已开始穗分化，有的甚至达到了颖花分化阶段。可见其枯死原因，主要是营养条件差，尤其是受主茎养分亏缺的影响更大。生产上，一般以全田总茎数与最后穗数相当的日期，称为有效分蘖终止期。应该指出：在有效分蘖期发生的分蘖并非全为有效，而以后发生的分蘖也并非全为无效，只是有效和无效的相对比率有所差别而已。分蘖的有效性除受本身的生长状况制约外，同时也受温度、光照、水分、养分等环境因素的影响。

（四）茎的生长

水稻的叶、分蘖、不定根和穗部都是由茎上长出来的，稻茎有支持、输导和贮藏等方面的功能。

1. 茎的结构与功能　稻茎由节和节间 2 部分组成。茎基部的若干个节间不伸长，各节密集而生，一般有 7～13 个节密集在一起，在这些节上长出不定根和分蘖，故称为根节或分蘖节。茎上部有若干个节间伸长，构成茎秆。稻茎秆的节间部呈圆筒状，横切面呈环形。茎秆中部的空腔称为髓腔，四周是茎壁。茎壁由表皮、厚壁机械组织、薄壁细胞和维管束构成。

由于长期的自然选择，水稻的茎秆大都形成了基部节间粗壮、上部节间细长的形态，而且，茎秆外层由硅质化的表皮细胞和厚壁细胞组成，大大地增强了茎秆的机械强度。若要获得高产，必须满足秆粗、秆硬、基部节间短等条件。茎秆内层有多层薄壁细胞，这些细胞内贮存着淀粉等物质，供水稻生长。节的薄壁细胞充满原生质，生活力旺盛，与其他部分相比，含有较多的糖分、淀粉等养分，使节部成为出叶、发根和分蘖的活动中心。一般抽穗后茎秆内有20％～30％的贮藏物质输送给谷粒。

薄壁细胞内有通气腔，和大维管束相间排列。茎的通气腔和髓腔相通，是地上部叶片向根部输送氧气的通道。一般上部节间内通气腔不发达或没有。因此，茎秆中、下部叶片容易向根部输氧，而上部叶片较难于向根部输送氧气，所以，抽穗后保持中、下部叶片的寿命，意义是很重大的。

维管束系统贯通植株上下，传送营养和水分，使稻株各部分器官连成一体。粗壮茎秆内维管束多，能使稻株保持高度的营养水平，促使幼穗的分化和发育。水稻的每一个一次枝梗内都有茎秆内通来的大维管束，大维管束多，一次枝梗多，谷粒也就多。一般粳稻穗颈节（最上部伸长节间）内大维管束数和一次枝梗数之比为1∶1，而籼稻品种为2∶1。

2. 茎的生长　水稻茎的初期生长为顶端生长，由于顶端分生组织的活动，形成新的茎节和叶子，从穗开始分化到分化完成，茎顶部分生组织退化，以后的生长则靠居间分生组织，当茎部的节间进行居间生长，开始伸长达1～2 cm，甚至更长时，称为拔节。所以，水稻茎的生长是由顶端生长开始，经居间生长结束。

同一茎秆上各节间的伸长顺序大体是从最基部节间开始，依次向上。即下一个节间伸长快结束时，上一个节间正处于伸长盛期终了，再上一个节间（即自下向上数第三节间）已开始缓慢伸长。也就是说，同一段时间内，有3个节间都在伸长，只是伸长阶段和速度各不相同。一般情况下，茎上部伸长节间数因品种而有差异，早稻伸长节间数在4个左右，中稻是5个左右，晚稻为6～7个。

3. 茎的状态与倒伏的关系　水稻倒伏以成熟阶段居多。折倒的部位通常是基部第一和第二节间。倒伏的水稻基部第一和第二节间细长，抗倒能力弱，因此，生产上通常采用搁田、控肥等措施，控制基部第一、第二节间伸长，以防倒伏。稻茎抗倒能力，不仅取决于茎秆，包围茎秆的叶鞘强度也起一定作用。尤其是当下部茎秆较细弱时，叶鞘所起的作用更大。而叶鞘的强度随着叶片的枯衰大为降低。所以，后期保持下位叶的功能，即争取绿叶数多，对防止倒伏有利。同时，茎秆所含碳水化合物多，细胞中糖分丰富、渗透压高，则茎秆吸水而充实，从而增强其抗倒伏能力。

（五）根的生长

1. 根的形态和发生　水稻是须根系作物，一般由种子根和不定根组成。种子根只有 1 条，当种子发芽时，由胚根直接发育形成，主要在幼苗期起营养吸收作用，之后衰老而死，寿命极短。不定根发生于分蘖节上，是稻根的主体。种子根和不定根上均可发生分枝，分枝根上还可以再分枝，在土壤通透性良好的情况下，最多可发生 5、6 级分枝。稻根由表皮、皮层和中柱 3 个部分组成。最外层为表皮，表皮上有根毛。根尖和根毛区是根系吸收养分和水分的主要部位，根毛和分枝根生长越多，根系吸收范围就越大。因此，要形成根系深广、吸收面积大的根群，必须不断促进新根和分枝根的发生，并促进根尖不断生长，如果新根和发生分枝根的能力受阻，稻根的吸收能力就会减弱。

不定根的长、粗和分枝等形态特征与发根节位关系密切。根据发根节位不同，可分为上层根和下层根 2 部分，上层根是指最上 3 个发根节位上发出的根，一般在拔节前至抽穗前后相继发生，和幼穗分化同时进行。到了抽穗以后，其数量占绝对多数，是生理年龄较小的根，具有较强的吸收功能，是生育后期最主要的功能根系。下层根为上层根以下的全部根系，是播种出苗后至分蘖末期发生的根。下层根在上层根发生期间能继续分枝生长，对穗的发育和灌浆结实仍起积极作用。下位节上的根比较短小，越向上越粗大且分枝越多；一般伸长节间的基部下方的第三节上的根最长，总分枝量也多，再往上位节上的根又逐渐变短，但具有分枝多、分枝级次高的特点。

根的发生与出叶也有一定的关系。谷种在出芽后不久自芽鞘节长出不定根。芽鞘节发根时间大体与1叶至2叶的出叶时间相同，待3叶出现后，出叶和发根节位大体保持（$n-3$）的一定的对应关系。分枝根的出现与茎的出叶周期也有一定联系，如在n叶出现的同时，在（$n-3$）节上发生不定根，在（$n-4$）节上的不定根发出二级分枝根；在（$n-5$）节上的不定根上发生三级分枝根。分蘖的发根与出叶的关系与主茎相同。

2. 根系的分布和消长　水稻根系主要分布在离土表0～10 cm的土层中（约占80%），特别是0～5 cm的表土层分布最多，耕作层以下分布很少。水稻根系的分布随生育的进展而变化，生育初期至中期根系主要向横下方发展，拔节前根群分布呈扁圆形；到抽穗期，根系的分布与中期相比明显特征是，分布在土表和深层的根系增加，根群呈倒卵圆形，至抽穗后停止生长。根群的分布因品种及栽培方式不同而变化。一般晚熟品种较早熟品种扎得深；移栽稻生育初期根群横向分布多，直播稻纵向分布根系多，随着生育进展的推进，移栽稻根系纵向分布多，直播稻则以横向伸展较多，到抽穗期二种方法的根系分布相似，但总体而言，直播稻的根系分布较移栽稻浅。

稻根的条数与总长度，在分蘖期随分蘖的发生而增加，到拔节、穗分化初期前后增加最迅速，到抽穗期达最大值，而后逐渐减少。在总根数中新、老根的比例，随生育期的推进不断变化。移栽后稻苗初发根，此时几乎都是新根，而后发根节位不断上移，自下而上先发生的下位节上的根顺次衰老。因此，总体而言，老根比例越来越大。土壤的强还原性使根的伸长和分枝都受阻，不利于根的生长。

（六）穗的发育

1. 稻穗的基本形态结构　稻穗为圆锥花序，由穗轴（主梗）、一次枝梗、二次枝梗（个别品种有三次枝梗）、小穗梗和小穗组成（图1-6）。一个稻穗从剑叶鞘抽出到穗颈节的部分称为穗颈，从穗颈节到退化生长点的部分是穗轴，穗一般有8～15个穗节，穗颈节是最下位的穗节，退化的生长点处是最上的穗节。穗节上长出的分枝，称为一次枝梗，一次枝梗上长出的分枝，称为二次枝梗。每个一次枝梗上直接着生 6 个左右小穗梗，每个二次枝梗上着生 3 个左右小穗梗，小穗梗的末端着生 1 个小穗。每个小穗只有 1 个颖花，长成了就是 1 粒稻谷。谷粒数的多少和一、二次枝梗的多少有关。凡是枝梗数多的，尤其是二次枝梗数多的品种，则穗大、粒密、粒多，但密穗型品种的结实率低。

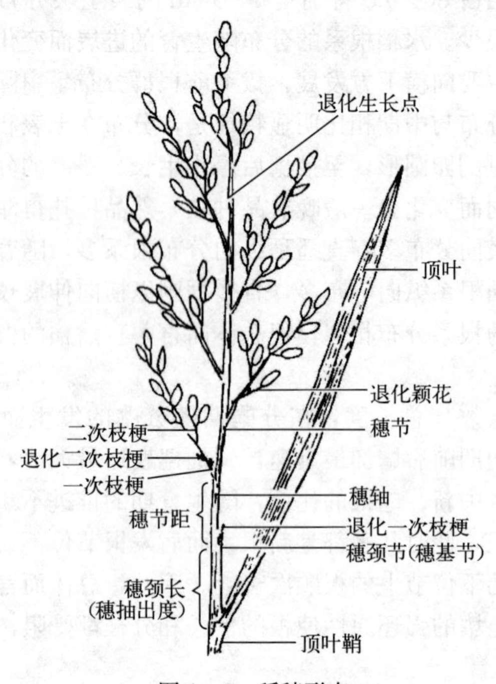

图 1－6　稻穗形态

2. 穗的分化发育　在我国，丁颖等最早系统观察研究稻穗分化，把整个幼穗发育期划分为 8 个时期。

(1) 第一苞的分化期　幼穗开始分化时，首先从生长锥基部产生环状突起，即第一苞原基。苞是退化的变形叶，穗轴上各个节都有苞。第一苞着生处是穗颈节，所以第一苞的出现，是生殖生长的起点，以后随着第一苞体积增大，生长点也迅速增大。

（2）一次枝梗原基分化期　当第一苞原基增大之后，在生长锥基部分化出横纹状的第二苞、第三苞等的原基，从第一苞的腋部起，由下而上各苞的腋部接着生出新的圆头状突起，这些新突起就是一次枝梗原基。一次枝梗原基迅速长大，在其基部长出白色苞毛，这就是第一次枝梗原基分化期。

（3）二次枝梗原基及颖花原基分化期　一次枝梗原基逐渐长大，其基部出现很浅的苞的横纹和小突起，这小突起就是二次枝梗原基。在一次枝梗原基上小突起的分化向上发展，这些一次枝梗上部的小突起便是颖花原基。不久二次枝梗原基上分化出新的突起，称为颖花原基。同时在二次枝梗原基和颖花原基着生的部位，也长出许多白色苞毛。接着，发育快的颖花分化出副护颖、护颖和内、外颖的原基，二次枝梗原基及颖花原基分化期到此为止。这时幼穗一般已有 1 mm 以上，为浓密的苞毛所覆盖。

（4）雌雄蕊形成期　穗上部发育最快的颖花原基，在其内、外颖原基上方分化出 6 个雄蕊原基突起和 1 个居中的较大的雌蕊原基突起。颖花原基继续分化发育，到雌雄蕊分化完成止，此时，幼穗外部形态已初步形成，全穗长在 5～6 mm。这样的分化由穗上部的颖花向穗下部的颖花推进。

（5）花粉母细胞形成期　颖花进一步分化，当颖花的长度达最终长度的 1/4 左右时，花药中出现花囊间隙，造孢细胞分裂形成花粉母细胞。此时，幼穗长在 1.5～3.0 cm。

（6）花粉母细胞减数分裂期　当颖花的长度接近最终长度的 1/2 时，其花药内大量的花粉母细胞进入减数分裂期，颖花长度达到最终长度的 85％左右时，大量四分体出现，减数分裂期完成。减数分裂期是稻株对许多逆境的反应最敏感的时期。

（7）花粉内容充实期　四分体分散，成为小球形的花粒，花粉外壳逐渐形成，出现发芽孔，体积增大，花粉内迅速积累淀粉，花粉逐渐成为饱满的球形。

（8）花粉完成期　颖花在抽出前的 1～2 d，花粉粒充实完毕，成为淡黄色，相互间有黏液粘着。此时颖壳呈浅绿色。

后人从生产的需要出发，把丁颖等最早系统观察研究的稻穗分化8个时期，归纳划分为5个时期，即苞原基分化期、枝梗分化期、颖花分化期、花粉母细胞减数分裂期和花粉粒形成期。

（七）开花受精与结实

1. 颖花的构造 在稻穗的第一次枝梗与第二次枝梗上的小穗梗末端着生小穗。每个小穗有3朵颖花，其中只有1朵颖花能发育，另外2朵颖花退化，发育完成的颖花由副护颖、护颖、内颖、外颖、鳞片、雄雌蕊等各种部分组成。

2. 开花受精过程 稻穗露出剑叶叶鞘，即为抽穗。从穗露出到穗基节抽出约需5 d，抽穗的当日或次日，穗顶端的颖花自内外颖开始张开到闭合，称为开花（开颖），全穗开花过程需5～7 d。

穗上各颖花的开花顺序，同穗的各一次枝梗间，上位花先开，顺次向下，基部的最后开花；同一次枝梗上的各二次枝梗间亦如此；同一枝梗上各颖花间，一般是顶端颖花先开，顶第二朵最后开，中部的几朵颖花大体同开或稍有交错。同穗颖花开花的早迟与颖花受精后获得灌浆物质的能力有很密切的关系，早开的颖花居优势，称为强势花；迟开的颖花居劣势，称为弱势花。一天中的开花时间，主要决定于当日的气温，一般在气温高时，8～9时开花，到11时左右达到盛花，气温低时，开花推迟甚至暂停开花。

水稻开花授粉的过程是一个双受精过程。在开颖的同时，花丝伸长，花药开裂，花粉散落在自身的柱头上完成授粉。授粉后2.5～3 h 1个精核先后与2个极核融合，形成初生胚乳核。授粉后5～7 h另1个精核与卵结合，形成合子，双受精过程完成。水稻开颖的温度范围为15～50 ℃，但开花时的气温若低于23 ℃或高于35 ℃，裂药受精就要受影响。

3. 米粒发育 受精后，整个子房以后就发育成1粒糙米。其中受精卵发育成胚，胚乳原核发育成胚乳。胚是繁殖下一代的最重要的器官。受精卵约在受精后4～6 h即开始分裂，并迅速地进行组织分化。开花第五天，即可看到胚芽、胚根及维管束；至第七天，胚的各部器官已大体分化完成，开始具有发芽能力，至第十天，胚完成分化。

胚乳的发育也很快。受精后，胚乳原核迅速进行分裂，开花第四天，子房内部即充满胚乳细胞；至第五天，即可看到灌浆物质形成的淀粉粒；之后，灌浆物质不断增多，胚乳细胞中的淀粉粒也不断增多，而水分则不断减少。我们通常所说的灌浆，主要是指稻株的营养物质向胚乳输送；我们通常看到的米粒增大，主要是胚乳增大。开花后 20 d 左右，米粒外形即已基本确定，但米粒含水量还相当高，尚待继续灌浆充实。

米粒灌浆的过程，基本就是米粒中干物质不断增多、水分不断减少的过程。谷粒中含水量在乳熟期很高，约 86%；进入蜡熟期后，含水量在 40%～50%；到达完熟期，含水量为 20%～25%；当含水量低于 19%左右时，不再减少。水稻自开花后 25～45 d 成熟。除受气温影响外，通常籼稻所需时间较粳稻短，早、中稻比晚稻短，生育期短的品种比生育期长的偏短，水稻收割适期在完熟期。

三、水稻器官生长间相互关系

稻株各器官的生长，彼此间有着十分密切的关系。这种器官生长的相互关系包含内容很多，其中不少是纯属植物学、生物学、生理学方面的内容，还有不少现象或机理没有搞清，尚有待于今后进一步研究揭示。目前，根据前人的研究结果，水稻各器官间的生长主要包括以下几方面内容。

（一）营养器官间生长关系

1. 相邻叶及叶片与叶鞘的生长关系　水稻一生中，各叶片的依次抽出，都是一个前后衔接的过程。后出叶的叶尖总是靠在先出叶的叶枕附近；叶片的抽出是靠自身叶鞘迅速伸长而顶出的；当先出叶露尖时，此叶的叶片长度已定；叶片伸长在先，在叶片伸长达到高峰时，叶鞘开始伸长；相邻的各叶分化进程和叶的生长保持着大体稳定的顺序关系。

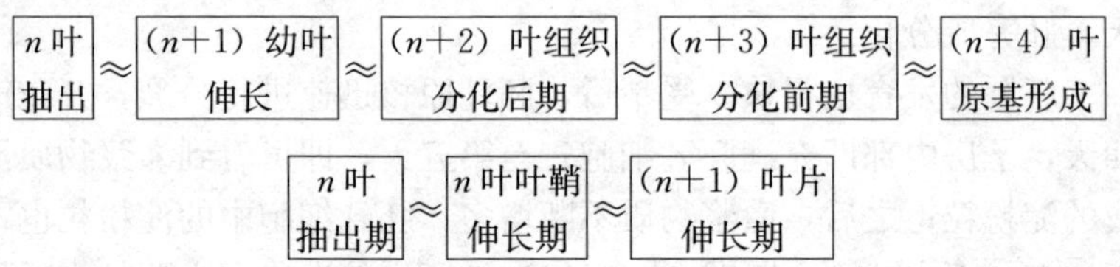

2. 叶与蘖的生长关系　分蘖的出现总是和母茎、母蘖相差 3 张叶子，这种现象称为叶、蘖同伸现象。其关系如下。

[n 叶抽出] ≈ [($n-3$) 叶节分蘖抽出]

3. 叶与茎的生长关系　拔节长穗期稻株地上部营养器官的生长包括最后几张新叶的抽出和节间的伸长。叶片、叶鞘、节间三者同伸的规则如下。

[n 叶伸长] ≈ [($n-1$) 叶鞘伸长] ≈ [($n-2$)～($n-3$) 节间伸长]

或

[倒 n 叶伸长] ≈ [倒 ($n+1$) 叶鞘伸长] ≈ [倒 ($n+3$) 节间伸长]

4. 叶与根的生长关系　除种子根外，水稻所有的根，都和叶一样，是在茎节上发出的（地下部各节）。出叶节位和主要发根节位的关系是 n 对（$n-3$）。

[n 叶抽出期] ≈ [($n-3$) 叶节发根期]

[n 叶抽出期] ≈ [($n-3$) 叶节发不定根] ≈ [($n-4$) 叶节发 1 次分枝根] ≈ [($n-5$) 叶节发 2 次分枝根] ≈ [($n-6$) 叶节发 3 次分枝根]

5. 叶片、叶鞘和节间干重增长期的关系　叶片、叶鞘和节间干重的增长期，虽没有器官伸长那样明显，但也有类似的趋势。其大致的关系如下。

(二) 营养器官生长与穗分化的关系

稻株长穗阶段，叶片的抽出、节间的伸长和幼穗的分化发育进程亦存在着密切的关系。其大致的关系如下。

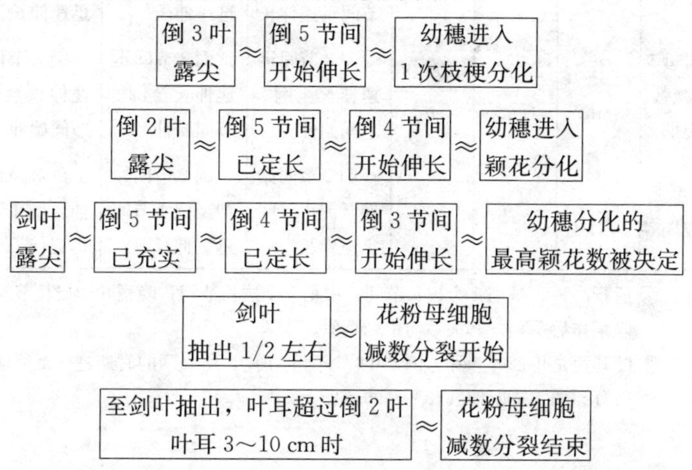

但是，早、中、晚稻分别属于重叠、衔接、分离生育型，地上部拔长的节间数目不同；而穗分化的进度早稻要比中稻早些，中稻又比晚稻早些。不同类型的品种存在着一定的差异。各稻种间差异情况如表 1－2 所示。

表 1－2　早、中、晚稻[①]穗分化期与叶龄余数、节间伸长的关系

穗分化时期	叶龄余数（减数分裂期为叶耳距[②]）			节间伸长情况		
	早稻	中稻	晚稻	早　稻	中　稻	晚　稻
枝梗分化期	3.6～2.2	3.4～2.0	3.2～1.8	未伸长	倒 5 节间始伸稍前至倒 4 节间始伸	倒 6 节间接近定长至倒 4 节间始伸

（续）

穗分化时期	叶龄余数（减数分裂期为叶耳距②）			节间伸长情况		
	早稻	中稻	晚稻	早　稻	中　稻	晚　稻
颖花分化期	2.2～0.6	2.0～0.5	1.8～0.4	倒4节间始伸稍前至倒3节间迅速伸长	倒4节间始伸至倒3节间迅速伸长	倒4节间始伸至倒3节间迅速伸长
花粉母细胞减数分裂期	−6～0（cm）	−7～5（cm）	−6～8（cm）	倒3节间迅速伸长至倒2节间始伸	倒3节间迅速伸长至倒2节间始伸	倒3节间迅速伸长至倒2节间始伸
花粉形成期	—	—	—	倒2节间始伸至倒1节间迅速伸长	倒2节间始伸至倒1节间迅速伸长	倒2节间始伸至倒1节间迅速伸长

注：① 所指品种，早稻4个拔长节间；中稻5个拔长节间；晚稻6个拔长节间；用晚稻作后季稻，其关系与中稻类似。

② 叶耳距是指剑叶叶耳与倒2叶叶耳间的距离，所表示的时期是一个稻穗上减数分裂的主要时期（10%～90%）。

四、水稻产量的形成

水稻的产量是由单位面积上的有效穗数、每穗颖花数（总粒数）、结实率和粒重4个因素所构成的。因此，

$$\text{水稻产量}\ (\text{kg/hm}^2)=\frac{\text{穗数}\ (\text{穗/hm}^2)\times\text{总粒数}\ (\text{粒/穗})\times\text{结实率}\times\text{千粒重}\ (\text{g})}{1000\times1000}$$

水稻产量各构成因素的形成过程，也是各部分器官的建成过程以及群体的物质生产、运输和积累的过程。所以，水稻产量形成可分为紧密联系的3个阶段：穗数构成阶段、颖花数构成阶段以及结实率和千粒重的构成阶段。

（一）产量构成因素的决定时期

1. 穗数的决定时期　单位面积上的有效穗是构成水稻产量的

第一个因素，也是其他 3 个因素形成的基础，并且由其基本苗和单株有效分蘖率 2 个因素所决定。所以，分蘖期是决定单位面积穗数的时期。收获时单位面积穗数的多少，除了和种植密度有关之外，与品种分蘖期的长短、稻株在分蘖期的状况，以及当时的栽培条件、气候条件也有密切的关系。因为，栽培条件和气候条件，可在相当程度上决定分蘖发生的早迟和快慢。增穗措施必须在分蘖期有效实施。分蘖期又是为壮秆大穗打基础的时期。分蘖期有了足够数量的壮株大蘖，搭好丰产架子，长穗期才会有壮秆大穗，结实期才会有高的产量。

2. 每穗颖花数的决定时期　每穗颖花数是由分化颖花数和退化颖花数决定的。分化颖花数与秧苗和茎秆的粗壮程度密切相关，而秧苗和茎秆的粗壮程度又与当时的稻株状况、栽培条件、气候条件直接相关，所以，对每穗颖花数的间接影响从稻株营养生长期就开始了，但对颖花分化影响最明显的时期则始于穗轴分化期；颖花退化一般始于雌雄蕊形成期，而以减数分裂期影响最大，过了减数分裂末期，每穗颖花数则基本确定。因此，长穗期是决定每穗粒数的时期，同时也是形成壮秆的时期，增粒措施必须结合稻株状况在长穗期正确实施。

3. 结实率与千粒重的决定时期　结实率的决定时期是穗轴分化开始到胚乳大体完成增长的这一段时间，而影响最大的时期是花粉发育期、开花期和灌浆盛期。在前 2 个时期如遇不良条件，则易导致雄性不育或开花受精不良而形成空粒；在后一时期如遇不良条件，则易致灌浆不良而形成秕粒。粒重是由谷壳的体积和胚乳发育的好坏所决定的。谷壳体积从颖花形成内外颖开始即受影响，但以减数分裂期影响最大，为粒重的第一决定期。抽穗后谷壳大小已定，粒重决定于灌浆的充实程度，为第二次粒重决定期，一切有利于减少秕粒形成的条件和措施，都有利于粒重的提高。因此，结实期是决定结实率和粒重，并最终决定实际产量的时期。

综上所述，水稻的各个生育期，对于增产都是既有其相对独立的作用，又彼此相互联系。前一个生育时期总是后一个生育时期的基础；而后一个生育时期又总是在前一个生育时期的基础上，按其自身规律和给予的具体条件而继续发展。所以，要夺取水稻高产，首先必须了解具体水稻品种各个生育时期的大体时间，并在各生育时期充分发挥其对于增产的作用。

（二）水稻产量构成因素的相互关系

水稻的4个产量构成因素在形成中表现出相互联系、相互制约和相互补偿的关系。据研究，这4个构成因素中，千粒重相对比较稳定，其他3个因素则变异较大。在其相互关系中，结实率与千粒重呈显著正相关，而与其他产量因素间均呈负相关。其中，单位面积穗数与每穗总粒数呈极显著负相关；每穗总粒数与结实粒呈显著负相关。即当单位面积穗数超过一定范围后，每穗总粒数即呈极显著的下降趋势；当每穗粒数超过一定范围后，结实率即呈显著下降趋势。

因此，生产上调整产量因素的相互关系，应以这两对呈显著负相关的产量因素为重点，以适宜的穗数为基础，在提高单位面积颖花数的同时，提高结实率，才能获得高产。由于这两对因素相互制约较强，在产量形成中只要单位面积穗数或每穗总粒数的增加，能补偿或超过每穗总粒数或结实率的下降的损失时，即表现为增产。目前，生产上采用的增产途径大体有3种方式，即大穗增产途径、穗粒兼顾增产途径以及以穗数取胜增产途径。这些增产途径的应用也主要就是利用了穗粒互补关系，使在不同品种、不同季节与不同栽培条件下，选择适宜的产量因素组合，从而获得高产。

（三）水稻产量形成过程模式

单位面积上的有效穗数、每穗颖花数（总粒数）、结实率和千粒重构成了水稻产量的四大因素。综上所述，在水稻一生中，水稻产量各构成因素是按一定的程序先后形成的，紧密联系。在不同时期决定着不同的产量构成因素。分蘖期是决定单位面积穗数的时期，有效穗数的形成以分蘖盛期影响最大，最高分蘖期后的7～

10 d影响减弱；长穗期是决定每穗粒数的时期，其中，分化颖花数以第二次枝梗分化期影响最强，颖花分化期后即不受影响；颖花退化期以减数分裂期为中心时期，抽穗前 5 d 左右即决定；结实粒以减数分裂期、抽穗期以及灌浆盛期为最易降低的 3 个时期；千粒重以减数分裂期和乳熟期为最易降低的 2 个时期；最高产量在单位面积颖花分化总粒数决定时已基本确定。整个产量的形成过程如图 1-7 所示。

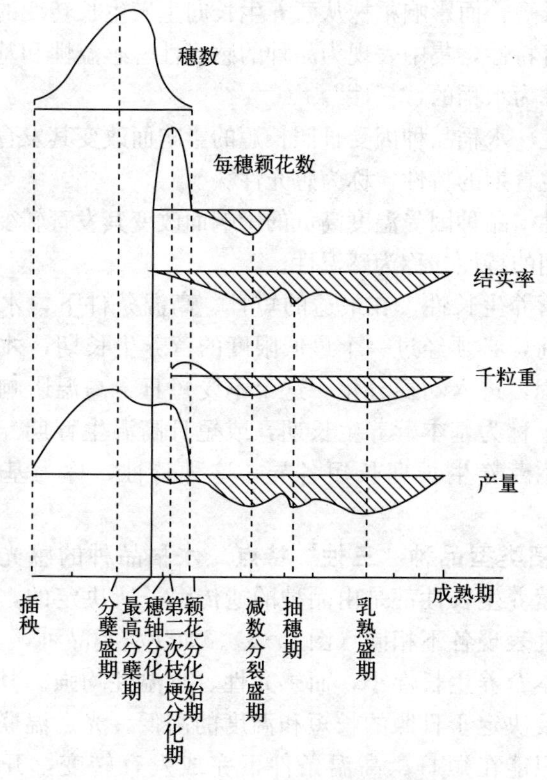

图 1-7　水稻产量形成过程模式

简言之，为积极提高产量，在颖花分化期前要增加总颖花数（单位面积有效穗数×每穗总颖花数），其后要防止颖花退化、提高结实粒和谷粒充实度。

五、水稻发育特性及其在生产上的应用

（一）水稻的发育特性

1. 水稻“三性”的概念 水稻起源于热带和亚热带的沼泽地带，在其系统发育的长期历史过程中，在自然选择和人工选择的作用下，形成了适应较高温度和短日照的特性。这种因受温度的高低或日照的长短，而影响稻株从营养生长向生殖生长转变的特性称为水稻的发育特性，集中表现为品种的感光性、感温性和基本营养生长性，简称为水稻的“三性”。

感光性 水稻品种因受日照长短的影响而改变其发育转变、缩短或延长生育期的特性，称为感光性。

感温性 品种因受温度高低的影响而改变其发育转变、缩短或延长生育期的特性，称为感温性。

基本营养生长性 在最适的短日、高温条件下，水稻转入生殖生长之前，必须经过一个最低限度的营养生长期，才能完成发育转变过程，进入幼穗分化。这个不受短日、高温影响的最短营养生长期，称为基本营养生长期，或短日高温生育期。不同水稻品种的基本营养生长期长短各异，这种特性，称为基本营养生长性。

2. 晚稻类型品种“三性”特点 水稻品种的感光性、感温性、基本营养生长性都是由品种的遗传因子所决定的，不同品种的这些特性表现各不相同（图 1－8）。如晚稻类品种，其“三性”特点是基本营养生长性小，而感光性、感温性均强。其生育期的长短，主要决定于日照的长短和温度的高低，光、温联应效果甚为明显，只能在短日、高温条件下完成发育转变，开始幼穗分化。包括上海在内的长江中下游地区栽培的单季晚稻和后季稻都属此类型，不论播种迟早或温度高低，都要在短日照条件下才能抽穗。因此，正确掌握各品种的发育特性，对指导水稻生产具有积极作用。

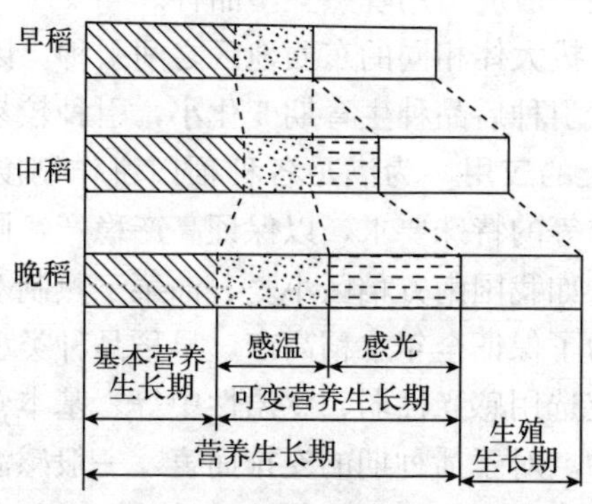

图 1-8　不同水稻品种“三性”示意

（二）水稻“三性”在生产上的应用

1. 在引种上的应用　不同地区的光温生态条件互有差异，在相互引种时必须考虑品种的光温反应特性。一般感光弱、感温性亦不甚敏感的品种，只要不误季节，且能满足品种所要求的热量条件，异地引种较容易成功。

不同纬度地区之间引种，如北种南引，由于原产地稻作期间日长一般较长，温度较低；而引种至南方后，稻作期间日长一般变短，温度增高，因而生长发育加快，生育期一般都有缩短。如上海郊区的水稻品种每年到海南岛进行种子南繁，其在海南岛生育期往往较上海当地种植时短。因此，北种南引，一般不宜引用早熟品种。南种北移，则因稻作期间光温条件由短日高温变为长日低温，致品种发育迟缓，生育期延长。如引用感光性弱的早稻早熟类型则易成功；而感光性强的晚稻则难于成功，不宜引用。

纬度相近但海拔高度不同的地区之间引种，应注意生态条件不同会导致品种生育期变化的规律。如低种高引，即从低海拔地区向高海拔地区引种，由于高海拔地区稻作期间温度较低，品种发育将变缓，生育期亦相应延长，因而以引用早熟品种为宜；相反，如高种低引，则因低海拔地区稻作期间温度增高，致使品种发育加快，生育期缩短，故一般应引用晚熟类型品种。

在纬度、海拔大体相同的东西地区之间引种，因两地光温条件变化不大，相互引种后品种生育期变化小，引种较易成功。

2. 在栽培上的应用 为满足各种稻田耕作制度对水稻品种搭配、播栽期安排等的特殊要求，以保证高产稳产，同样需要考虑品种的光温特性。如我国南方稻区小麦、油菜三熟制双季稻地区，由于季节甚紧，为了保证全年水稻高产，早稻品种类型的选用须特别注意。原则上应选用感光性弱、感温性中等、基本营养生长性稍长的迟熟早稻品种。对于播种期的安排而言，一般感温性较强的品种宜适当早播，以充分利用温度较低的早季前期进行营养生长，提高产量。此类品种如果迟播，往往易引起早穗，影响产量。晚稻类型的水稻品种，往往感光性较强，如果迟播，易导致稻株营养生长期不足，生物学产量偏低，影响产量的提高。因此，正确掌握水稻品种的光温反应特性，是搞好品种搭配、合理安排播期和制定相应栽培管理措施的重要依据。

3. 在育种上的应用 在进行杂交育种时，为了使两亲本花期相遇，可根据亲本的光温反应特性加以调控。如对感光性弱的亲本可以适当迟播；或者对感光性强的亲本进行人工短日处理，促使提早出穗、开花。同样也可采取延长光照时间，使出穗、开花延迟，借以调节两亲本的花期。另外，为了缩短育种进程、加速种子繁殖，育种工作者多利用海南省秋冬季节的短日高温条件进行“南繁”。

第三节　稻米品质及优质稻米标准

水稻历来是上海郊区主要的粮食作物。改革开放以来，随着城市经济的发展和人民生活水平的提高，市郊的水稻生产也发生了根本性改变。至1990年，全市水稻生产基本实现了“双季稻改单季稻”“籼稻改粳稻”的目标，水稻单产水平和稻米品质得到了有效提升；至21世纪初，随着“三年推优计划”的推进，市郊优质稻种植面积迅速发展，由 1999 年的不足 10％，提高到 2003 年的 80％以上；2004 年起，随着全市良种补贴和种子统供政策的实施，市郊良种覆盖率得到了进一步提升，至 2010 年起，全市优质稻种植面积达 95％以上，基本实现了优质化生产。

一、稻米品质的概念与内涵

稻米品质是稻米作为商品流通、消费过程中必须具备的特性，是市场对稻米物理与化学特性要求的综合反映。稻米品质的优劣不仅取决于稻米本身的内在理化特性，而且与稻米加工、处理、贮藏等环节紧密相关。对稻米品质的评价主要是根据稻米的加工、销售、应用等方面要求进行的，分为碾米品质、外观品质、蒸煮食味品质和营养品质四类。

（一）碾米品质

碾米品质指稻谷在碾米加工过程中所表现的特性，通常指的是稻米的糙米率（或出糙率）、精米率及整精米率。糙米率是指净稻谷脱壳后的糙米占试样稻谷的百分率，一般为 78％～80％。去掉糠皮和胚的米为精米，精米占试样稻谷的百分率为精米率，糠皮和胚一般占稻谷的 8％～10％，因而，一般稻谷的精米率仅在 70％左右。整精米占试样稻谷的百分率为整精米率。整精米率的高低因品种不同而差异较大，一般在 25％～65％。优质米品种要求“三率”高，其中，整精米率是稻米品质中最为重要的指标。整精米率越高，加工的出米率越高，同样数量的稻谷能碾出较多的米，碾米品质好。

（二）外观品质

稻米的外观品质是指糙米籽粒或精米籽粒的外表物理特性，是大米面对消费者的第一感官印象，作为稻米交易评级的主要依据，也被称为商品品质。具体包括稻米米粒的粒形、垩白度（垩白米率和垩白大小）和透明度等指标。对糯米来说，还包括白度和阴糯率。

稻米的大小主要是相对稻米的千粒重而言，粒形则指稻米的长度、宽度及长宽比。垩白是米粒胚乳中淀粉粒和蛋白粒等排列疏松所致，按其所处的位置可分为腹白、心白及背白等。垩白高的稻米不仅外观品质差，而且在碾磨过程中抗碎性差，大米的产出率不高。稻米垩白状况用垩白米率、垩白大小、垩白度表示。透明度是描述稻米透光特性的指标。以往用目测，现可采用数字式透明度仪测定，通常由高至低将透明度分为五级。

（三）蒸煮及食味品质

稻米的蒸煮食味品质指稻米在蒸煮和食用过程中所表现的各种理化及感官特性，如吸水性、溶解性、延伸性、糊化性、膨胀性，以及热饭及冷饭的柔软性、黏弹性等。蒸煮食味品质是稻米品质的核心，决定了稻米的消费区域和途径。稻米的主要成分为淀粉，而淀粉包括直链淀粉和支链淀粉两种，其比例不同直接影响稻米的蒸煮品质，直链淀粉黏性小，支链淀粉黏性大；稻米的蒸煮及食味品质主要从稻米的直链淀粉含量、糊化温度、胶稠度、适口性等几个方面来综合评定。

（四）营养品质

营养品质主要指稻米中的营养成分，包括淀粉、脂肪、蛋白质、氨基酸、维生素类及矿物质元素的含量。此外，还包括其他具有药用价值成分的含量。在含水量为14%的精米中，淀粉占76.7%～78.4%，蛋白质占6.3%～7.1%，粗脂肪占0.3%～0.5%，灰分占0.5%左右。大部分成分的含量取决于稻米自身的基因和生长环境中外源物的含量，但优良的品质还是来自于稻米的自身。如稻米蛋白质的品质是谷类作物中最好的，氨基酸的配比合理，易为人所吸收。如果通过施肥而提高蛋白质含量，蛋白质的品质就会变差，氨基酸配比趋向不合理。

二、优质稻米及其标准

（一）优质稻米概念

所谓优质稻米，简而言之，就是指具有良好的外观、蒸煮、食用等商品品质及营养价值较高的稻米。稻米的商品品质与营养品质有时难以统一，营养品质较好的大米其商品品质不一定好；相反，商品品质好的大米不一定会有较好的营养品质。因此，根据广大消费者对稻米品质的需求，大米商品品质已成为优质稻米的主要含义。

（二）优质稻米标准

根据国家农业部颁布的《食用稻品种品质》农业行业标准（NY/T 593—2013）以及国家质量技术监督局颁布的《优质稻谷》国家标准（GB/T 17891—1999），有以下几项规定。一是将食用稻品种品质分为 3 个等级，三等以上（含三等）为优质食用稻品种，低于三等为普通食用稻品种。等级的判定规则，以品质指标全部符合相应水稻等级要求的最低等级为标准判定。即检验结果达到品种品质等级要求中一等全项指标的，定为一等；有一项或一项以上指标达不到一等，则降一等为二等；有一项或一项以上指标达不到二等的，则再降一等为三等；依此类推。二是将优质稻谷分为优质籼稻谷、优质粳稻谷、优质籼糯稻谷、优质粳糯稻谷等四大类，同时，对每类优质稻谷分为 3 个等级。凡符合对应的等级质量指标的稻谷均为优质稻谷。

具体的粳稻品种品质等级划分指标及优质粳稻谷质量指标如表 1-3、表 1-4 所示。

表 1-3　粳稻品种品质等级划分标准（NY/T 593—2013）

品质性状	等级		
	一	二	三
糙米率（%）	≥83.0	≥81.0	≥79.0
整精米率（%）	≥69.0	≥66.0	≥63.0

（续）

<table>
<tr><td colspan="3" rowspan="2">品质性状</td><td colspan="3">等　级</td></tr>
<tr><td>一</td><td>二</td><td>三</td></tr>
<tr><td colspan="3">垩白度（%）</td><td>≤1</td><td>≤3</td><td>≤5</td></tr>
<tr><td colspan="3">透明度（级）</td><td>≤1</td><td colspan="2">≤2</td></tr>
<tr><td rowspan="4">蒸煮食用</td><td>Ⅰ</td><td>感官评价（分）</td><td>≥90.0</td><td>≥80.0</td><td>≥70.0</td></tr>
<tr><td rowspan="3">Ⅱ</td><td>碱消值（分）</td><td colspan="2">≥7.0</td><td>≥6.0</td></tr>
<tr><td>胶稠度（mm）</td><td colspan="2">≥70</td><td>≥60</td></tr>
<tr><td>直链淀粉（干基）（%）</td><td>13.0～18.0</td><td>13.0～19.0</td><td>13.0～20.0</td></tr>
</table>

注：品种品质：以该品种多点多年正季生产的稻谷为试样，对各项品质指标分析测定的数据进行综合评判的结果。

糙米率：稻谷脱去颖壳（谷壳）后糙米籽粒的质量占样本净稻谷的质量的百分率。

整精米：净稻谷经实验砻谷机脱壳成糙米，糙米经实验碾米机碾磨成加工精度为国家标准三级（按 GB 1354 执行）大米时，长度达到完整米粒平均长度 3/4 及以上的米粒。

整精米率：整精米占净稻谷试样质量的百分率。

透明度：整精米籽粒的透明程度，用稻米的相对透光率表示。

碱消值：碱液对整精米粒的侵蚀程度。

表 1－4　优质粳稻谷质量指标（GB/T 17891—1999）

类别	等级	出糙率（%）≥	整精米率（%）≥	垩白粒率（%）≤	垩白度（%）≤	直链淀粉（干基）（%）	食味品质分 ≥	胶稠度（mm）≥	粒型（长宽比）≥	不完善粒（%）≤	异品种粒（%）≤	黄粒米（%）≤	杂质（%）≤	水分（%）≤	色泽气味
粳稻谷	1	81.0	66.0	10	1.0	15.0～18.0	9	80	—	2.0	1.0	0.5	1.0	14.5	正常
	2	79.0	64.0	20	3.0	15.0～19.0	8	70	—	3.0	2.0	0.5	1.0	14.5	正常

（续）

类别	等级	出糙率（%）≥	整精米率（%）≥	垩白粒率（%）≤	垩白度（%）≤	直链淀粉（干基）（%）	食味品质分≥	胶稠度（mm）≥	粒型（长宽比）≥	不完善粒（%）≤	异品种粒（%）≤	黄粒米（%）≤	杂质（%）≤	水分（%）≤	色泽气味
粳稻谷	3	77.0	62.0	30	5.0	15.0～20.0	7	60	—	5.0	3.0	0.5	1.0	14.5	正常

注：优质粳稻谷：由优质品种生产，符合本标准要求的粳稻谷。

垩白：米粒胚乳中的白色不透明部分，包括腹白、心白和背白。

垩白粒率：有垩白的米粒占整个米样粒数的百分率。

垩白度：垩白米的垩白面积总和占试样米粒面积总和的百分比。

直链淀粉含量：指稻米中直链淀粉含量百分率。

胶稠度：精米粉碱糊化后的米胶冷却后的流动长度。

长宽比：指整精米的长度和宽度之比。

三、影响稻米品质的主要因素

稻米的品质是由遗传因子、环境生态、栽培技术及加工条件等多方面因素决定的，归纳起来，可分为遗传因素和非遗传因素两大类。遗传因素是由基因控制的、表现为不同品种之间的米质差异性，在稻米品质的表现上起主导作用。非遗传因素包括气象条件（如温度、光照等）、栽培条件（土壤、肥料、水分、农药等）以及加工条件等多个方面，对稻米品质的影响比较复杂。

（一）气象因素对稻米品质的影响

稻米品质形成过程除了受品种遗传特性的影响外，还受环境条件的影响。水稻产量和品质形成的关键期为抽穗后灌浆结实期，该时期的气候因子，尤其是温度和光照条件对米质影响较大。

1. 温度 在各气候因子中，温度对稻米品质的影响最大，尤其是高温。开花至成熟阶段的高温可显著缩短成熟天数，对稻米品质有不利的影响。首先，高温将造成成熟后期糙米充实不良，垩白增大，降低胚乳透明度，使籽粒不饱满，提高糠层比例，增加碎米率，降低整精米率。据研究，较高温度处理（日温 30 ℃/夜温 20 ℃）的垩白率为 30.1%，较低温度处理（日温 23 ℃/夜温 18 ℃）的垩白率为 2.4%，不处理的垩白率为 15.3%，前者比不处理高，后者比不处理低。成熟期的高温使糠层加厚，从而降低精米率，影响碾米品质；同时，因为籽粒外层的淀粉蓄积不足，故米粒无光泽。同时，高温对米粒中蛋白质含量、直链淀粉含量及米饭的食味也有明显影响。相反，如果抽穗灌浆期间温度过低，也会因灌浆不足而影响稻米的外观品质和食味品质。

2. 光照度 光照度对稻米品质的影响是多方面的。生育后期光照不足，会阻碍光合作用，特别是在营养生长过旺、田间郁闭、通风透光不良的情况下，垩白发生会增多。但是若光照太强，温度会相应提高，缩短成熟过程，形成高温逼熟，使稻米的垩白面积增大，垩白粒率提高。光照度亦影响蛋白质含量，光照弱会降低蛋白质含量。遮光度为 20% 的试验表明，抽穗前 10 d、齐穗期、齐穗后 11 d 开始遮光直到收获前为止，齐穗后 10 d 内或 11～21 d 进行遮光处理都会使蛋白质含量降低。

（二）栽培技术措施对稻米品质的影响

1. 施肥 在氮、磷、钾三要素中，影响稻米品质最为突出的是氮肥。减少氮肥，特别是生育中后期控氮，可以降低蛋白质含量。一般认为蛋白质含量增加，会影响稻米的口感，主要原因是蛋白质含量的增加会引起米饭黏弹性降低和硬度增加。根据试验，在无肥处理条件下，稻谷中蛋白质含量比每 667 m^2 施 16 kg 纯氮处理减少 1.72 个百分点，减幅达 24.5%。此外，后期穗肥增加，蛋白质含量有明显的上升趋势。随着有机肥用量的增加，氮肥用量的减少，稻米的垩白度和垩白率明显降低，每 667 m^2 施 3 000 kg 有机肥处理与施用等量化肥相比，垩白度下降3.6%，垩白率下降11.9%，整精米率提高2.9%，蛋白质也有下降趋势。因此，有机肥的施用对改善稻米的外观品质和蒸煮品质、提高食味品质均有明显作用。

2. 栽插密度　据研究，栽插密度对稻米直链淀粉含量有明显的影响，其相关性达极显著水平，直链淀粉含量有随密度降低、单穴营养面积变大而呈增加趋势，而对蛋白质含量影响较小，但仍有上升趋势。种植密度过大对外观品质也有影响，根据试验，寒优湘晴分别以8万株基本苗和5万株基本苗种植，前者谷粒的垩白度和垩白率分别比后者提高18.2%和21.3%。

3. 抽穗后期灌溉条件　抽穗后的水浆管理对稻米外观品质会造成较大影响，若后期断水过早，会影响后期灌浆，造成米粒充实度不够、垩白增加、糙米率和整精米率降低。

4. 农药　优质稻米的品质除本身的品质特性（营养、食味、外观、碾米等）外，还包括卫生品质。卫生品质是指稻米不被农药、化学物品等污染的情况。在生产过程中，防病治虫施用的农药和田间除草使用的除草剂被水稻吸收进体内，收获后残留在米粒中。如果农药施用量大，施用时期不合理，就会对大米造成污染，农药残留量超过规定的标准，对人体会造成危害。

5. 收获时期　水稻成熟后的收获时机对稻米品质、如蛋白质含量和适口性有较大的影响，适当延迟收获可减少青米粒、改善米饭的适口性；收割过早或过迟，都会增加裂纹米；若水稻植株后期倒伏，会严重影响胚乳灌浆和籽粒充实度，使稻米的加工品质和食味品质都变劣。

（三）加工条件对稻米品质的影响

同一样品的不同碾磨精度处理对稻米品质包括精米率、整精米率、精米粒形、稻米直链淀粉含量、胶稠度等存在明显不同的影响。根据其变异系数的大小，碾磨精度对稻米品质各性状影响的顺序依次为胶稠度、整精米率、精米率、直链淀粉含量、精米粒形；而碾磨精度对糊化温度几乎没有影响。研究还表明，碾磨精度与精米率、整精米率、精米粒形之间分别存在负相关关系，而与胶稠度、直链淀粉含量之间分别存在正相关关系。

第四节　水稻生产的土、肥、水条件

一、土壤

水稻土是上海地区分布最广的土壤类型。据上海市第二次土壤普查（1979—1984 年）资料反映，上海市共有水稻土 28.16 万 hm^2，占土壤资源总面积的 73.56%，为耕地资源总面积的 81.57%。水稻土中以潴育水稻土亚类为主，约占全市水稻土面积的 64.66%，为全市耕地总面积的 52.74%；其次为渗育水稻土亚类，约占全市水稻土面积的 19.42%，为全市耕地总面积的 15.8%。因此，发展水稻生产，充分挖掘水稻土增产潜力，对确保全市粮食稳产高产具有积极作用。

（一）水稻土的基本特点

水稻土是在一定自然环境和人为的周期性水旱交替的耕作管理条件下，经历物质的氧化还原、有机质的分解与积累和矿物质的淋溶与淀积等过程而形成的。致使土壤中的物质转化和积累，表现了一些不同于旱作土和沼泽土的特点。

稻田灌水后，耕作层为水分所饱和，土壤氧化还原电位（Eh）降低，呈还原状态；在排水、搁田和冬干期，Eh 增高。稻田淹水越久，Eh 下降越大，一般把 Eh 300 mV 作为氧化性和还原性的分界点。土壤在较轻的还原状态下，对于减少肥料损失、提高土壤养分的溶解度以及调节土壤酸碱度是有利的。但是，若还原作用过强，将产生大量的还原物质，对水稻体内含铁氧化还原酶的活性产生抑制作用，使根受到毒害，妨碍呼吸作用和养分的吸收，严重时使稻根发黑死亡。

水稻土中的氮素主要来自于有机质的分解，其含氮物质大多数呈有机态存在，无机态仅占全氮的 2%～4%。在嫌气状况下，经过一系列生物化学过程，最终在氧化作用下释放出铵离子（NH_4^+），这是水稻最宜吸收的氮素形态。

水稻适宜于微酸至中性的土壤，稻田淹水后 pH 的高低可以得到调节，到最后平衡，趋向中性。

（二）水稻生产对土壤条件的要求

水稻因淹水栽培，排灌频繁，对土壤条件有以下几点要求。

一是稻田田面平整、高低一致，以便于灌溉和控制杂草。

二是土壤整体构造良好。土壤剖面层次鲜明，具有肥厚松软的耕作层，厚度在 15～18 cm；犁底层紧密适度，厚度在 10 cm 左右；潜育层要在表土 80 cm 以下。

三是土壤中养分含量充足和协调。高产水稻的土壤 pH 在 6.0～7.0，有机质含量在 2.5%～4.0%，全氮含量在 0.15%～0.25%，全磷量在 0.11%以上，速效钾（K_2O）大于 100 mg/kg，并且有较高的阳离子代换量和盐基饱和度，不缺微量元素。

四是有适当的保水保肥力。高产稻田要求有较好的保水性，避免有效养分的流失。一次灌水能保持 5～7 d。

五是土壤中有益微生物活动旺盛，生化强度（呼吸强度、氨化强度、铵态氮）高，保热和保温性能良好，升温降温比较缓和。

二、养分

（一）水稻的需肥特性

1. 水稻对主要元素的吸收量　水稻必需的营养元素有氮、磷、钾、硅、硫、钙、镁、铁、锰、锌、铜、钼、硼等十几种，但吸收最多的是氮、磷、钾三要素。据中科院土壤研究所分析测定，每生产稻谷和稻草各 500 kg 时，对氮、磷、钾的吸收总量是：氮 7.5～9.55 kg，P_2O_5 4.05～5.10 kg，K_2O 9.15～19.1 kg，三者比例为 2∶1∶（2～4）。但实际上水稻吸肥总量要高于此值，且随地区、品种、气候、土壤、施肥等条件的不同而有一定的变化。另外，据分析，每 667 m^2 产 500 kg 稻谷，需要吸收硅 87.5～100 kg，故高产栽培时，采取秸秆还田，施用秸秆堆肥或硅酸肥料，以满足水稻对硅的需要。

2. 水稻需肥规律 据研究，随着生育期的发展和植株干物质积累量的增加，水稻体内氮、磷、钾含有率渐趋减少。

氮：一般情况下，水稻体内的含氮量占干重的1%～4%。据研究，晚稻的含氮高峰出现在分蘖期；在田间条件下，稻株主要吸收利用铵态氮和硝态氮，但随着生长发育，稻株对硝态氮的吸收利用能力增强。据有关资料报道，水稻生育后期追施硝态氮，有利于提高根系活力，这一现象值得我们在制订中、后期肥水管理措施时加以注意。

磷：P_2O_5 在水稻整个生育期内体内含量变化幅度较小，其最大值出现在拔节期，以后逐渐下降；一般体内含磷量在 0.4%～1%；对磷的吸收均以幼穗发育期为最多，占总吸收量的 50%左右，其次为分蘖期；水稻在生殖生长期和后期供磷对提高产量很有必要；同时，磷是水稻体内再利用率最高的大量元素，随着生育的进展和磷在植株体内的积累，可从衰老的器官转运到新生器官再利用。

钾：水稻植株的钾（K_2O）含量为 2%～5.5%，其高峰值出现在拔节期，以后逐渐下降。抽穗期植株的钾素积累量达到 90%以上，抽穗后吸收量较少。钾有促进水稻茎细胞壁内纤维素积累的作用，有利于提高稻茎的强度与抗倒能力。

但是，不同水稻类型，不同施肥水平和营养元素，其变化情况并不完全相同。据上海市农业科学院对水稻不同时期体内养分积累量的研究结果（1975），单季晚稻因生育期较长，对氮素的吸收会出现两个高峰期，栽后 20 d 左右出现第一个吸肥高峰，每天每 667 m^2吸收氮素 1.5～2.25 kg，以后有所下降，栽后 35 d 以后又迅速增加，到 60 d 时出现第二个吸肥高峰，平均每天吸收氮素每 667 m^2 2～3.25 kg。这种状况又会因秧苗的内在因素和外界因素不同而有所区别。而早稻和双季晚稻都仅有一个吸肥高峰，早稻吸肥高峰出现的时期较双季晚稻早，下降幅度也大；双季晚稻吸肥高峰值较早稻不明显。

（二）土壤的供养能力

水稻的养分来源，除施肥之外，大部分是肥培土壤后，通过土壤供给的。据浙江、上海、辽宁省农业科学院试验证明，水稻吸收的氮有59%～84%、磷有58%～83%来自土壤。土壤养分的供给状况，主要决定于土壤养分的贮存量和有效程度。但施肥可促使水稻对土壤原有氮素的利用。

不同土壤质地，供养状况也不同。质地较轻的沙质土，因其透气性良好，早春土温回升快，肥料分解快，供肥能力强，但保肥能力差，肥料易流失，肥效不持久。相反，黏性土壤通透性较差，早春温度回升慢，肥料分解较慢，后劲足。

另外，肥料的利用率受肥料种类、施肥方法、土壤环境等影响。一般当季化肥利用率大致范围是：氮肥为30%～60%，磷肥为10%～25%，钾肥为40%～70%。氮素损失的原因主要是“脱氮”和挥发，以及因排水而流失和生物固氮；磷肥利用率低的原因主要是，磷肥施入土壤后，很快和土壤中铁、钙和铝等结合，生成难溶的化合物，导致无法被作物所利用；钾肥的当季利用率主要受土壤对钾的固定能力的影响，土壤对钾的固定能力主要取决于土壤黏土矿物类型和土壤酸碱度等。高岭土等不能固定钾，蛭石固定钾的能力很强；pH高的碱性土壤固定钾的能力弱，pH低的酸性土壤固定钾的能力强。水稻田经常淹水和干湿交替是否有利于钾的释放，目前研究结果尚不完全一致，但较多的研究结果认为淹水和干湿交替可增加土壤溶液中的钾。因此，合理施肥还必须注意肥料的利用率。

三、水

（一）水稻的需水特性

1. 水稻的生理需水和生态需水　水稻对水分的需求主要体现在生理需水和生态需水两个方面。直接用于水稻正常生理活动以及保持体内平衡，所需的水分为生理需水；用于调节空气、温度、养料、抑制杂草等生态作用，创造适于水稻生长发育田间环境所需的水分，称为生态需水。

2. 水分对水稻生理的影响 稻株吸收的水分绝大部分是蒸腾作用散失的，蒸腾量随水稻生育期的推进、叶面积增加而增加，孕穗期到出穗期是蒸腾强度高峰期，以后随叶面积的下降，蒸腾量减少。如果土壤水分不足，将影响水稻对矿质养分的吸收和运转，使叶绿素含量减少，气孔关闭，妨碍叶子对二氧化碳的吸收，导致光合作用减弱。据中国科学院植物生命研究所测定，当土壤含水量降到 80%以下时，光合强度便较对照明显下降。可见，稻田保持适当水层，对光合强度是有利的。

另外，在不同生育期，缺水对水稻的影响不同。分蘖期缺水会明显影响株高和穗数；幼穗发育期是水稻一生中生理需水临界期，尤其是花粉母细胞减数分裂期，如果缺水，会影响颖花数和结实率；抽穗期缺水，重则抽穗、开花困难，轻则影响花粉和柱头的生活力，导致空秕率上升；灌浆期缺水，导致功能叶寿命缩短，也会影响结实率和千粒重增加。

3. 水分对水稻生态环境的影响 稻田灌溉不仅为了保证水稻的生理需水，也是为了创造一个适宜水稻生长发育更好的生态环境。水的调温作用主要是水的比热、汽化热和热传导率决定的。在土壤的水、气、土三相中，水的比热最大，汽化热也高，仅传导热较低。所以水层对稻田的温度和湿度调节作用最大。同时，稻田在淹水条件下，土壤还原性增强，有机质分解缓慢，积累多；氨化细菌增高，铵化作用旺盛，增加氮的供给，铵态氮也不易流失，利于根系吸收；水层还使磷、钾、硅等矿质元素易于释放出来，有利于土壤肥力的保持和提高。另外，通过合理排灌，能促进和调节水稻的生长发育并抑制田间杂草的发生。

（二）灌溉水的要求

1. 基本要求 稻田灌溉用水，要求水温适宜、含氧量高，并且有一定量的营养元素，酸碱度合适，不含有毒物质。

2. 稻田的需水量　稻田需水量又称为稻田耗水量，通常用 mm 表示。稻田需水量是由叶面蒸腾量、丛间蒸发量及渗漏量三部分组成。叶面蒸腾量与丛间蒸发量合称为腾发量。水稻群体叶面蒸腾量在各生育期是不相同的。它随着水稻生育的进展、绿色叶面积的增大而增加，达到高峰期以后，随叶面积的减少而降低，呈一单峰曲线；稻田丛间蒸发量，受植株荫蔽的影响较大，植株小，蒸发大于蒸腾；在水稻分蘖盛期以后，蒸发小于蒸腾，并随着荫蔽的增加而减少。渗漏量因稻田的整田技术、灌水方法、地下水位高低，尤其是土壤质地而有很大不同。在一定条件下，土壤越黏重，渗漏量越小，土壤越沙，渗漏量越大。

一般情况下，一季稻稻田需水量大致在 380～2 280 mm，双季稻在 680～1 270 mm，大多地区稻田日平均需水强度 5～15 mm。我国稻作区域辽阔，生态环境悬殊，稻田需水量差异极大。就各主要稻区来看，由南到北，稻田需水量有逐渐增大的趋势。

3. 灌溉定额　在水稻需水量中，一部分是水稻生长季节内自然降水供给的，其余部分由人工灌溉补给。每 667 m^2 稻田需要人工补给的水量，称为灌溉定额。我国南方稻区，稻田灌溉定额：一季稻为 300～420 mm（200～280 m^3）；双季稻为 600～860 mm（400～573 m^3）。而北方稻区灌溉定额变化较大，一般在 400～1 500 mm（267～1 000 m^3）。

第二章 水稻栽培技术

第一节　水稻机械化育插秧高产栽培技术

一、机插秧发展概况

水稻机械化育插秧技术是近年来再度兴起的一项采用专用硬质塑料盘、机械播种流水线播种育苗，并利用与其相匹配的乘坐式高速插秧机进行大田机械栽插定植，并配以秧田和大田一系列田间管理的一项水稻机械化种植技术。该技术具有插秧工作效率高、生产劳动强度低、田间病虫发生轻等特点，对推进粮食规模经营、有效提高农业生产效率和农业现代化水平具有重要的推广应用价值。

目前，日本、韩国等国家水稻生产已全面实现了机械化育插秧栽培。其中，以日本最为典型。早在20世纪80年代，日本基本形成了统一的水稻栽培模式，育秧、插秧机械已实现了系列化、标准化，水稻种植机械化水平达到98%，居世界前列。我国是世界上研究使用机动插秧机最早的国家之一，20世纪60～70年代在政府的推动下，掀起了发展机械化插秧的高潮。但是，由于当时的经济、技术及社会发展水平等诸多因素，水稻种植机械化始终没有取得突破。近几年来，随着我国经济的持续发展，水稻机械化育插秧技术在全国多个省市再度兴起，面积逐年攀升。但与发达国家相比，我国水稻种植机械化水平还相当低，发展潜力大。

上海与全国大部分地区一样，机械化育插秧技术的发展也经历了一个循序渐进的过程。早在20世纪50年代末至60年代初，随着南汇-1号手扶式插秧机和东风-2S型机动插秧机的研制成功，及之后东风-1型插秧机、东风-7型插秧机、上海-Ⅰ型机动插秧机在市郊推广应用，至1977年，市郊机插秧面积达12.2万hm^2，占插秧面积的60.3%，达到历史最高峰。经过几年的实践，机器虽不断改进，但终因质量不过关，机插面积逐年下降。至1979年，机插面积不到0.67万hm^2。在之后的20年间，上海市也先后从日本引进成套水稻工厂化育秧设备，加以消化、吸收和利用，同时也从吉林插秧机厂引进插秧机进行示范应用，但终因成本高、技术匹配等问题，难以大面积推广。至21世纪初，随着机插秧设备的不断完善和机械作业性能的进一步提升，2005年起，在上海市农业委员会科技兴农项目支持下，农机、农艺密切配合，再次掀起了以乘坐式高速插秧机和与其相匹配的机械播种流水线为核心的新一轮水稻机械化育插秧栽培技术的示范与推广。课题经2年研究3年推广，配套技术不断完善，推广面积逐年扩大。2007—2009年的3年间，每年新增机插稻面积约0.67万hm^2。其中，2007年推广面积0.75万hm^2，2008年推广面积1.35万hm^2，2009年推广面积2.11万hm^2。近5年来（2010—2014年）全市机插稻面积保持在2.67万hm^2左右，并涌现出一批单产超1.05×10^4 kg/hm^2的高产典型，水稻机插栽培已成为上海市郊水稻高产创建的亮点和窗口。今后，随着机插秧技术的进一步完善和资金的投入，市郊机插秧技术必将迎来一个新的发展机遇。

二、机插秧的育秧及大田生长特点

（一）育秧特点

与常规移栽稻相比，机插稻的育秧特点主要表现在以下4个方面。

1. 采用专用材料和设备进行育秧　主要育秧材料有专用塑料硬盘、机械化播种设备及其育秧辅助设备等。其中，专用育秧盘的规格主要有2种，一种是与机插行距为30 cm的插秧机相匹配的育秧盘，适合于杂交稻品种机插栽培，其规格（内径）为58 cm×

28 cm×3.0 cm（长×宽×深）；另一种是与机插行距为 25 cm 的插秧机相匹配的育秧盘，适合于常规稻品种机插栽培，其规格（内径）为 58 cm×22 cm×3.0 cm（长×宽×深）。

2. 高密度播种育苗，秧苗均匀度要求高，秧大田比例高 机插秧育苗单位面积播种量约是常规大苗移栽稻育秧的10 倍，且要求整块秧苗的密度和苗高均匀一致，每平方厘米秧苗数 1.7～2.6 株，苗高 12～18 cm，秧大田比例高达 1∶（80～100），几乎是常规移栽稻的10 倍左右。

3. 苗小、秧龄短，移栽时秧苗不带分蘖 机插秧秧苗适宜叶龄为 3.5～4.0 叶、秧龄 15～20 d，叶龄和秧龄均与以往的常规中大苗育秧差 1 倍左右，但与底膜育秧及抛秧稻育秧基本相类似。另外，移栽时即使叶龄在 3 叶以上，由于高密度播种，秧苗也基本不带分蘖。

4. 秧龄弹性差 机插稻育苗由于高密度播种，秧苗生长空间小。据初步研究，秧苗在 3 叶期前叶龄与秧苗干物质积累呈正相关；至 3 叶期以后，秧苗素质总体呈现两极分化，优势植株与劣势植株间，叶龄、株高及干物质积累差异明显，总体秧苗长势细长，素质呈现下降趋势。在实际生产中，秧苗育成后如遇不利气候条件，一般通过脱水蹲苗，最多能延后 3～5 d 栽插，与以往人工育苗移栽稻秧苗比较，秧龄弹性差。因此，根据栽期定播期、及时腾茬与整地是防止机插稻超秧栽插的关键。

（二）大田生长特点

根据多年来市郊机插稻与大面积麦茬、油菜茬直播稻比较，大田生长在生育期、茎蘖动态变化、穗粒结构等方面均存在诸多差异。

1. 生育期变化 机插栽培因提前播种育苗，播种期一般较麦茬、油菜茬直播提早 15 d 左右，但栽后缓苗期明显；分蘖始期与同期播种的直播稻比较推迟 5～7 d，拔节期略推迟 2～3 d，成熟期基本相仿；但机插秧有“田等秧”的因素，因此，全生育期比直播栽培延长 10 d 左右。其中主要是营养生长阶段明显延长，而生殖生长阶段表现相对较为稳定。

2. 茎蘖动态变化特征　因机插秧栽后缓苗期明显，一般有 5～7 d 的活棵返青阶段；同时，秧田期的秧苗又是在高密度环境下生长，幼苗素质相对直播栽培较差，正常情况下，大田栽培后Ⅰ、Ⅱ蘖位分蘖一般不发生或发生率极低。但栽后 1.5 个叶龄期之后，分蘖增加速度加快，一生中分蘖连续发生且相对集中，由低位向高位的各蘖位分蘖发生率连续起来呈单峰曲线，中蘖位分蘖优势明显，是分蘖穗群的主体。

根据 2006 年市郊机插秧茎蘖动态观察，与直播栽培相比，茎蘖动态变化特征表现为（图 2－1）：栽后分蘖发生较直播迟，前期增苗缓慢；高峰苗迟、苗数少；后期减苗平缓，成穗率高；据松江点调查，栽后 15 d 机插秧单株增苗数 0.21 株，比直播少 0.57 株；高峰苗出现在 7 月 15 日至 20 日，较直播推迟 5～7 d；高峰苗数为每 667 m^2 27.43 万，较直播稻少 17 万；成穗率 81.7%，较直播稻高 24 个百分点。

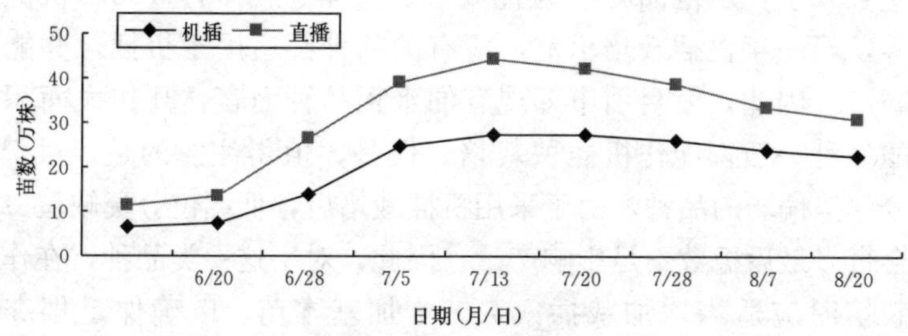

图 2－1　机插稻与直播稻茎蘖动态比较（松江）

3. 穗粒结构变化　据 2006 年市郊 28 块同品种产量相仿田块典型调查（表 2－1），机插稻平均每 667 m^2 有效穗数 18.4 万，较直播的 21.2 万少 2.8 万；每穗总粒数 156.7 粒，较直播的 132.5 粒多 24.2 粒；结实率、千粒重基本相仿。因此，机插稻穗粒结构与直播稻相比表现为穗少，粒多，穗型大；病虫害发生情况较直播栽培轻，丰产性好。

表 2-1　不同栽培方式穗粒结构比较（品种均为秀水 128）

栽培方式	田块数（块）	每 667 m^2 有效穗数（万穗）	总粒数（粒/穗）	实粒数（粒/穗）	结实率（%）	千粒重（g）	每 667 m^2 理论产量（kg）	每 667 m^2 实际产量（kg）
直播	15	21.2	132.5	119.5	90.19	25.8	653.6	634.7
机插	13	18.4	156.7	140.8	89.85	25.5	660.6	640.2
机-直	28	−2.8	24.2	21.3	−0.34	−0.3	7.0	5.5

三、配套栽培技术

（一）选用高产优良品种

上海与邻近江苏省、浙江省相比，水稻种植面积较小，品种类型也比较单一，均以中熟或迟熟的晚粳类品种为主。2006 年市郊主推的品种有嘉花 1 号、秀水 09、秀水 128、寒优湘晴、申优 4 号 5 个，示范品种有秀优 5 号、金丰、丙 03-123、秋优金丰等，经一年机插栽培示范，所有的品种都适用于机插，并能获得高产。因此，就目前市郊现有的水稻品种而言，凡作大面积推广的品种一般都能作机插秧栽培。但是，值得注意的是，对于一些分蘖势偏弱的品种，由于采用机插栽培后，低蘖位分蘖缺位，往往会带来最后穗数不足影响产量。因此，对于这一类品种，在作机插栽培时应适当增加栽插穴数，增加基本苗，以确保足穗夺取高产。

（二）机播育秧技术

“三分插，七分育”，育秧是机插秧成败的关键。2006 年以来，上海市借鉴江苏机插秧成功经验，结合上海经济和农村劳动力情况，重点围绕塑料硬盘机械播种育苗方式，积极示范和探索相关育秧技术，经多年示范实践，形成如下育秧技术要点。

1. 秧苗、秧块指标

（1）秧苗标准 秧龄15～20 d，叶龄3.5～4叶，苗高12～18 cm；叶挺色绿，苗齐、苗匀，无黄叶，无病虫危害，茎基部粗扁有弹性，茎基宽大于2 mm，单株白根数10条以上，百株地上部干重2.0～2.5 g。

（2）秧块标准 秧块长58 cm、宽28 cm（或22 cm）、盘根带土厚2.0～2.5 cm；根系盘结牢固，形如毯状，提起不散，厚薄均匀一致；每平方厘米成苗数1.7～2.6株，每盘苗数2 800～4 200株（或2 500～3 700株）。

2. 育秧材料准备

（1）秧田 秧田应选择地势平坦、排灌方便、土壤肥沃、杂草基数少、无污染、靠近机插大田附近的田块；秧田面积按秧大田比例1：（80～100）准备。

（2）育秧土 应选用无砾石、杂草、无污染的稻田土或菜园土作育秧土，每667 m^2 大田需备育秧细土100 kg。或采用工厂化生产的机插稻专用育苗基质代替育秧土进行育苗，播种时建议采用未培肥的细土作盖籽泥，以提高出苗整齐度和基质保水性。

（3）育秧盘 每667 m^2 机插大田常规稻品种备育秧盘25只，杂交稻品种备育秧盘22只。

（4）覆盖物 每667 m^2 机插大田需规格30 g/m^2、幅宽1.8 m的农用无纺布220 g，规格40目、幅宽2.0 m的防虫网10 m^2，以及搭建小拱棚所需竹片3～4片和用于固定防虫网绳索8～10 m。用于播种后覆盖遮阳，保温、保湿，防播后遇大雨冲刷，防高温烧苗，防虫害、雀害等，确保出苗整齐。

（5）种子 应符合国家良种标准（GB 4404.1—2008）。纯度标准：杂交稻在96%以上，常规稻在99%以上。发芽率标准：杂交稻在80%以上，常规稻在85%以上。一般情况下，杂交稻品种每667 m^2 大田备稻种2 kg（净干谷）；常规稻品种备稻种4 kg。具体播量应根据选用的品种、千粒重、成秧率及大田栽插密度、基本苗要求等因素具体确定。

(6) 机械设备　选用符合产品质量标准的机插秧专用机械播种流水线。包括土壤粉碎机、稻种脱芒机等全套机械设备。

3. 机械播种育苗作业流程　机械播种育苗作业流程如图 2-2 所示。

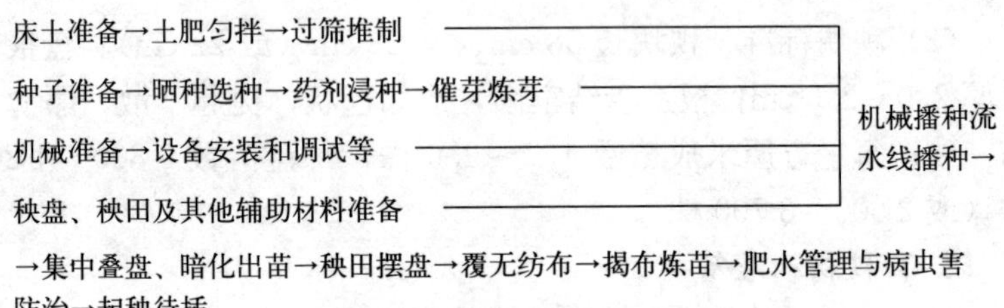

图 2-2　机械播种育苗作业流程

4. 栽培管理

(1) 视土培肥　对肥沃疏松的菜园土，一般不需培肥，经粉碎过筛后可直接用作育秧土。对于一般性旱田土或稻田土宜经培肥后用作育秧土。具体培肥方法如下。

① 对准备取土的田块，隔年冬翻晒垡，开春后培肥。单位面积施总养分 42%，N、P_2O_5、K_2O 养分配比为 24：8：10 的水稻专用配方肥，或每 667 m^2 施用 N、P_2O_5、K_2O 养分含量各 15%的复合肥 25～30 kg，禁用草木灰；施肥后连续旋耕 2～3 遍，取10～15 cm 表土在田间作垄堆制，覆膜防雨淋，促土肥交融；之后 1～2 周，待土堆含水量在 10%～15%时取土，机械粉碎、过筛后用作育秧土。要求细土粒径小于 5 mm。

② 采用专用壮秧剂培肥。在隔年冬翻晒垡后，不经春后培肥，在机械碎土时或过筛后直接用专用壮秧剂培肥土壤。具体用量应根据壮秧剂产品说明正确使用；充分拌匀，提前拌入是关键。

禁止未腐熟的厩肥以及淤泥、尿素、碳铵等直接拌作底肥，以防肥害，影响出苗。

(2) 精做秧板　根据秧田基础情况，可采用湿做法或干做法精做秧板。

湿做法：在播前 30 d 左右，对准备好的秧田灌水旋耕，碎土灭茬，清除残渣，耙高填低，开沟作畦，做平秧板；之后排水晾板，沉实板面；播种前对沉实板面再次铲高补低，清理沟系，填平裂缝，充分拍实，使板面达到"平、实、齐、无残茬"，沟系畅通。

干做法：对基础较平整的田块可采用干做法。在不灌水的条件下，直接除净田面残茬，开沟作畦，铲高填低，沟系配套，拍平、拍实秧板。

秧田制作规格：畦宽 1.4～1.5 m，沟宽 25～30 cm、深 15～20 cm，四周围沟宽 30～35 cm、深 20～25 cm。

（3）种子处理　包括晒种、药剂浸种消毒、催芽等三大环节。

晒种：选晴好天气晒种 1～2 d，摊薄、勤翻，防止破壳。

浸种消毒：浸种消毒时间应根据前茬作物腾茬时间及后茬稻田整地所需时间，结合机插稻小苗育秧所需秧龄 18～23 d，推算出适宜浸种日期，宁可田等秧，不可秧等田。浸种消毒药剂选用：每 100 kg 稻种选用 17％杀螟・乙蒜素可湿性粉剂 500～600 g，加 10％吡虫啉可湿性粉剂 200 g，两种药剂混合后先用少量清水将药剂调成糨糊状，再对清水 150～160 kg，均匀稀释，配制成浸种消毒液，进行稻种药剂浸种处理。药剂浸种时间：在日平均气温18～20 ℃时，浸种 60 h（3 夜 2 昼），23～25 ℃时浸种 48 h。一般情况下，5 月底以前浸种的，要求浸足 60 h，6 月初开始播种的需浸足 48 h，浸足时间是保证药效的关键。

催芽：稻种浸种消毒处理后捞起，堆成厚度 20～30 cm 的谷堆，谷堆上覆盖湿润草垫，保持适宜的温度、湿度和透气性，要求谷堆上下内外温湿度基本保持一致；并按照"高温破胸（上限 38 ℃，适宜 35 ℃）、保湿催芽（温度 25～28 ℃，湿度 80％左右）、低温晾芽"三大关键技术环节做好催芽工作。机械化育插秧栽培稻谷催芽标准，以 90％稻谷"破胸露白"为准；之后室内摊晾 4～6 h炼芽，至芽谷面干内湿后再行播种。

（4）适期匀播　一般情况下，杂交稻最佳播期在 5 月上中旬，常规稻在 5 月中下旬。播种时尽可能做到分期分批播种，以缓解插秧时的机械与季节、秧苗间的矛盾。播种量一般杂交稻品种每盘播净干谷 100～110 g，折芽谷 130～140 g；常规稻品种播净干谷 115～125 g，折芽谷 150～160 g。折算成每 667 m^2 大田用种量杂交稻品种一般在 1.6～1.8 kg，常规稻品种 2.3～2.6 kg。具体播量应根据种子实际千粒重和发芽率情况作适当调整。

（5）叠盘暗化　播种结束后，将秧盘直接集中叠盘堆放在室内或室外平坦空地上，并覆草帘及遮阳网暗化，保湿、保温促出苗。叠盘高度不超过 30 盘，顶部放置空盘；堆放时间 24～60 h，以 60%以上的芽鞘顶出覆籽土为准，即可放置秧田进行育苗管理。

（6）秧田铺盘、覆无纺布、灌水湿润秧板　芽鞘出土后即移至秧田进行拉线铺盘，要求两盘对排，盘底紧贴秧板；铺盘后及时覆无纺布，做到以畦为单元，随铺随覆，拉紧布面，封实四周；之后及时灌平板水，湿润秧板，防止盘土发白，保温、保湿促齐苗。

（7）揭无纺布、遮防虫网　在秧苗出土 2 cm 以上、叶龄 1 叶 1 心至 2 叶 1 心期时及时揭无纺布。揭无纺布时应做到先灌水后揭布，视天气揭布。要求“晴天早、晚揭，阴天上午揭，小雨雨前揭，大雨雨后揭”，若遇连续低温，推迟至 2 叶 1 心期揭布。同时，揭布后及时按秧板宽度搭建小拱棚，遮防虫网，直至栽插前揭网，以有效阻断秧田期灰飞虱传毒，减轻水稻条纹叶枯病的发生。

（8）水浆管理　秧田铺盘至揭布前，保持盘土湿润不发白，缺水补水；揭布至 2 叶期建立平板水，保持盘土湿润又透气，以利秧苗发根；2～3 叶期看天气灌好跑马水，促进秧苗盘根，做到“晴天满沟水，阴天半沟水，雨天排干水”；整个秧田期以保持盘土湿润为主，若中午出现卷叶，应及时灌水护苗，做到日灌夜排，切忌长期灌深水。移栽前 2～3 d 控水蹲苗，防止盘土含水量过高，影响起秧和栽插质量。

（9）看苗施肥　一是断奶肥。秧田出苗揭无纺布后，可根据叶色追施苗肥（断奶肥）。对于盘土肥力较好、出苗后秧苗粗壮、叶色浓绿的田块，无须施断奶肥。对于盘土肥力较差的田块，出苗后，在 1 叶 1 心至 2 叶 1 心期，当叶色出现明显褪淡时可酌情追施断奶肥。正常情况下，每 667 m^2 秧田施尿素 4～5 kg（每盘 2 g），于傍晚撒施，定板、定量、均匀施入；施肥后及时用清水泼叶，以防烧苗。施肥时秧田应保持盘口水，水深不超过苗高的 1/3，切忌深水淹心。

二是起身肥。在移栽前 2～3 d 巧施起身肥（送嫁肥）。对叶色明显褪淡的秧苗，每 667 m^2 施尿素 5 kg，于傍晚撒施，定板、定量、均匀施入；施肥后及时用清水泼叶，以防烧苗；施肥时秧田应保持盘口水。对叶色正常、叶型挺拔而不披的苗，每 667 m^2 施尿素 1～1.5 kg，对水 60～70 kg 进行喷施；叶色浓绿且叶片下披的苗，切勿施肥，应及时采取控水措施，提高秧苗素质。

（10）病虫防治　重点防治稻蓟马、灰飞虱等。具体防治方法如下。

① 物理防治。采用覆盖防虫网方法，阻断秧田期灰飞虱传毒，减轻水稻条纹叶枯病发生。

② 化学防治。对于未采用防虫网的秧田，在 1 叶 1 心至 2 叶 1 心期揭无纺布时，每 667 m^2 应选用 25％吡蚜酮可湿性粉剂 20 g、10％醚菊酯悬浮剂 60 mL 或 25％噻嗪酮可湿性粉剂 60 g，对水 30～40 kg，均匀喷雾；要求整个秧田期防治 2～3 次，用药时注意保持浅水层及药剂的交替使用。同时，在栽前 2～3 d，选用同类药剂进行防治，做到带药移栽。

（11）正确秧苗起运　在起运秧苗过程中应严防秧苗折断、萎蔫。要求尽量减少秧苗搬动次数，保持秧块不变形，做到随起、随运、随栽；运秧时秧块平放，有条件的地方可随秧盘平放运往田头，亦可起盘后小心内卷（秧苗向内）秧块，叠放于运秧车，堆放 2～3 层，避免秧块变形、秧苗折断；起运过程中，如遇烈日高温或下雨天气，应采用相应设施或设备遮盖秧苗，以防止秧苗失水萎蔫或秧块水分过高，影响机插质量；卸秧时要平卸平放于田埂，利于插秧。

（三）大田栽插与管理技术

1. 精细整地　大田前茬作物收获后，及时进行耕翻，灌水泡田，机械旋耕、耙田，辅助人工平整，力求整块田块高低一致，高低落差不超过 3 cm；平整后保持浅水层 1～2 d，沉实泥浆，以防栽时壅泥，影响栽插质量。

2. 足施基面肥 机插秧秧苗小，栽后缓苗期明显，施足适量的基肥或面肥，较有利于早活棵、早分蘖。一般情况下，基面肥的使用应坚持有机无机相结合的原则，基肥每 667 m^2 施商品有机肥 150～200 kg、水稻专用配方肥 20～25 kg，或碳铵 30 kg、加过磷酸钙 30～35 kg。氮肥用量占全生育期总用氮量的 25%～30%，折合纯氮每 667 m^2 5～6 kg。

3. 栽前除草 在大田最后一次划田平整后，灌足水层（以不露高墩为准），在杂草未出苗时封除杂草。每 667 m^2 选用 26%噁草酮乳油 100～120 mL，趁泥水浑浊时甩滴全田，或用 40%苄嘧磺隆·丙草胺可湿性粉剂 60 g，或 30%苄嘧磺隆·丙草胺可湿性粉剂 80 g，对水 30～40 kg 均匀喷施；施药后保持水层 3～4 d 再行机械插秧。

4. 适时栽插 按照育秧时预计的栽插日期，在前茬作物收获后应及时组织机力、人力进行耕翻、整地，适时栽插。一般情况下，常规稻品种适宜栽插时期为 6 月初至 6 月 20 日；杂交稻品种适宜栽插时期为 5 月底至 6 月 10 日，尽可能做到适时早栽，杜绝超秧龄栽插。同时，插秧前应排干田间水层，做到清水淀板、薄水浅插、以秧苗入土、不漂不倒为宜；缺穴率控制在 3%以下，避免出现连续缺穴；漂秧率小于 5%，确保栽插质量和穴数是关键。

5. 合理密植 杂交稻品种，宜选用固定行距为 30 cm 的插秧机进行栽插。每 667 m^2 适宜栽插穴数 1.6 万～1.7 万穴，每穴苗数 2～3 株，基本苗每 667 m^2 4 万～5 万株。

常规稻品种，有条件的区县宜选用固定行距为 25 cm 的插秧机进行栽插。每 667 m^2 适宜栽插穴数 1.7 万穴以上，每穴苗数 4～5 株，基本苗每 667 m^2 7 万～8.5 万株。

6. 科学水浆管理 针对机插稻生长特点，结合水稻各阶段需水规律，重点围绕各阶段主攻目标，切实抓好各时期水浆管理。具体各阶段水浆管理要求如下。

（1）栽后活棵返青阶段　坚持浅水活棵，视天气管理。栽后若遇晴好天气，白天保持浅水层，水深为苗高的 1/3～1/2，防高温伤苗，晚上脱水促活棵；若遇阴天，应保持田间湿润，促进根系生长；若遇雨天，应开缺口排水，严防水淹秧心。栽后第二新叶期应短期断水促分蘖发生。

（2）有效分蘖阶段　采用“浅水一寸[①]棵棵到、短期落干通气好”的间歇灌溉方法。灌水深为苗高的 1/3 左右，切忌淹没心叶；灌一次水后待自然落干再上新水，如此反复，以达到以水调肥、以水调气、以气促根、促分蘖早生快发的目的。

（3）无效分蘖阶段　采用够苗期搁田，当总茎蘖数达到预期穗数苗时开始搁田控苗，以调控高峰苗数，控制无效分蘖；搁田方法为先轻后重、分次搁成；搁田程度至田中不陷脚、田面不发白、不开裂缝，叶色落黄褪淡即可。

（4）拔节孕穗阶段　采用间歇灌溉方法，灌一次浅水，保持 2～3 d 水层，断水 3～4 d，再灌一次浅水，如此反复，直至剑叶抽出期建立浅水层；抽穗前脱水 2～3 d。

（5）抽穗扬花阶段　保持浅水层灌溉。

（6）灌浆结实期　采取间歇灌溉，做到浅水潮潮清。

（7）成熟期　防止断水过早，在收割前 7～10 d 断水。

7. 合理肥料运筹　在栽插前施足基面肥的基础上，栽后重点加强活棵返青肥、分蘖肥、长粗肥和穗肥的施用。关键是依据水稻生长需肥规律，结合田块肥力基础，科学合理运筹肥料。各阶段具体肥料使用情况如下。

（1）活棵返青肥　栽后 5～7 d，每 667 m^2 施碳铵 15 kg 或尿素 5～6 kg，作活棵返青肥，施肥时田间保持浅水层。

（2）分蘖肥　总用氮量折合纯氮每 667 m^2 9～11 kg，分 2 次施用。第一次在栽后 12～14 d，每 667 m^2 施水稻专用配方肥 20～25 kg或尿素 10～12.5 kg；第二次在栽后 18～20 d，视苗情补施分

① 注：寸为非法定计量单位。1 寸≈0.03 m。

蘖肥，每667 m^2施水稻专用配方肥 10～12 kg 或尿素 5～6.5 kg，用于捉黄塘，促平衡。

(3) 长粗肥　一般不提倡使用氮肥，主要以钾肥为主，宜在大暑节气前后施入，每 667 m^2 施氯化钾 4～5 kg；对于明显缺肥的田块，每 667 m^2 可增施水稻专用配方肥 6～8 kg 作长粗肥，施后做到带肥搁田；对于部分不宜施用穗肥的迟熟晚粳品种“寒优湘晴”而言，每 667 m^2 可追施水稻专用配方肥 10～12 kg 作长粗肥，施后带肥搁田，防止后期早衰。

(4) 穗肥　一般在 8 月初至 8 月 15 日施用。用量占全生育期总用氮量的 15%～30%，折合纯氮 4～6 kg，分促花肥和保花肥 2 次施用。其中，促花肥于主茎第一节间基本定长、第二节间开始迅速伸长、叶龄余数 3.2 叶左右时，每 667 m^2 施水稻专用配方肥 5 kg加尿素 5 kg，也可只施水稻专用配方肥 12.5 kg。隔 10 d 左右，在叶龄余数 1.5～2 叶时施保花肥，每 667 m^2 施尿素 6～8 kg；穗肥施用应视叶色褪淡程度正确施用，做到早褪早施、不褪不施；对于叶色褪淡较迟的田块或苗数偏多的田块，建议穗肥在倒 3 叶至倒 2 叶期一次施用，用量减半，每 667 m^2 施尿素 6～8 kg；对于杂交稻品种而言，穗肥用量总体应适当减少，一般用量占全生育期总用氮量的 15%～25%，并视品种特点正确施用；一般情况下，穗肥施用最迟不宜超过 8 月 20 日。

8. 加强病虫草害防治

(1) 杂草防除　在栽前化除基础上，应在水稻有效分蘖期内，针对稻田杂草草相、草龄，正确选用药剂，适时进行杂草补除。具体补除方法如下。

① 对于以稗草为主的田块，在稗草 2～5 叶期，每 667 m^2 选用 25%五氟磺草胺油悬浮剂 40～80 mL，对水进行茎叶喷雾；施药前排干水，药后 1 d 复水，并保水 3～5 d；五氟磺草胺油悬浮剂对高龄稗草有特效，但对大豆较敏感，施药时避免药液飘移。

② 对于以千金子为主的田块，在千金子 2～4 叶期，每 667 m^2 选用 10%氰氟草酯乳油 50 mL，对水进行茎叶喷雾；施药前排干

水，药后1 d复水，并保水3～5 d。

③ 对于以莎草和阔叶杂草为主的田块，在播后25～30 d，每667 m^2 选用10%吡嘧磺隆可湿性粉剂20 g，对水进行茎叶喷雾；施药前排干水，药后1 d复水，并保水3～5 d。

④ 对于以高龄莎草和阔叶杂草为主的田块，每667 m^2 可选用48%灭草松水剂75～100 mL，加20%二甲四氯水剂100 mL混用，对水进行茎叶喷雾；施药前排干水，药后1 d复水，并保水3～5 d。

另外，对于栽前未能及时化除的田块，在栽插后5～7 d，结合活棵返青肥的施用，每667 m^2 用53%苄嘧·苯噻酰可湿性粉剂60 g，拌化肥或细泥均匀撒施，施药时田间浅水层，施药后保水3～5 d，以提高化除效果。注意开好平水缺口，以防雨水淹没秧心，造成药害。之后在水稻有效分蘖期内，再视杂草发生情况，针对草相、草龄，正确选用药剂，适时进行杂草补除。具体补除方法同上。

（2）病虫害防治　根据上海市水稻主要病虫害发生规律，结合机插稻生长各阶段特点，前期重点做好稻纵卷叶螟、白背飞虱、灰飞虱、螟虫以及水稻条纹叶枯病、黑条矮缩病等病虫害防治；中期重点做好稻纵卷叶螟、褐飞虱、螟虫、纹枯病的防治；后期重点关注稻纵卷叶螟、二化螟、褐飞虱、三化螟、纹枯病、稻曲病、穗颈瘟等病虫害防治工作。具体各种虫害、病害防治措施如下。

① 稻纵卷叶螟防治。每667 m^2 可选用5%甲氨基阿维菌素苯甲酸盐水分散粒剂16～20 g或20%氯虫苯甲酰胺悬浮剂10～15 mL，对水30～40 kg，均匀喷雾；施药适期为1～2龄幼虫高峰期；施药时，田间应保持薄水层。

② 螟虫防治。每667 m^2 可选用17%阿维·毒死蜱乳油100 mL，或20%哒嗪硫磷乳油100 mL，或20%氯虫苯甲酰胺悬浮剂10～15 mL，或15%茚虫威乳油12～15 mL；施药适期为1～2龄幼虫高峰期；施药时田间保持浅水层，有利于发挥药效。

③ 白背飞虱、灰飞虱和褐飞虱防治。每667 m^2 可选用25%吡蚜酮可湿性粉剂20 g，或10%醚菊酯悬浮剂60～80 mL，或25%噻嗪酮可湿性粉剂80～100 g；对水30～40 kg，均匀喷雾；施药适

期为低龄若虫发生高峰期；注意轮换用药，防止抗药性的产生。

④ 水稻条纹叶枯病和黑条矮缩病防治。强调治虫防病，重点做好灰飞虱防治工作。同时要加强合理布局、连片种植，及清除田边杂草，压低虫源、毒源等农业防治措施的落实。对于已出现症状的田块，每 667 m^2 可选用 2%宁南霉素水剂 150～250 mL，对水 30～40 kg，均匀喷雾；隔 5 d 再喷一次。同时，在防治的基础上，结合肥料施用可有效缓解症状的发展。

⑤ 纹枯病防治。每 667 m^2 可选用 15%井冈霉素 A 可溶性粉剂 35～50 g，或 11%井冈・己唑醇可湿性粉剂 40～60 g，或 10%井冈・蜡芽菌悬浮剂 100～150 mL，或 23%噻呋酰胺悬浮剂 20 mL；施药适期为水稻封行至孕穗期；在纹枯病大流行前（病株率 5%）第一次施药，隔 7～10 d 再施药一次；重病田在齐穗后，再补防一次，注意药剂的交替使用。

⑥ 稻曲病和穗颈瘟防治。每 667 m^2 可选用药剂 43%戊唑醇悬浮剂 12～15 mL，加 20%井冈・三环唑可湿性粉剂 100 g，对水 60 kg，均匀喷雾；一般情况下，要求防治 2 次，即在水稻破口前的5～7 d 和始穗期各防治一次，并注意药剂交替使用。

具体各阶段病虫害防治对象和方法、防治时期、药剂选用应根据当地植保部门病虫测报及防治意见执行。注意药剂的交替使用，防止抗药性的产生。

9. 适时收获　稻穗枝梗变黄、95%谷粒呈金黄色时为适宜收获期。

第二节　水稻直播栽培技术

一、直播稻的发展概况

直播与移栽是水稻栽培上两种不同的栽培方法，是水稻种子经过浸种催芽后，直接由人工或机械播种到大田，无须育秧过程的栽培技术。直播根据播种方式可分为机械直播和人工直播两种；根据播种阶段大田水旱状况又可分为水直播和旱直播两种；根据大田耕作状况也可分为耕翻直播和免耕直播两种。目前，在市郊广泛采用的主要是耕翻人工水直播栽培。

20 世纪 90 年代起，随着上海市区经济高速发展，大量郊区农业人口向城镇转移，因劳动力不足，水稻栽培逐步由移栽向直播方向发展。随着直播栽培技术的发展、化学除草剂的应用、产量增长幅度逐年加大，目前的产量可以和移栽稻相媲美。加上直播与移栽相比具有操作简便、劳动强度低、播种效率高、不用秧田等优点，因此发展速度非常快，至 2006 年上海郊区直播稻种植面积已经占水稻总面积的 87%，成为市郊水稻生产的主要栽培方式。

二、直播稻主要生长特点

（一）生育期及生长特点

直播与移栽相比，播种较迟，全生育期明显缩短。据全市水稻生产信息统计，直播比移栽播种迟 19～24 d，全生育期缩短 15 d 左右。缩短的时期主要是因为水稻营养生长阶段时期变短，而生殖生长时间相对比较稳定。同时，直播稻个体生长量小，植株普遍矮 5～8 cm，主茎叶片数一般减少 1.5 叶左右，穗型小；其次，直播稻由于没有拔秧伤根和移栽返青过程，所以其分蘖发生早、节位低，有效分蘖期长，总苗数多，单位面积有效穗多（表 2－2）。

表 2－2　直播与移栽主要性状对比

年份	类型	播期（月/日）	全生育期（d）	每 667 m^2 基本苗（万株）	每 667 m^2 高峰苗（万株）	每 667 m^2 有效穗（万穗）	株高（cm）	穗长（cm）	总粒数（粒/穗）	实粒数（粒/穗）	千粒重（g）	每 667 m^2 产量（kg）
2001	移栽	5/20	162.8	8.9	26.4	20.3	100.2	14.9	131.5	114.2	25.0	569.9
	直播	6/8	148.3	9.4	34.5	26.0	95.6	14.5	102.9	90.8	24.3	546.2
	直－移	－19	－14.5	＋0.5	＋8.1	＋5.7	－4.6	－0.4	－28.6	－23.4	－0.7	－23.7

（续）

年份	类型	播期（月/日）	全生育期（d）	每 667 m² 基本苗（万株）	每 667 m² 高峰苗（万株）	每 667 m² 有效穗（万穗）	株高（cm）	穗长（cm）	总粒数（粒/穗）	实粒数（粒/穗）	千粒重（g）	每 667 m² 产量（kg）
2004	移栽	5/19	160.1	5.0	25.8	21.8	111.3	17.0	142.0	115.6	25.6	637.8
	直播	6/12	144.4	4.7	32.6	21.1	102.6	16.2	130.7	115.7	26.7	603.0
	直一移	−24	−15.7	−0.3	+6.8	−0.7	−8.7	−0.8	−11.3	+0.1	+1.1	−34.8

另外，直播稻根系生长浅、倒伏风险大，其草害发生也明显重于移栽稻，进入无效分蘖期后期田间密度大，通风透光差，也易受病虫危害。因此，田间管理难度较大。

（二）直播稻高产群体调控特点

传统的栽培是以足苗、足穗获得高产的，一般每 667 m² 的产量可以达到 500 kg 左右。但产量要进一步提高与群体过大的矛盾突出。而高产栽培应以小群体、壮个体、高积累的群体质量栽培技术路线为基础，比较好的解决了群体过大的矛盾，产量可以进一步提高。直播稻具有苗多、苗旺、穗多、穗型小、后期不早衰、易倒伏等特点，因此高产框架不同，群体调控措施也不同。

上海地区直播稻一般在 6 月上旬播种，6 月 20 日开始分蘖，至 7 月 20 日为有效分蘖临界期，约 1 个月的有效分蘖期，有 6～7 个有效分蘖节位。直播稻常规品种每 667 m² 基本苗一般在 8 万株左右，有效穗平均 25 万穗。在有效分蘖期内，理论上只要有 2 个以上分蘖节位产生分蘖，就可以达到每 667 m² 25 万株左右。因此，对直播稻而言，增苗数是比较容易做到的。但在实际生产中容易出现的问题是，直播稻基本苗多，每 667 m² 在 15 万株左右；同时，肥料主要用在前期，导致高峰苗过多，有些田块高峰苗超 100 万株，成穗率仅 30％左右；群体与个体生长矛盾突出，若苗多，则个体弱，穗型小。因此，控制直播稻前期的群体数量，做到稳健生长非常重要。

上海地区大苗移栽稻一般在 5 月 20 日左右播种，6 月 20 日至 25 日移栽，大田 6 月底开始分蘖，至 7 月 20 日左右为有效分蘖临界期，有效分蘖时间在 20 d 左右，一般有 4～5 个有效分蘖节位。每 667 m^2 移栽稻常规品种的基本苗一般在 6 万～8 万株，有效穗在 22 万左右。有效分蘖期比直播稻短 10 d，少 2 个有效分蘖节位，正常情况单株分蘖可达到 2.0 个。但遇到非常不利的气候或不恰当的措施，有可能导致分蘖不足。因此，大苗移栽稻在大田有效分蘖期内的关键是重视促苗、争取早分蘖、低位分蘖。

直播稻与移栽稻由于生长特点不同，虽然都是坚持小群体、壮个体、高积累高产群体质量调控思路，措施上都是需要降低基本苗、控制高峰苗、提高成穗率、稳定适宜穗数、主攻大穗，但不同阶段的调控的力度不同。

直播稻控苗主要有 3 个要求，一是控制前期肥料用量，保持植株稳健生长。二是防止分蘖肥使用过迟。常规品种单株带 1～2 个分蘖，杂交稻单株带 3～4 个分蘖就应停施或少施分蘖肥。三是早搁田。早发的田块，在 6 月底以前开始搁田，一般的在 7 月 5 日前后，最迟的也要在 7 月 10 日排水搁田。

肥料是群体调控的首要手段，近年推广的平衡施肥技术解决了生产中存在的两个方面问题，一是氮肥使用不合理，主要集中在前期；二是肥料三要素中氮、磷、钾比例不协调，其中磷、钾肥的比例明显偏低。

氮肥施用原则是减少基面肥用量、稳定分蘖肥、控制长粗肥、增施穗肥。直播稻由于是将种子直接播种于大田，幼苗期（3 叶前）营养来源主要是种子贮藏养分，根系吸收量小，据统计，2006 年每 667 m^2 氮素化肥用量维持在 17.8 kg 纯氮水平，其中基面肥用量要严格控制；分蘖肥用量要稳定，做到平稳施用、少量多次，防止一次用量过多而出现苗数过多的现象。长粗肥肥效作用期正是无效分蘖期和水稻拔节始期，对无效分蘖和基部节间伸长的控制都不利，因此不提倡施用长粗肥，如果确实需要，用量要严格控制。穗肥增产效应明显，可以增施，但用氮量不宜过多。

近年来改善氮、磷、钾比例不协调的主要措施是推广水稻专用配方肥（BB肥）。根据试验产量目标在每 667 m^2 600 kg，磷、钾的增产效应大，而且这种效应随着产量的提高而增加。

水浆管理是群体调控的重要手段。传统的灌溉方法是以建立水层为主，灌水量多，耗水量大，不利于水稻根系的生长及产量的提高，而且造成水资源的浪费。采取逐步过渡的湿润灌溉，除需水敏感期建立水层之外，其余阶段以干干湿湿为主。近年来，好气性水浆管理应用于超高产栽培，又有无水层灌溉的说法。具体操作是根据水稻的需水特点，在需水敏感期保持湿润，其他阶段控制灌水，增加断水时间，以水调气，以水调肥，以水调温，改善根系的生长环境。

三、直播栽培田间管理技术

水直播栽培是指在水田耕作基础上，将水稻种子采用人工或机械方法直接播种于大田，所采取的一系列田间管理措施。与移栽稻相比，无须育秧、插秧环节，省工、省力，劳动强度低，播种效率高。具体栽培管理技术主要包括以下几个方面。

（一）基本要求

1. 大田要求 宜选择杂草基数少、灌排方便、保水性能好、肥力中等以上的田块；连片种植，便于管理。

2. 品种选择 宜选用通过国家或上海市审定的高产、优质、抗逆性强的早、中熟晚粳品种，或搭配选用迟熟晚粳品种；选用品种种子质量符合 GB 4404.1 的规定（表 2－3，表 2－4）；稻米品质应达到国标三级以上标准。

表 2－3 国家种子质量标准（GB 4404.1—2008）（常规种）

项目	要求
水分	≤14.5%
净度	≥98%

（续）

项目	要求
纯度	≥99%
发芽率	≥85%

表 2－4　国家种子质量标准（GB 4404.1—2008）（杂交种）

项　目	要　求
水分	≤14.5%
净度	≥98%
纯度	≥96%
发芽率	≥80%

3. 茬口条件　市郊绿肥茬、大麦茬、小麦茬、油菜茬和冬耕休闲田等茬口都适合水稻直播栽培。但值得注意的是品种与茬口应合理搭配，以满足不同水稻品种对全生育期的需求，充分发挥各品种的增产潜力。对于冬耕休闲田、绿肥茬和大麦茬等早茬口田块，建议选用中、迟熟晚粳品种；对于油菜茬、小麦茬等迟茬口田块，建议选用早、中熟晚粳类品种或中、迟熟中粳类品种。

4. 播种期　绿肥茬、大麦茬及冬耕休闲田宜选用杂交稻品种，5 月下旬至 6 月初播种；油菜茬宜选用常规稻品种，6 月上旬播种；小麦茬宜选用常规稻品种，6 月 1 日至 15 日播种，强调适时早播。

5. 播种量　常规稻品种每 667 m^2 播稻种 3.6～4.4 kg；杂交稻品种每 667 m^2 播稻种 1.8～2.2 kg。

6. 基本苗　常规稻品种每 667 m^2 7 万～10 万株；杂交稻品种每 667 m^2 4 万～5 万株。

7. 适宜有效穗数及高峰苗　常规稻品种（穗粒兼顾型）每 667 m^2适宜有效穗数 24 万～26 万穗，高峰苗 35 万～40 万株；杂交稻品种（大穗型）每 667 m^2 适宜有效穗数 20 万～23 万穗，高峰苗 30 万～35 万株。

（二）播前准备、播种及前期化除

1. 整地 前茬作物收获后，采用机械耕翻、灌水泡田、机械耙田或人工摊田，注意不漏耕、整得平、泥头不过烂。

2. 施基面肥 用量占全生育期总用氮量的10%～15%，每667 m^2 折合纯氮 2～3 kg。一般在机械耕翻前基施或播种前 1 d 面施，每 667 m^2 施水稻专用配方肥 10～12 kg，或碳铵 15 kg 左右。对于秸秆全量还田田块，应增施碳铵 10 kg 左右，以调节碳氮比，促进秸秆腐解，同时也减轻与秧苗生长争氮的矛盾。

3. 种子处理 主要包括晒种、选种、浸种消毒、催芽等四大环节。

（1）晒种 稻谷收获时成熟程度不一致，再加上贮藏期间冷暖干湿的变化，对种子生活力有所影响。晒种能使谷壳的通透性变好、吸水变快，同时使谷粒中酶的活性加强、胚的活力增强。晒种时间 1～2 d，要薄摊、勤翻、防止破壳。

（2）选种 用筛子或精选机筛选，筛出小枝梗的谷粒，去除空粒、秕粒和杂草种子。

（3）浸种消毒 每 100 kg 稻种选用 17%杀螟·乙蒜素可湿性粉剂 500～600 g，加 10%吡虫啉可湿性粉剂 200 g，两种药剂混合后先用少量清水将药剂调成糨糊状，对清水 150～160 kg，均匀稀释，配制成浸种消毒液，进行稻种药剂浸种处理。药剂浸种时间，在日平均气温 18～20 ℃时，浸种 60 h（3 夜 2 昼），23～25 ℃时浸种 48 h。一般情况下，5 月底以前浸种的，要求浸足 60 h，6 月初开始播种的需浸足 48 h，浸足时间是保证药效的关键。

（4）催芽 稻种浸种消毒处理后捞起，堆成厚度 20～30 cm 的谷堆，谷堆上覆盖湿润草垫，保持适宜的温度、湿度和透气性，要求谷堆上下内外温湿度基本保持一致；并按照“高温破胸（上限 38 ℃、适宜 35 ℃）、保湿催芽（温度 25～28 ℃、湿度 80%左右）、低温晾芽”三大关键技术环节做好催芽工作。人工直播栽培催芽以“根长 1 粒谷、芽长半粒谷”为标准；机械直播栽培以 90%稻谷催芽至“破胸露白”为标准；之后室内摊晾 4～6 h 炼芽，至芽谷面干内湿后待播。

4. 播种　播种时力求田面无水层、泥头软硬适中，可采用人工或机械播种；机械播种田块，泥头需沉实 1～2 d，防止机播时出现壅泥现象。播种期、播种量按本节中基本要求相关技术参数实施。在实际播种过程中，播量掌握可视每批次稻种发芽率、发芽势及具体播种日期的早晚作适当调整。同时，播种后应及时疏通田外沟渠，清理田内沟系，排除田间水层，保持畦面湿润无积水。

5. 前期化除　可视播种阶段天气及田块茬口情况，合理选用播前除草和播后苗前除草两种方法，切实做好直播稻前期化学除草工作。具体方法如下。

（1）播前除草　对于早茬口田块，在播前 3～5 d 采用“水封”除草。具体方法，大田在最后一次耙田平整后，灌足水层（以不露高墩为准），趁泥水浑浊时每 667 m^2 用 26％噁草酮乳油 100～120 mL甩滴全田；施药后保持水层 3～4 d，之后再排干水层，再行播种。

（2）播后苗前除草　对于迟茬口、播前未能及时化除的田块，在播种后视催芽情况采用“干封”方法进行化除。正常情况下，对于人工直播田块在播后 1～2 d 进行化除；对于机械直播田块在播后 3～4 d 进行化除。每 667 m^2 用 40％苄嘧磺隆·丙草胺可湿性粉剂 60 g 或 30％苄嘧磺隆·丙草胺可湿性粉剂 80 g，对清水 40～45 kg，均匀喷雾。施药后 3 d 内田板保持湿润，同时应切实做好沟系配套和开好平水缺等工作，防止雨天积水引起药害。之后恢复正常管理。

（三）出苗后栽培管理

重点围绕各阶段主攻目标，前期力争壮苗、早发、促分蘖；中期强调稳长、壮秆、攻大穗；后期注重养根、保叶、争粒重，切实加强各阶段肥水管理、病虫草害防治等关键技术措施的落实，确保水稻稳产、高产。

1. 水浆管理 针对直播稻生长特点，结合水稻各阶段需水规律，重点围绕阶段主攻目标，切实抓好各时期水浆管理。具体要求如下。

(1) 幼苗生长阶段 水稻从出苗到3叶期为幼苗期。幼苗期水浆管理应重点围绕一播全苗、培育壮苗的目标，坚持湿润灌溉、以干为主。如播种后遇持续晴好天气，田间出现田面发白有细缝开裂时，应及时灌跑马水；若遇雨天，应立即排除田间积水，切忌长时期淹水。一般在2叶期后可灌跑马水，保持田间湿润不发白，缺水补水，直至分蘖产生。

(2) 有效分蘖阶段 采用“浅水一寸棵棵到、短期落干通气好”的间歇灌溉方法。灌水深为苗高的1/3左右，切忌淹没心叶；灌一次水后待自然落干再上新水，如此反复，以达到以水调肥、以水调气、以气促根、促分蘖早生快发的目的。

(3) 无效分蘖阶段 采用超前搁田方法加强水浆管理，促壮蘖形成。当田间总茎蘖数达到预期穗数苗数的80%时，开始脱水轻搁田，由轻到重，分次搁成；搁田程度至田中不陷脚、田面不发白、不开裂、叶色落黄褪淡即可。高峰苗数控制，常规稻每667 m^2 35万～40万株，杂交稻每667 m^2 30万～35万株。搁田后对于已明显降苗、叶色褪淡、叶片挺直的田块应及时复水。

(4) 拔节孕穗阶段 采用间歇灌溉方法，灌一次浅水，保持2～3 d水层，断水3～4 d，再灌一次浅水，如此反复，直至剑叶抽出期建立浅水层；抽穗前脱水2～3 d。

(5) 抽穗扬花阶段 保持浅水层灌溉。

(6) 灌浆结实阶段 采取间歇灌溉，做到浅水潮潮清。

(7) 成熟阶段 严防断水过早，收割前7～10 d断水。

2. 疏密补缺 采用人工进行疏密补缺是直播栽培力求苗匀、苗齐、确保种植基础质量的一个重要环节。一般情况下，疏密补缺工作应在3叶期后进行，强调早字当头，带土疏密补缺，尽可能减轻移植后对分蘖发生的影响，促进低位分蘖的发生和壮蘖的形成。在正常播期范围内，对于常规稻品种秧苗密度要求，力争每平方米苗数达90～117株；对于杂交稻品种45～63株/m^2。同时，应确保秧苗分布均匀，同一区域内秧苗个体大小力求基本一致。

3. 肥料运筹

（1）断奶肥　在水稻播种出苗后的2叶1心期及时追施断奶肥，每667 m^2施尿素6 kg左右，或碳铵15 kg，以促进秧苗生长由异养（靠胚乳中养分）向自养（靠自身的根系和光合作用）转化。

（2）分蘖肥　一般情况下分两次使用。第一次在施断奶肥后1周左右，每667 m^2施尿素8～10 kg，或水稻专用配方肥15～20 kg；再间隔7～10 d施第二次分蘖肥，每667 m^2施水稻专用配方肥25 kg，或尿素12～14 kg。注意氮、磷、钾养分的平衡和肥料品种的交替使用。

（3）长粗肥　一般不提倡使用氮肥，主要以钾肥为主，宜在大暑节气前后施入，每667 m^2施氯化钾4～5 kg；对于明显缺肥的田块，可每667 m^2增施水稻专用配方肥6～8 kg作长粗肥，施后做到带肥搁田；对于部分不宜施用穗肥的迟熟晚粳品种寒优湘晴而言，每667 m^2可追施水稻专用配方肥10～12 kg作长粗肥，施后带肥搁田，防止后期早衰。

（4）穗肥　一般在8月初至8月15日施用。用量占全生育期总用氮量的10%～25%，折合纯氮3～5 kg，分促花肥和保花肥两次施用。其中，促花肥于主茎第一节间基本定长、第二节间开始迅速伸长、叶龄余数3.2叶左右时，每667 m^2施水稻专用配方肥10～12.5 kg。隔10 d左右，在叶龄余数1.5～2叶期时施保花肥，每667 m^2施尿素5～6 kg；穗肥施用应视叶色褪淡程度正确施用，做到早褪早施、不褪不施；对于叶色褪淡较迟或苗数偏多的田块，建议穗肥在倒3叶至倒2叶期一次施用，用量减半，每667 m^2施尿素6～7 kg；对于杂交稻品种而言，穗肥用量总体应适当减少，一般用量占全生育期总用氮量的10%～20%，并视品种特点正确施用；一般情况下，穗肥施用最迟不宜超过8月20日。

4. 病虫草害防治

（1）杂草防除　对于播种前后未使用除草剂或使用后效果不理

想的田块，宜在分蘖前期结合分蘖肥的施用，采用毒肥或毒土法进行化除。具体施用方法，宜结合第一次分蘖肥的施用，每667 m^2可选用53%苄嘧·苯噻酰可湿性粉剂60 g，拌化肥或细泥均匀撒施，施药时田间浅水层，施药后保水3~5 d，以提高化除效果。注意开好平水缺，以防雨水淹没秧心，造成药害。

之后，在水稻有效分蘖期内，再视杂草发生情况，针对各田块草相、草龄，正确选用药剂，适时进行补除。具体补除方法如下。

① 对于以稗草为主的田块。在稗草2～5叶期，每667 m^2可选用25%五氟磺草胺油悬浮剂40～80 mL，对水进行茎叶喷雾；施药前排干水，药后1 d复水，并保水3～5 d；五氟磺草胺油悬浮剂对高龄稗草有特效，但对大豆较敏感，施药时避免药液飘移。

② 对于以千金子为主的田块。在千金子2～4叶期，每667 m^2可选用10%氰氟草酯乳油50 mL，对水进行茎叶喷雾；施药前排干水，药后1 d复水，并保水3~5 d。

③ 对于以莎草和阔叶杂草为主的田块。在播后25~30 d，每667 m^2可选用10%吡嘧磺隆可湿性粉剂20 g，对水进行茎叶喷雾；施药前排干水，药后1 d复水，并保水3～5 d。

④ 对于以高龄莎草和阔叶杂草为主的田块。每667 m^2可选用48%灭草松水剂75～100 mL，加20%二甲四氯水剂100 mL混用，对水进行茎叶喷雾；施药前排干水，药后1 d复水，并保水3～5 d。

（2）病虫害防治　根据上海地区水稻病虫害发生规律，水稻主要虫害有稻纵卷叶螟、稻飞虱、螟虫等，病害主要有纹枯病、稻曲病等。具体各虫害、病害防治措施如下。

① 稻纵卷叶螟防治。每667 m^2可选用5%甲氨基阿维菌素苯甲酸盐水分散粒剂16～20 g，或20%氯虫苯甲酰胺悬浮剂10～15 mL，对水30～40 kg，均匀喷雾；施药适期为1～2龄幼虫高峰期；施药时，田间应保持薄水层。

② 白背飞虱、灰飞虱和褐飞虱防治。每667 m^2可选用25%吡蚜酮可湿性粉剂20 g，或10%醚菊酯悬浮剂60～80 mL，或25%

噻嗪酮可湿性粉剂 80～100 g；对水 30～40 kg，均匀喷雾；施药适期为低龄若虫发生高峰期；注意轮换用药，防止抗药性的产生。

③ 螟虫防治。每 667 m^2 可选用 17％阿维·毒死蜱乳油 100 mL，或 20％哒嗪硫磷乳油 100 mL，或 20％氯虫苯甲酰胺悬浮剂 10～15 mL，或 15％茚虫威乳油 12～15 mL；施药适期为 1～2 龄幼虫高峰期；施药时田间保持浅水层，有利于药效的发挥。

④ 水稻条纹叶枯病和黑条矮缩病防治。强调治虫防病，重点做好灰飞虱防治工作。防治灰飞虱措施同上；同时要加强合理布局、连片种植，及清除田边杂草、压低虫源、毒源等农业防治措施的落实。对于已出现症状的田块，每 667 m^2 可选用 2％宁南霉素水剂 150～250 mL，对水 30～40 kg，均匀喷雾；隔 5 d 再喷一次。同时，在防治基础上，结合肥料施用可有效缓解症状的发展。

⑤ 纹枯病防治。每 667 m^2 可选用 15％井冈霉素 A 可溶性粉剂 35～50 g，或 11％井冈·己唑醇可湿性粉剂 40～60 g，或 10％井冈·蜡芽菌悬浮剂 100～150 mL，或 23％噻呋酰胺悬浮剂 20 mL；施药适期为水稻封行至孕穗期；在纹枯病大流行前（病株率 5％）第一次施药，隔 7～10 d 再施药一次；重病田在齐穗后，再补防一次，注意药剂的交替使用。

⑥ 稻曲病和穗颈瘟防治。每 667 m^2 可选用药剂 43％戊唑醇悬浮剂 12～15 mL，加 20％井冈·三环唑可湿性粉剂 100 g，对水 60 kg，均匀喷雾；一般情况下，要求防治 2 次，即在水稻破口前的 5～7 d 和始穗期各防治一次，并注意药剂交替使用。

具体各阶段病虫害防治对象、方法、防治适期、药剂选用应根据当地植保部门病虫测报及防治意见执行。注意药剂的交替使用，防止抗药性的产生。

5. 适时收获 稻穗枝梗变黄、95％谷粒呈金黄色时为适宜收获期。

第三章 水稻主栽品种简介

第一节 常规稻品种

一、秀水 134

审定编号：沪农品审水稻（2011）第 005 号。

选育单位：浙江省嘉兴市农业科学研究院。

品种来源：以丙 95－59//测 212/RHT 为母本、丙 03－123（秀水 123）为父本，杂交后系统选育而成。

特征特性：2010、2011 年两年平均全生育期 160.1 d，比对照迟熟 2.3 d。株高 94.2 cm，穗长 16.4 cm。分蘖力中等，成穗率较高，穗型中等偏大，结实率高，粒型中等。生长整齐，株型紧凑，叶色绿，熟期转色好，抗倒性强，田间病害轻。米质检测，2009 年和 2010 年分别为国标优质米二级和三级标准。

产量表现：2010 年区试，平均每 667 m^2 产 627.5 kg，比对照增产 8.4%，增产极显著；2010 年生试平均每 667 m^2 产 562.3 kg，比对照秀水 128 增产 9.8%；2009 年区试，平均每 667 m^2 产 590.3 kg，比对照增产 9.5%，增产极显著。

产量结构：平均每 667 m^2 有效穗 18.9 万，每穗总粒数 141 粒，结实率 91.8%，千粒重 25.9 g。

推广情况：秀水 134 是浙江省嘉兴市农业科学院选育的高产、优质常规稻新品种，2011 年通过上海市品种审定。该品种具有生长整齐、株型紧凑、熟期转色好、穗型大、耐肥性好、抗倒性强、产量高及综合性状表现优良等特点，目前已成为市郊水稻常规主栽品种之一，近3年种植面积约占全市水稻总面积的30%左右。其中，2012年市郊种植面积3.64万hm^2，占34.6%；2013年种植面积2.95万hm^2，占29.0%；2014年种植面积2.62万hm^2，约占26.3%。

栽培技术要点：

① 适时早播。作机插栽培，5月20日前后播种，每667 m^2大田用种3 kg，秧龄18～20 d。直播稻5月底至6月上旬播种，每667 m^2用种量3～4 kg。

② 合理密植。机插稻一般每667 m^2大田栽1.7万穴以上，基本苗4万～5万；直播栽培基本苗8万左右。

③ 肥水管理。注重氮、磷、钾养分平衡施用和干湿交替水浆管理。一般情况下每667 m^2施氮肥折合纯氮18 kg左右，氮、磷、钾养分配比约1∶0.3∶0.4；单位面积高峰苗数控制，机插稻每667 m^2 28万～32万苗，直播稻每667 m^2 32万～38万苗；强调近够苗期搁田，由轻到重，分次搁田；齐穗后注重干湿交替水浆灌溉。不同栽培方式总用氮量应有所差别，直播稻氮肥用量可略低于机插稻。

二、秀水114

审定编号：沪农品审稻（2009）第001号。

选育单位：浙江省嘉兴市农业科学研究院。

品种来源：以秀水09为母本、秀水123为父本，杂交后系统选育而成。

特征特性：2007年、2008年两年平均全生育期156.6 d，比对照早熟3.2 d。株高97.9 cm，穗长16.1 cm。分蘖力中等，成穗率高，穗型中等，结实率高，粒型中等。生长整齐，株型紧凑，叶色淡绿，熟期转色好，抗倒性强，田间病害轻。米质检测，2007年和2008年均达到国标优质米三级标准。

产量表现：2008年区试，平均每667 m^2产642.6 kg，比对照增产 14.2%，增产极显著；2008 年生试平均每 667 m^2 产 621.6 kg，比对照增产 10.0%；2007 年区试平均每 667 m^2 产 601.1 kg，比对照增产 21.8%，增产极显著。

产量结构：每 667 m^2 有效穗 23.5 万，每穗总粒数 120 粒左右，结实率 91.6%，千粒重 25.2 g。

推广情况：秀水 114 是浙江省嘉兴市农业科学院选育的高产、优质、早熟常规稻新品种，2009 年通过上海市品种审定。该品种具有熟期早、生长整齐、株型紧凑、穗型中等、结实率高、抗倒性强等优点，目前已成为市郊部分区县水稻常规主栽品种之一，近 3 年种植面积占全市水稻总面积的 15%左右。其中，2012 年市郊种植面积 1.35 万 hm^2，占 12.9%；2013 年种植面积 1.63 万 hm^2，占 16.1%；2014 年种植面积 1.61 万 hm^2，约占 15.0%。

栽培技术要点：

① 适时播种。5 月下旬至 6 月上旬播种。其中，机插稻 5 月 25 日前后播种，6 月 15 前完成栽插；直播稻 5 月 25 日至 6 月上旬播种。

② 单位面积用种量及基本苗。作机插栽培，每 667 m^2 大田净用种 3.0～3.5 kg（干谷），栽插穴数 1.7 万穴以上，基本苗 7 万～8 万株；作直播栽培，每 667 m^2 用种量 3.5～4.0 kg，基本苗 8 万株左右。

③ 肥料运筹。一般情况下，氮化肥每 667 m^2 用量折合纯氮为 18 kg 左右。其中，前期用量占总量的 80%～85%，穗肥占 15%～20%；同时应注意氮、磷、钾养分的平衡施用，以提高氮肥利用率。

④ 水浆管理。3 叶期前湿润管理，以干为主；有效分蘖期浅水灌溉，干湿交替，保证两次灌水间有 2～3 d 的露天时间，切忌长期灌深水；当苗数达到穗数苗的 80%时开始脱水轻搁田，由轻到重，降苗后复水。拔节孕穗期采用间歇灌溉方法，至剑叶出齐前后建立水层；抽穗前要轻搁田 1 次，抽穗后干湿交替，至成熟前 7 d左右断水。

三、秀水 128

审定编号：沪农品审稻（2006）第 004 号。

选育单位：嘉兴市农业科学研究院。

品种来源：以丙 98－101/R9936 为母本、HK21 为父本，杂交后系统选育而成。

特征特性：2004 年、2005 年两年平均生育期 156.4 d，比对照早熟 1.7 d。株高 98.8 cm，穗长 14.9 cm。生长整齐度中等，株型适中，叶色绿，熟期转色好。分蘖力较强，成穗率高，抗倒性较强，田间病害轻。米质检测，可达到国标优质米二级标准。

产量表现：2005 年区试，平均每 667 m^2 产 569.0 kg，比对照增产 14.7%，增产极显著；2005 年生试平均每 667 m^2 产 554.2 kg，比对照增产 19.2%；2004 年区试平均每 667 m^2 产 619.0 kg，比对照增产 7.1%，增产极显著。

产量结构：每 667 m^2 有效穗 18.8 万，每穗总粒数 141.6 粒左右，结实率 93.8%，千粒重 24.9 g。

推广情况：秀水 128 是浙江省嘉兴市农业科学院选育的高产、优质常规稻品种，2006 年通过上海市品种审定。该品种具有米质较优、生长整齐度中等、株型适中、穗型较大、熟期转色好、抗倒性较强、田间病害轻等特点，审定后一度成为市郊水稻主栽品种之一，其中，2008 年市郊种植面积最高，种植面积达 4.38 万 hm^2，占全市水稻总面积的 40.3%；近 3 年种植面积总体呈现下降趋势。其中，2012 年市郊种植面积 0.97 万 hm^2，占 9.2%；2013 年种植面积 0.79 万 hm^2，占 7.7%；2014 年种植面积为 0.39 万 hm^2，约占 4.0%。

栽培技术要点：

① 严格种子处理，坚持适期播栽。按照植保部门种子处理意见严格种子消毒处理，防止恶苗病发生。同时，应坚持适期播栽。作机插栽培，5 月 20 日至 25 日播种，6 月 10 日至 15 日栽插；作

直播栽培，5 月底至 6 月 15 日播种，适时早播，有利于壮蘖形成。

② 合理密植。作机插栽培，每 667 m^2 用种量 3 kg 左右，栽插穴数 1.7 万穴以上，每穴苗数 4～5 株，基本苗 7 万～8 万株/亩；作直播栽培，每 667 m^2 用种量 4 kg 左右，基本苗 8 万株左右。

③ 肥水管理。每 667 m^2 大田施氮化肥总量折合纯氮为 18～20 kg，注重氮、磷、钾养分的平衡施用。作机插栽培的，应强调足施基肥，早施分蘖肥，后期视苗增施穗肥；作直播栽培的，在适期播种前提下，强调中期稳长，适当控制分蘖肥使用，前后期氮肥配比以 7.5∶2.5 或 8.5∶1.5 为佳。水浆管理上，应注重浅水促分蘖和搁田控苗措施的落实；孕穗期、扬花期保持浅水层，灌浆结实期注重干湿交替水浆灌溉；成熟后期切忌断水过早，以促进养根、保叶、争粒重。

四、秀水 123

审定编号：沪农品审稻（2007）第 01 号。

选育单位：嘉兴市农业科学研究院。

品种来源：以 HK21 为母本、R9941 为父本，杂交后经系统选育而成。

特征特性：2005 年、2006 年两年平均生育期 158.3 d，比对照早熟 1.5 d。株高 99.3 cm，穗长 17 cm。分蘖力中等，成穗率高，穗型较大，结实率中等偏高，粒型较大。生长整齐，株型紧凑，叶色绿，熟期转色较好，抗倒性强，田间病害轻。米质检测，可达国标优质米三级标准。

产量表现：2006 年区试，平均每 667 m^2 产 664.0 kg，比对照增产 17.7%，增产极显著；2006 年生试平均每 667 m^2 产 603.8 kg，比对照增产 8.2%；2005 年区试平均每 667 m^2 产 605.4 kg，比对照增产 22.0%，增产极显著。

产量结构：每 667 m^2 有效穗 18.5 万，每穗总粒数 157.6 粒左右，结实率 89.1%，千粒重 26.6 g。

推广情况：秀水123是浙江省嘉兴市农业科学院选育的高产、优质常规稻品种，2007年通过上海市品种审定。该品种具有穗型大、粒型较大、产量高、生长整齐、株型紧凑、抗倒性强、田间病害轻等特点，审定后一度成为市郊水稻主栽品种之一。其中，2008年市郊种植面积最高，种植面积达2.51万hm^2，占全市水稻总面积的23.1%；近三年种植面积总体呈现下降趋势。其中，2012年市郊种植面积0.77万hm^2，占7.4%；2013年种植面积0.59万hm^2，占5.8%；2014年种植面积为0.43万hm^2，约占4.4%。

栽培技术要点：

① 严格种子处理，坚持适期早播。按照植保部门种子处理意见严格种子消毒处理，防止恶苗病发生。同时，应坚持适期早播。作机插栽培，5月20日前后播种，6月10日前后栽插；作直播栽培，5月底至6月10日播种，适时早播，有利于壮蘖、大穗形成。

② 合理密植。作机插栽培，每667 m^2 用种量3 kg左右，栽插穴数1.7万穴以上，每穴苗数4～5株，基本苗7万～8万株；作直播栽培，每667 m^2 用种量4 kg左右，基本苗8万株左右。

③ 肥水管理。每667 m^2 大田施氮化肥总量折合纯氮为18～20 kg，注重氮、磷、钾养分的平衡施用。作机插栽培的，应强调足施基肥，早施分蘖肥，后期视苗增施穗肥；作直播栽培的，在适期早播前提下，强调中期稳长，适当控制分蘖肥使用，前后期氮化肥配比以7.5∶2.5或8∶2为佳。水浆管理上，应注重浅水促分蘖和搁田控苗措施的落实；孕穗期、扬花期保持浅水层，灌浆结实期注重干湿交替水浆灌溉；成熟后期切忌断水过早，以促进养根、保叶、争粒重。

④ 病虫防治。注意及时防治条纹叶枯病、纹枯病、螟虫、稻飞虱、稻曲病等病虫危害。

第二节　杂交稻组合

一、花优14

审定编号：沪农品审稻（2008）第001号。

选育单位：上海市农业科学院作物育种栽培研究所。

品种来源：以申9A为母本、繁14为父本，杂交组配而成。

特征特性：2005年、2006年和2007年三年平均全生育期158.6 d，比对照早熟1.8 d。株高116.0 cm，穗长19.90 cm。分蘖力中等偏强，成穗率中等，穗型大，结实率中等，粒型大。生长整齐，株型适中，叶色绿，熟期转色好。抗倒性强，田间病害一般。米质检测，可达国标优质米二级标准。

产量表现：2007年生试平均每667 m^2 产546.3 kg，比对照增产15.4%；2006年区试平均每667 m^2 产615.3 kg，比对照减产0.4%，减产不显著；2005年区试平均每667 m^2 产550.2 kg，比对照增产8.6%，增产极显著。

产量结构：每667 m^2 有效穗15.1万，每穗总粒数171.1粒左右，结实率92.6%，千粒重25.5 g。

推广情况：该组合2008年通过上海市品种审定。近3年来，随着杂交制种技术的不断完善，市郊推广面积逐年扩大，已成为市郊杂交稻主栽品种及市郊粮食高产创建的窗口和亮点。其中，2012年种植面积0.69万 hm^2，核心示范区平均每667 m^2 产673 kg，高产典型田块实割验收每667 m^2 产701.8 kg；2013年推广面积1.01万 hm^2，核心示范区平均每667 m^2 产653.7 kg，高产典型田块实割验收每667 m^2 产704.4 kg；2014年推广面积为1.41万 hm^2。

栽培技术要点：针对杂交稻品种穗型大、穗数少的特点，栽培上应重视在争取足够穗数的基础上，围绕主攻大穗目标实施相关配套栽培措施。

① 选用机插栽培，适时早播。5月10日至25日播种，5月底至6月10日前栽插，适合与绿肥茬或大麦茬等早茬口相搭配，力求早播、早栽。

② 培育适龄壮秧。一般情况下，每667 m^2 大田净用种量1.8～2.0 kg（干谷），每盘播芽谷150～160 g，秧龄15～20 d，叶龄3～4叶，苗高12～18 cm；叶挺色绿，苗齐、苗匀，无黄叶，无病虫危害；茎基部粗扁有弹性，茎基宽大于2 mm，单株白根数

10 条以上，百株地上部干重 2.0～2.5 g。

③ 合理密植。选用固定行距 30 cm 插秧机进行栽插，栽插株距 13～14 cm，每 667 m^2 栽插穴数 1.6 万穴左右，每穴苗数 2～3 株，基本苗 4 万株左右。

④ 科学肥料运筹。强调足施基面肥，早施分蘖肥，注重穗肥施用。全生育期每 667 m^2 大田总用氮量折合纯氮为 16.0～20.0 kg。其中，前期氮肥（基面肥加分蘖肥）占总量的 80%～85%，穗肥占 15%～20%，氮、磷、钾养分配比 1∶0.3∶0.4。

⑤ 加强水浆管理。3 叶期前强调湿润管理，以干为主；有效分蘖期浅水促分蘖，干湿交替，切忌长期灌深水；中期强调够苗期搁田，当达到穗数苗时开始脱水轻搁田，由轻到重，分次搁成；拔节孕穗期采用间歇灌溉方法，至剑叶出齐前后建立水层抽穗前要轻搁田一次；抽穗后干湿交替，至成熟前 7 d 左右断水。

二、秋优金丰

审定编号：沪农品审稻（2006）第 002 号。

选育单位：上海市闵行区农业科学研究所。

品种来源：以秋丰 A 为母本、R44 为父本，杂交组配而成。

特征特性：2004 年、2005 年两年区试平均生育期 159.9 d，比对照早熟 1.1 d。株高 104.8 cm，穗长 17.3 cm。分蘖力中等，成穗率中等，穗大粒多，结实率高，粒型中等。生长整齐，株型紧凑，叶色绿，熟期转色好。抗倒性强，田间病害发生轻。米质检测，可达国标优质米一级标准。

产量表现：2005 年平均每 667 m^2 产 582.0 kg，比对照增产 14.9%，增产极显著；2005 年生试平均每 667 m^2 产 592.9 kg，比对照增产 30.5%；2004 年平均每 667 m^2 产 651.4 kg，比对照增产 9.9%，增产极显著。

产量结构：每 667 m^2 有效穗 15.4 万，每穗总粒数 172.4 粒左右，结实率 91.2%，千粒重 25.2 g。

推广情况：该组合 2006 年通过上海市品种审定。近几年来，随着杂交制种技术的不断完善，市郊推广面积逐年扩大，已成为市郊杂交稻主栽品种及粮食高产创建的窗口和亮点。其中，2012 年市郊种植面积 0.71 万 hm^2，核心示范区每 667 m^2 产 664 kg，高产典型田块实割验收每 667 m^2 产 718.9 kg；2013 年推广面积 0.86 万 hm^2，核心示范区每 667 m^2 产 657.3 kg，高产典型田块实割验收每 667 m^2 产 714.9 kg；2014 年推广面积为 0.71 万 hm^2。

栽培技术要点：针对杂交稻品种穗型大、穗数少的特点，栽培上应选用机插栽培，在重视足穴栽插、争取足够穗数基础上，围绕主攻大穗目标实施相关配套栽培措施。

① 适时早播。5 月 10 日至 20 日播种，5 月底至 6 月 10 日前栽插；适合与绿肥茬或大麦茬等早茬口相搭配，力求早播、早栽。

② 培育适龄壮秧。一般情况下，每 667 m^2 大田净用种量 1.8～2.0 kg（干谷），每盘播芽谷 150～160 g，秧龄 15～20 d，叶龄 3～4 叶，苗高 12～18 cm；叶挺色绿，苗齐、苗匀，无黄叶，无病虫危害；茎基部粗扁有弹性，茎基宽大于 2 mm，单株白根数 10 条以上，百株地上部干重 2.0～2.5 g。

③ 合理密植。选用固定行距 30 cm 插秧机进行栽插，栽插株距 13～14 cm，每 667 m^2 栽插穴数 1.6 万穴左右，每穴苗数 2～3 株，基本苗 4 万株左右。

④ 科学肥料运筹。强调足施基面肥，早施分蘖肥，注重穗肥施用。全生育期每 667 m^2 大田总用氮量折合纯氮为 18.0～20.0 kg。其中，前期氮肥（基面肥加分蘖肥）占总量的 75%～80%，穗肥占 20%～25%，氮、磷、钾养分配比 1∶0.3∶0.4。

⑤ 加强水浆管理。3 叶期前强调湿润管理，以干为主；有效分蘖期浅水促分蘖，干湿交替，切忌长期灌深水；中期强调够苗期搁田，当达到穗数苗时开始脱水轻搁田，由轻到重，分次搁成；拔节孕穗期采用间歇灌溉方法，至剑叶出齐前后建立水层抽穗前要轻搁田一次；抽穗后干湿交替，至成熟前 7 d 左右断水。

三、寒优湘晴

审定编号：沪农品审（1989）第002号。

选育单位：上海县种子公司与浙江省嘉兴市农业科学研究所。

品种来源：以寒丰A为母本、湘晴为父本，杂交组配而成。

特征特性：全生育期160 d左右，属晚熟晚粳类型。株高105 cm左右，穗长18 cm。分蘖中等偏弱，成穗率70%左右，每667 m^2 有效穗18万～19万，穗大粒多，每穗平均总粒数140～150粒，实粒120粒左右，结实率82%左右。谷粒无芒、颖壳秆黄略带褐斑，颖尖秆黄，千粒重25 g，米粒垩白少而小、透明度好，食味佳。抗倒性较强，较抗稻瘟病，易感稻曲病。米质检测，可达国标优质米一级标准。

产量表现：1987年参加上海市杂交粳稻区域试验，平均每667 m^2产547.9 kg，比对照秀水04增产5.7%，增产达显著水平。1988年区试中平均每667 m^2 产530.3 kg，比秀水04增产3.8%，增产未达显著水平。1988年参加市单季晚稻生产试验，平均每667 m^2产556 kg，比秀水04增产3.3%。

推广情况：寒优湘晴杂交组合是上海市第一个选育成功并大面积推广的杂交粳稻品种，也是推广历史最悠久的一个品种。该品种最大优点是米质优、口感好，米质检测可达国标优质米一级标准，深受广大种植户欢迎；不足之处主要是熟期偏迟，易感稻曲病；同时，产量潜力也低于近几年新选育的杂交粳稻秋优金丰、花优14等新组合。该组合1989年通过上海市品种审定以来，一直作为市郊水稻主栽品种加以推广应用。其中，在21世纪初市郊水稻三年推优计划的推广动下，2002年种植面积达34.9万 hm^2，占全市水稻总面积的26.2%，为历史最高；近几年来，随着秋优金丰、花优14新组合的选育成功和推广，种植面积呈现逐年下降趋势。其中，2012年种植面积0.74万 hm^2，占7.0%；2013年种植面积0.59万 hm^2，占5.8%；2014年为0.57万 hm^2，约占5.8%。

栽培技术要点：

① 适时早播。适宜选用人工育苗移栽或小苗机插栽培。强调适时早播是关键。作人工育苗移栽，建议 5 月 10 日至 20 日，6 月 20 日前后人工大苗栽插；作小苗机插栽培的，建议 5 月 15 日至 20 日播种，5 月底至 6 月上旬栽插，有条件的尽可能在 6 月 5 日前完成栽插。

② 培育壮秧，合理密植。作人工大苗移栽的强调稀播、培育壮秧，一般每 667 m^2 秧田用种 20 kg，秧龄 30～35 d，大田栽插行株距 23 cm×13 cm 或 26 cm×12 cm，每 667 m^2 栽插穴数 2.1 万穴左右，实施宽行双株栽插，基本苗 4 万～5 万株；作小苗机插栽培的，每 667 m^2 大田用种 1.8～2 kg，每盘播芽谷 150～160 g，秧龄 15～20 d，每 667 m^2 栽插穴数 1.6 万穴，每穴苗数 2～3 株，亩基本苗 4 万株。

③ 科学肥料运筹。全生育期每 667 m^2 大田氮化肥总用量折合纯氮为 16～18 kg，强调重肥施头。其中，基面肥占 30%～35%，分蘖肥 50%左右，长粗肥主要以钾肥为主，并增施 10%～15%氮化肥，以防止后期早衰；不提倡使用穗肥，如后期出现早衰现象，可在抽穗前后结合穗期病虫害防治，采用根外追肥方式进行叶面喷施磷酸二氢钾作粒肥，确保后期青秆活熟。

④ 加强水浆管理。栽后活棵阶段，大苗移栽强调深水扶苗、促活棵，小苗机插注重浅水或湿润管理促活棵；有效分蘖期浅水促分蘖，干湿交替，切忌长期灌深水；中期强调够苗期搁田，当达到穗数苗时开始脱水轻搁田，由轻到重，分次搁成；拔节孕穗期采用间歇灌溉方法，至剑叶出齐前后建立水层抽穗前要轻搁田一次；抽穗后干湿交替，至成熟前 7 d 左右断水。

⑤ 病虫草害防治。重点关注穗期稻曲病防治，建议在抽穗前 5～7 d 和始穗期各防治 1 次。防治药剂可每 667 m^2 选用 43%戊唑醇悬浮剂 12～15 mL，加 20%井冈·三环唑可湿性粉剂 100 g，对水 60 kg 均匀喷雾，并注意药剂的交替使用。其他病虫草害防治同常规品种，均按当地植保部门病虫测报和防治意见执行。

第四章 水稻高产栽培模式

遵循水稻根、茎、叶、蘖、穗、粒的生长规律及其相互间的同伸关系，以及水稻各器官建成和产量结构形成过程，按照不同品种类型穗粒结构特点和总叶龄数、伸长节数等参数，结合在不同生产栽培方式条件下的生育特点，通过多年来市郊高产栽培实践所掌握的肥料运筹、水浆管理及病虫草害综合防治等方面的成熟经验，我们总结了当前水稻生产主推品种人工直播和机械化育插秧与杂交稻机械化育插秧每 667 m^2 产 650 kg 或 700 kg 的高产栽培技术模式图，依据水稻生长季节与叶龄进程，将高产栽培技术采用模式图形式直观、具体而详尽地加以阐述，是指导我们水稻生产的一个重要手段。

随着水稻新品种或新组合的试验示范和推广应用，我们也可以根据对其进行的苗情考查和田间试验记载所获得的资料，参照上述高产栽培模式图制订出相应的高产栽培体系。因此，掌握本章所介绍的模式图，不仅对当前生产有现实指导作用，对今后水稻生产发展和新品种新组合在更高产水平下栽培体系的建成也有重要的参考价值。

本章以近年来上海市郊水稻生产主导品种和主栽方式为前提，共列举了 11 份不同品种在不同栽培方式下每 667 m^2 产 650 kg 或 700 kg 高产栽培模式，供读者参考（见书后插页）。其中，常规品种人工直播高产栽培模式 4 份（表 4－1、表 4－2、表 4－3、表 4－4），常规品种机械化育插秧高产栽培模式 4 份（表 4－5、表 4－6、表 4－7、表 4－8），不同杂交组合机械化育插秧高产栽培模式 3 份（表 4－9、表 4－10、表4－11）。

第五章
水稻苗情考查和田间试验记载项目试行标准

第一节 移栽稻秧田期考查记载项目

移栽稻是指稻种经晒种、选种、浸种催芽处理后，采用人工或机械方式进行秧田播种或机械播种，秧田育苗管理，再进行人工或机械移栽定植的一种水稻栽培方式。从栽培角度考虑，秧田期考查记载的项目主要有浸种催芽期、播种期、播种量、播种密度、出苗期、出苗率、成秧率、秧龄以及移栽时秧苗素质等 9 项内容。具体考查记载标准如下。

1. 浸种催芽期 分别记载浸种和催芽日期、时间、天数以及根芽长度（50～100 粒平均值）和发芽率（100 粒，4 次重复，测算平均值）。分别以"月/日""h""d""cm"和"%"表示。

2. 播种期 指实际播种日期。以"月/日"表示。

3. 播种量 对于人工移栽的常规大、小苗育秧而言，均按实际播种面积（纯秧板、除去畦沟）干净谷的播种量计算，并注明秧田利用率。

$$\text{每 667 m}^2\text{ 播种量 (kg)}=\frac{\text{每 667 m}^2\text{ 干净谷重 (kg)}}{\text{秧田利用率 (\%)}}$$

秧田利用率计算方法为：

$$\text{秧田利用率 (\%)}=\frac{\text{纯秧板面积}}{\text{秧田总面积（或秧板与畦沟面积之和）}}\times 100$$

对于机插稻硬盘机播小苗育秧而言，播种量应按每盘播芽谷

（浸种催芽后等播种的稻谷）折算成干净谷的重量，乘以单位面积总秧盘数量，再除以秧田利用率，计算出单位面积秧田播种量。并注明秧田利用率。

$$每667\ m^2 播种量（kg）=\frac{每盘干净谷重（kg）\times 每667\ m^2 秧盘数量（盘）}{秧田利用率（\%）}$$

通常情况下，也可以用每盘播干净谷的重量计算，以“g/盘”表示。并注明干净谷与芽谷重量之比的系数值（3 次重复平均值）。

$$播种量（g/盘）=每盘播芽谷重（g）\times \frac{干净谷重}{芽谷重}$$

如需测算每 667 m² 大田用种量时，可根据每 667 m² 大田计划栽插密度和盘数，测算出每 667 m² 大田用种量。

$$每667\ m^2 大田用种量（kg）=\frac{每盘播种量（g）\times 每667\ m^2 栽插盘数（盘）}{1\,000}$$

4. 播种密度　选择有代表性样点 3～5 个，每点 0.1 m²，数记谷粒数，求其平均值。以“粒/m²”表示。

$$播种密度（粒/m^2）=每0.1\ m^2 谷粒数（粒）\times 10$$

5. 出苗期　以新叶突破芽鞘、叶色转青为准。有 10%出苗为出苗始期，50%出苗为出苗期，80%出苗为齐苗期。以“月/日”表示。

6. 出苗率　在测定播种密度的样点内，于第一片真叶出现后测定其出苗数，求得出苗率。以“%”表示。

$$出苗率（\%）=\frac{单位面积内出苗数}{单位面积内总谷粒数\times 发芽率}\times 100$$

7. 成秧率　在测定出苗率的样点内，于插秧时测定其成秧率。凡苗高不及秧苗高度一半的作为缩脚苗。以“%”表示。

$$成秧率（\%）=\frac{单位面积成秧数（除去缩脚苗）}{单位面积总谷粒数\times 发芽率}\times 100$$

8. 秧龄　指从播种至移栽，秧苗在秧田内实际生长的天数，以“d”表示。

9. 秧苗素质考查　在移栽定植前取有代表性的秧苗 50～100 株（横过秧板畦面或秧块连续取样），选用不少于 30 株的秧苗进行叶龄、苗高、绿叶、秧苗基部宽（茎基宽）、发根数、地上部分干物重、分蘖率（指中苗或大苗移栽的秧苗）等项目的测定。具体标准如下。

（1）叶龄　指主茎叶片数，不包括不完全叶，叶片完全伸展为1叶，未伸展的叶片根据已出长度估计小数，求平均值。以“叶”表示。

（2）苗高　指秧苗主茎从地面到最高叶尖的高度，求平均值。以“cm”表示。

（3）绿叶　指秧苗主茎实有的绿色叶片数，求平均值。以“张”表示。

（4）秧苗基部宽（茎基宽）　取有代表性的秧苗主茎（如果是中苗或大苗的秧苗不包括分蘖秧），每10株为1组，平放并紧靠在一起，测量基部最宽处宽度，求单株平均值。以“cm”表示。

（5）发根数　数计每株秧苗主茎总发根数及1.6 cm以内的新根数，求平均值。以“根”表示。

（6）地上部分干物重　对以上取样考查的样本，从茎基部切除根系，将获得的地上部分进行杀青（105.0 ℃，1 h），并烘干至恒重（80 ℃，前后两次重量差值低于0.5%），求单株平均干重。以“g”表示。通常再乘以100，以“百株干重”描述。

（7）分蘖率　对秧田期已有分蘖的秧苗，数计有分蘖的秧苗数，再除以秧苗总数，求得百分数。以“%”表示。

$$分蘖秧苗百分率（\%）=\frac{有分蘖的秧苗数}{考查的总秧苗数}\times 100$$

第二节　直播稻幼苗期考查记载项目

直播稻是指稻种经晒种、选种、浸种催芽处理后，将稻种采用人工或机械方式直接播种于大田（本田），无需育秧的一种水稻栽培方式。目前上海市郊直播稻主要有人工水直播（撒播）和机械水直播（穴播、条播），个别区域还有机械旱直播，但面积相对较小，预计全市不足 66.7 hm^2。根据日常生产或田间试验考查农艺技术要求，直播稻幼苗期考查的项目主要有浸种催芽期、播种期、播种量、出苗期、出苗质量、基本苗、3 叶期等项目。其中，浸种催芽期、播种期、出苗期 3 项考查内容同上述移栽稻秧田期考查项目、播种量的考查要求有所差别。具体考查记载标准如下。

1. 浸种催芽期 见第五章第一节。

2. 播种期 见第五章第一节。

3. 播种量 指每 667 m^2 大田实际播干净谷的重量。

4. 出苗期 见第五章第一节。

5. 出苗质量 主要指出苗均匀度情况，一般采用目测法进行评定，分“好、中、差”3 个等级。其中，“好”指基本苗足，秧苗分布比较均匀、并整齐一致。“中”指秧苗分布虽然稀密不一，整齐度也欠佳，但总体情况尚可，无严重“缺苗断垄”（指条播连续缺苗超过 30 cm 或穴播连续缺 3 穴以上）现象，基本能满足高产栽培所需的基本苗要求。“差”主要有两种情况，一种是指虽然出苗数不少，但秧苗分布绝对不匀，稀密程度呈倍数差异，秧苗个体间叶龄差 2 叶或 2 叶以上；另一种是指出苗数严重不足，“缺苗断垄”现象严重。

6. 基本苗 指大田播种齐苗后至分蘖前实有苗数。

每 667 m^2 基本苗（万株）＝平均每 0.1 m^2 实有苗数×0.667

7. 3 叶期 指田间有 50％的秧苗第三片真叶展开的日期，以“月/日”表示。

第三节 大田（本田）期考查记载项目

一、苗情考查

水稻苗情考查是客观反映水稻大田生长现状的一种调查方法，也是指导水稻生产必不可少的基础性工作。苗情考查必须坚持科学性、代表性和时效性，实事求是的科学态度应贯穿苗情工作的始终。水稻生长是一个动态的过程，考查的情况尽可能做到与生产实际相一致，及时准确地反馈信息才是苗情考查的意义所在。在实际生产中，苗情考查也因种植方式的差异而使个别项目考查方法有所不同。具体考查要求如下。

（一）考查田块选择

以一定数量的水稻种植区域为考查对象，选择有一定代表性的田块作考查田块，考查田块数量应根据同一区域内水稻不同种植方式（人工水直播、人工移栽、机械条播、机插移栽等）、品种类型（杂交稻、常规稻或按具体品种分）、播栽期（早、中、晚）等情况确定。具体考查田块确定数量如表 5-1 所示。

表 5-1　不同种植规模及类型苗情考查田块参照

按种植规模确定		按种植类型确定		
种植规模（hm^2）	考查田块数（块）	种植类型		考查田块数（块）
≤6.67	≥2	同一品种		≥2
6.67～33.3	4～10	同一种植方式		≥2
33.3～66.7	10～20	不同播（栽）期	早	≥2
66.7～333.3	20～30		中	≥2
333.3～667	30～50		晚	≥2

（二）定点方法

以代表田块为单元，每块田要求设 2 个有代表性的苗情考查点。考查点的位置对角线设置，每个点要求远离横头 10 m 左右，距长边田埂 2 m 以上。每个考查点要求插颜色鲜明的标杆作标志，方便识别，标杆高度应不低于 1.2 m。

（三）定点面积、苗数及定株观察要求

每个考查点应按不同种植方式确定定点面积（或穴数、或长

度）。人工撒直播稻田块，每个考查点要求横向定 0.33 m^2（长 1 m、宽 0.33 m）；行距规范的移栽稻（人工移栽或机械栽插）田块，每个考查点要求在同一行定连续 10 穴；机械条播的直播稻田块，每个考查点要求在同一行定连续 2 m。

同时，同一田块的 2 个苗情考查点合计苗数须等同于定点田块的每 667 m^2 基本苗数（移栽稻定点穴数也应等同于本田每 667 m^2 栽插穴数）；每个考查点要求点色（漆）定株观察 5 株以上，每块田不少于 10 株，用于观察主茎叶龄进程、苗高及绿叶数。

另外，各考查点日常管理应等同本田管理，尽可能避免或减少人为及其他因素对考查点稻苗生长的影响。

（四）苗情考查时间及期数

苗情考查应从直播稻齐苗、移栽稻活棵开始，原则上要求统一按农时节气定期考查，但在分蘖期（拔节前），要求在邻近 2 个节气间（前一节气后 7 d）加考 1 期，至抽穗前 1 个叶龄期止（约在白露节气）。全年苗情考查期数在 9 期左右，一般情况下，具体考查时间包括夏至至白露 6 个节气以及“夏至＋”、“小暑＋”和“大暑＋”（“＋”为该节气后 7 d）3 期。

（五）考查项目及标准

1. 种植方式 主要分人工直播、机械直播、机械移栽（机插）、人工移栽 4 种方式。

2. 种植品种 指具体种植的水稻品种名称。

3. 播（栽）期 直播稻指播种期，移栽稻指栽插期，均以实际播种或栽插日期记录，以“月/日”表示。

4. 播种量 直播稻指每 667 m^2 大田播干净谷质量；机插稻一般指每盘播芽谷数量；人工移栽稻指秧田净面积播种量。

5. 出苗期 以新叶突破芽鞘、叶色转青为准，有 10%出苗为出苗始期，50%出苗为出苗期，80%出苗为齐苗期。以“月/日”

表示。

6. 返青期　指移栽稻。秧苗移栽后，由于根系损伤，有一个地上部生长停滞和萌发新根的过程，约需一定天数才恢复正常生长，称为返青期。通常以移栽后50%的秧苗长出第一片新叶（心叶重新展开）的日期为返青期，以“月/日”表示。

7. 基本苗　根据种植方式的不同，基本苗考查方法也有所差异。具体标准如下。

（1）直播稻基本苗　指播种齐苗后至分蘖前大田实有苗数。

每667 m^2 基本苗（万株）＝平均每0.1 m^2 苗数×0.667；

（2）移栽稻基本苗　指大田移栽活棵后田间实有苗数，大苗移栽的包括大分蘖（3叶以上分蘖）。

$$\text{每 }667\ \text{m}^2\text{ 基本苗（万株）}=\frac{\text{每 }667\ \text{m}^2\text{ 栽插穴数}\times\text{每穴平均苗数}}{10\ 000}$$

8. 总苗数（总茎蘖数）　指每期苗情考查时大田实有苗数。

9. 叶龄　指主茎叶片数，不包括不完全叶，叶片完全伸展为1叶，未伸展的叶片根据已出长度估计小数。叶片做好记号观察，至剑叶完全伸展为止。以“叶”表示。

10. 苗高　指稻苗主茎从地面到最高叶尖的高度，以“cm”表示。

11. 绿叶　指每期苗情考查时主茎实有绿色叶片数，单位以“张”表示。

二、生育期记载

水稻从播种到成熟所经历的日期称为全生育期，对于移栽稻而言，包括秧苗期和大田（本田）期两个阶段的总和。生育期记载内容主要包括播种期、出苗期、移栽期（对移栽稻而言）、返青期（对移栽稻而言）、分蘖始期、拔节孕穗期、齐穗期、成熟期、全生育期等9项内容。其中，播种期、出苗期、移栽期，返青期均按上述已描述的考查记载方法实施，其余项目考查标准如下。

1. 分蘖始期　有10%的植株的新生分蘖叶尖露出叶鞘时为分蘖始期。达到最高峰蘖数为分蘖高峰期。均以“月/日”表示。

2. 拔节期　50%植株的主茎地上部分第一节间长达2.0 cm左右的日期。以“月/日”表示。

3. 孕穗期　50%植株的剑叶全部露出叶鞘，叶鞘已呈“锭子杆”形的日期。用目测法记载，以“月/日”表示。

4. 抽穗期　有10%植株穗顶露出叶鞘时为始穗期，有50%为抽穗期，有80%为齐穗期。均以“月/日”表示。

5. 成熟期　稻穗枝梗变黄、谷粒95%以上呈金黄色时为适时收割日期。以“月/日”表示。

6. 全生育期　指播种至成熟期的总天数，以“d”表示。

三、成熟期穗粒结构及产量调查

产量调查的方法主要有理论测产、割方测产、实割实收3种。其中，理论测产应在成熟收获前2～3 d实施，选择有代表性的田块，采用对角线“3点”或梅花形“5点”取样法进行调查。有效穗数调查方法，直播稻每样点调查面积1 m^2，计有效穗数，折合为每667 m^2有效穗数；移栽稻先按栽插行方向连续计20穴，测面积、求每667 m^2栽培穴数，再按栽插行方向横向连续调查10穴，计穗数，折合为每667 m^2有效穗数；同时，在每个样点取有代表性的稻株进行每穗粒数和千粒重的考查。稻株取样方法，直播稻每样点取3～5穴（整穴取样，含分蘖穗），总取样穗数不少于50穗；移栽稻每样点取2～3穴（整穴取样，含分蘖穗），总取样穗数不少于50穗，且平均每穴穗数与调查得出的每667 m^2有效穗数折算成每穴穗数基本相当为准。割方测产应在成熟收获前1～2 d实施，同样采用对角线“3点”或梅花形“5点”取样法进行割方，每样点实割面积1 m^2，单独或混样进行脱粒、翻晒、除空秕粒和杂质，测水分、千粒重、求产量。实割实收应在成熟收获当天，选择有代表性的田块或目标田块，进行整田收割、脱粒、翻晒、除空秕粒和杂质，测水分、量面积、计产量。具体调查内容及方法如下。

1. 有效穗数 除每穗结实不满 5 粒不计以外，凡抽穗结实的均为有效穗。

2. 每穗总粒数 包括每穗上的实粒、不实粒及已脱落粒的总数。以“粒/穗”表示。

3. 每穗实粒数 包括每穗上的实粒和已脱落粒的总数。以“粒/穗”表示。

4. 空秕粒 谷粒充实程度不及 2/3 和完全不灌浆的，称为秕粒和空粒，统称为空秕粒，以“粒/穗”表示。

5. 结实率 指每穗平均实粒数占总粒数的百分比，以“%”表示。

$$结实率（\%）=\frac{每穗平均实粒数}{每穗平均总粒数}\times 100$$

6. 千粒重 以晒干扬净（粳谷标准含水率 14.5%）为标准，混匀取样，任取 1 000 粒称重，以 2 次重量相差不大于 3%为准，计千粒重，以“g”表示。

7. 理论产量 以测产考查单位面积有效穗数、每穗总粒数、结实率、千粒重为依据，计算求得单位面积产量。

$$\begin{array}{c}每\ 667\ m^2\\理论产量（kg）\end{array}=\frac{\begin{array}{c}每\ 667\ m^2\\有效穗（万穗）\end{array}\times\begin{array}{c}总粒数\\（粒/穗）\end{array}\times\begin{array}{c}结实率\\（\%）\end{array}\times\begin{array}{c}千粒重\\（g）\end{array}}{10\,000}$$

8. 实产 成熟后及时收获，单收、单晒、称产，即稻谷完全晒干，扬净后称重，按标准含水量和杂质计单位产量。也可采用收获部分样本的割方测产或实割实收的方法，按标准水分和杂质计单位产量。

四、各阶段考查记载样表

在水稻生长发育阶段进行考查，并将结果填入表 5－2、表 5－3、表 5－4、表 5－5 中。

表 5－2　移栽稻秧田期考查记载

秧田编号	种植品种	播种方式	浸种催芽期（月/日）	播种期（月/日）	播种量（kg/hm^2）	播种密度（粒/m^2）	出苗期（月/日）	出苗率（%）	成秧率（%）	秧龄（d）	秧苗素质考查						
											叶龄（叶）	苗高（cm）	绿叶（张）	茎基宽（cm）	发根数（根）	地上部分干重（g）	分蘖率（%）

表 5-3　大田期苗情动态考查记载

田块编号	种植品种	播种方式	播（栽）期（月/日）	出苗期（月/日）	返青期（月/日）	基本苗（万株/hm^2）	____月____日（____节气）				____月____日（____节气）			
							总苗数（万株/hm^2）	叶龄（叶）	苗高（cm）	绿叶（张）	总苗数（万株/hm^2）	叶龄（叶）	苗高（cm）	绿叶（张）

表 5-4　全生育期观察与记载

田块编号	播种期（月/日）	齐苗期（月/日）	移栽期（月/日）	分蘖始期（或返青期）（月/日）	拔节期（月/日）	孕穗期（月/日）	齐穗期（月/日）	成熟期（月/日）	全生育期（d）

注：① 移栽期一列直播栽培田块不填。

② 分蘖始期（或返青期）一列，直播稻田块填写分蘖始期，移栽稻田块填写返青期。

表 5－5　穗粒结构及产量考查记载

田块编号	有效穗（万穗/hm²）	总粒数（粒/穗）	实粒数（粒/穗）	结实率（%）	千粒重（g）	理论产量（kg/hm²）	实际产量（kg/hm²）

麦子篇

Maizi pian

第六章 麦子基础知识

第一节 小麦概述

小麦是我国最主要的粮食作物之一，播种面积仅次于玉米和水稻，约占粮食作物总面积的1/4，总产约占粮食作物总产量的近1/4（仅次于玉米和水稻），消费量约占粮食总消费量的23%。

小麦籽粒中营养价值很高，含有丰富的淀粉、较多的蛋白质、少量的脂肪，还有多种矿物质元素和B族维生素。其中，蛋白质含量为11%～14%，有的品种可高达18%～20%，其特有的麦谷蛋白和醇溶蛋白，水解后可以洗出面筋，进行加工利用。尤其是小麦的胚芽，蛋白质占1/3左右，是强身健体的物质基础；富含以Ω-3为主的不饱和脂肪酸，小麦胚芽中维生素E的含量在天然食品中是佼佼者，胚芽中可溶性纤维素的含量是青菜的14倍，B族维生素含量极高，尤其是维生素B_1、维生素B_2、维生素B_6的含量最高，已被广泛加工利用。制粉后的副产品麦麸是优质精饲料，含蛋白质、糖类和维生素等；麦秆可作粗饲料、褥草、造纸原料、堆制或还田作肥料以及编织成手工艺品等。

小麦种植遍及全国，其中，南、北冬麦区是我国小麦的主产区，占全国小麦总面积的90%左右。小麦是机械化程度最高的栽培作物，整个生长期间，自然灾害相对较少，抗逆性较强，产量水平相对较为稳定。由于地理和气候条件差异，南、北麦区间产量水平差异较大。近年来，随着高产创建工作的积极开展，整建制镇、村的积极推进，群体质量栽培技术的进一步推广，小麦产量水平进一步提高，高产典型层出不穷，但地区间、田块间的产量差异仍然较大，必须通过优质良种和高产栽培技术的应用推广、规模化生产的发展挖掘小麦增产潜力，提高劳动生产率，实现农民增收、农业增效。

一、小麦的起源和分类

（一）小麦的起源

小麦属于禾本科（Gramineae），小麦族（Triticeae），小麦属（*Triticum*）。原产于西南亚地区，包括叙利亚、伊拉克、约旦、土耳其、伊朗、阿富汗等国家，至今在叙利亚、土耳其、伊朗还分布有乌拉尔图小麦、野生一粒和野生二粒小麦的原始种。

公元前7000年左右人类对野生小麦进行农业栽培，并传播到北非、欧洲与东亚，在栽培过程中，经人工与自然选择，培育出栽培一粒小麦与栽培圆锥小麦的许多品种。公元前6000年栽培二粒小麦从“新月形沃地”的山区传播到美索不达米亚平原，以后又传播到埃及、地中海盆地、欧洲、中亚、印度和埃塞俄比亚。圆锥小麦在伊朗西北部以及外高加索等地区栽培过程中，与田间杂草 *T. tauschii* var. *stranqulata* 发生天然杂交，其中的优良特性被人类选择培育，形成普通小麦。春性与半春性是原地中海亚热带夏旱生态区的生态习性，冬性是经人类传播使小麦分布到北温带北部地区以后，在自然选择与人工选择下形成的新的生态适应型。

考古表明，我国的小麦在新石器时代就有种植：距今约7000年的河南省陕县东关庙底沟原始社会遗址的红烧土台上有麦类印痕；距今4000多年前的新疆孔雀河古尸的小袋中有普通小麦；楼兰古城遗址诵经堂的内墙抹泥上还保存着很完整的普通小麦的小花；安徽省亳县钓鱼台发掘的新石器时代遗址中发现有炭化小麦种子。殷墟出土的甲骨有“告麦”的文字记载，说明小麦很早已是河南北部的主要栽培作物。《诗经·周颂·思文》中有小麦、大麦的记载，说明西周时黄河中下游已遍栽小麦。据史书记载，公元9世纪，西南地区已种植小麦，明代小麦已遍及全国，但主要以北方为主，明《天工开物》写道“燕、秦、豫、齐、鲁诸道，烝民粒食，小麦居半”，南方种植小麦者仅“二十分而一”。说明小麦是由北方黄河流域地区逐渐向长江以南地区扩展种植。

（二）小麦的分类

根据小麦的形态和形态学研究，分为3个系、5个种、20个亚种。其中，3个系分别为一粒小麦系、二粒小麦系和普通小麦系。其中，普通小麦系在世界范围内种植面积最广，约占90%。

1. 一粒小麦系 包括野生一粒小麦（*T. boeoticum*）和栽培一粒小麦（*T. mono-coccum*），穗轴脆，籽粒带稃。染色体组为AA。

2. 二粒小麦系 包括穗轴脆、籽粒带稃的野生二粒小麦（*T. dicoccoides*），穗轴稍脆、籽粒带稃的栽培二粒小麦（*T. dicoccum*），穗轴韧、籽粒成熟时与稃脱离的圆锥小麦、硬粒小麦（*T. durum*）、波兰小麦（*T. polonicum*）、波斯小麦（*T. carthlicum*）和东方小麦（*T. turanicum*），染色体组均为AABB；穗轴稍脆、籽粒带稃的提莫菲维小麦（*T. timopheevi*），染色体组为AAGG。

3. 普通小麦系 无野生型。包括穗轴稍脆、籽粒带稃的斯卑尔脱小麦（*T. spelta*），穗轴韧、籽粒与稃脱离的普通小麦（*T. aestivum*）、密穗小麦（*T. compactum*）和印度圆粒小麦（*T. sphaerococcum*），染色体均为AABBDD。

国际植物遗传资源委员会（IBPCR）在世界小麦遗传资源调查中按其染色体组和倍数性的不同分为4大系统近30个种。其中，在育种或遗传研究上常见的有节节麦（*T. tauschii* DD）、拟斯卑尔脱山羊草（*T. speltoides* BB）、小伞山羊草（*T. um-bellulatum*）、具节山羊草（*T. cylindricum*）、偏凸山羊草（*T. ventricosum*）、卵穗山羊草（*T. ovatum*）和西尔斯山羊草（*T. searsii*）等。

二、小麦生产与分布

（一）世界小麦生产概况

小麦是世界上分布最广、栽培最古老的粮食作物之一。适应范围较广，北纬20°～60°，南纬20°～40°，从平原到海拔4 000 m的高原（如中国西藏）均有栽培。产量和种植面积居栽培谷物的首位，2011年种植面积2.2亿hm^2，以普通小麦种植最广，占全世界小麦总面积的90%以上；硬粒小麦的播种面积约为总面积的6%～7%。生产小麦最多的国家有中国、印度、俄罗斯、美国、加拿大、澳大利亚和阿根廷，这7个国家小麦产量占世界总产量的57%。其中，中国是唯一小麦总产量超1亿t的国家，位居世界第一位，其次是印度、美国、俄罗斯。

从各大洲的分布看，小麦生产主要集中在亚洲，面积约占世界小麦面积的45%；其次是欧洲，占25%；美洲占15%，非洲、大洋洲和南美洲各占5%左右。

（二）中国小麦生产概况

1. 面积、单产、总产的变迁 新中国成立以来的62年中，中国小麦生产经历了6个发展阶段，缓慢提升，起伏发展；缓慢提升，稳步发展；快速提升，起伏发展；稳定提升；结构调整，快速下降；快速回升，单产提高，优质高效。

（1）面积 1949年，小麦面积历史最低，2 152万hm^2。2004年为近年最低，2 163万hm^2。1991年，面积创历史最高，达3 095万hm^2，是1949年的1.44倍。2011年，面积2 427万hm^2，是1949年的1.13倍。

（2）总产 1949年最低，1 381万t。1997年总产最高，12 328.7万t，是1949年的8.93倍。2011年，总产11 740万t，是1949年8.5倍。

（3）单产 1949年、1950年和1961年为历史最低，每667 m^2

产量分别为 42.79 kg、42.38 kg 和 37.15 kg。2011 年创历史新高，每 667 m^2 产量达 322.48 kg，是 1949 年的 7.54 倍。

2. 小麦分布　我国各地都有小麦种植，全国冬小麦面积和产量约占小麦总面积和产量的 84%和 90%，主要分为三大主区、10 个亚区（以播性为主区，以地理区域—播性—品种冬春性—熟期划分）。三大主区大致以年极端最低气温 24 ℃为界，高于此限可种植冬小麦，低于此限只能种植春小麦。冬麦区主要分布在长城以南，包括北方冬麦区、黄淮平原冬麦区、长江中下游冬麦区、西南冬麦区和华南冬麦区，主要省份有河南、山东、河北、江苏、安徽、陕西、山西、四川、湖北等省，其中河南、山东种植面积最大。春麦区种植面积和产量约为 16%和 10%，主要分布在长城以北，包括东北冬麦区、北部春麦区和西北春麦区，主要省份有黑龙江、内蒙古、甘肃、新疆、宁夏、青海等。冬春麦兼播区包括新疆冬春麦区和青藏冬春麦区，主要省份有新疆、西藏和青海大部、甘肃等。上海市属于长江中下游冬麦区。

3. 上海市小麦生产的近况

（1）面积和产量水平　小麦是上海郊区冬季的主要粮食作物，20 世纪 80 年代以来，随着种植业结构的调整和收购价格的变化，面积波动幅度大，1978—1984 年面积稳定在 3.3 万～5.3 万 hm^2；1985 年起，郊区稻麦两熟制的恢复、免耕栽培技术的发展和配套的普及、小麦模式化栽培面积的扩大以及收割机械的推广应用，为小麦生产发展提供了有利条件。1986—1999 年，小麦面积恢复到 6.67 多万 hm^2，至 1999 年面积达 9.70 万 hm^2，创历史新高，当年总产达到 38.44 万 t，是新中国成立以来小麦总产最高的一年；正常年景单产达 3 900 kg/hm^2 以上。1999 年，国务院确定对南方小麦不再实施补贴，当年秋播起，小麦种植面积大幅度压缩，由 2000 年的 5.72 万 hm^2 锐减至 2003 年的 2.17 万 hm^2，总产仅 7.41 万 t，创 1978 年以来的新低。2002—2006 年，单产跌至 3 300～3 600 kg/hm^2。2006 年开始为稳定小麦生产，国家在部分小麦主产省启动了《2006 年小麦最低收购价执行预案》，2008 年随着小麦收购价格逐年提高以及规模经营的发展壮大，有力推动了小麦生产的发展，种植面积由2004年的2.19万hm^2增加到2011年的5.98万hm^2，面积连续7连增；单产从2002年的低谷3 303 kg/hm^2上升到2014年的4 244 kg/hm^2。近几年面积稳定在4.33万hm^2左右，单产保持在3 975 kg/hm^2左右（图6-1、图6-2）。

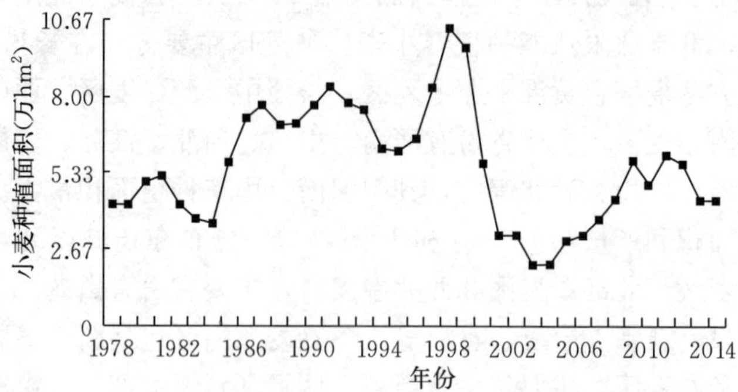

图6-1　1978—2014年上海市小麦面积消长变化

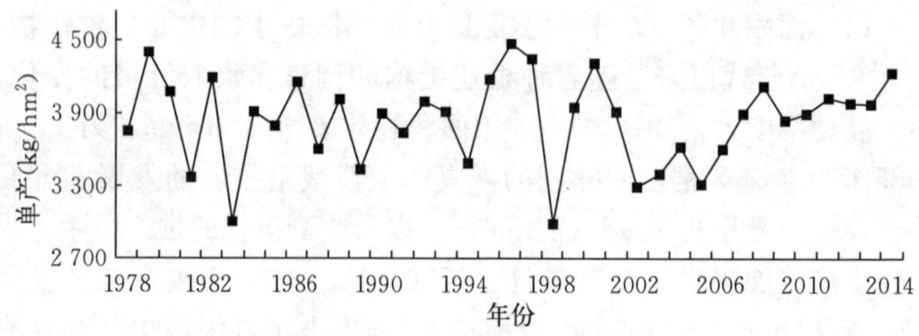

图6-2　1978—2014年上海市小麦单产变化情况

（2）品种更新　上海市郊小麦种植品种历年来均引进江苏省里下河地区农业科学研究所（现更名为江苏省扬州地区农业科学院）的扬麦系列，如郊区70年代小麦主栽品种扬麦1号，其株型紧凑、茎秆粗壮、耐肥抗倒、成穗率高。此后，引进成熟较早的扬麦2号、扬麦3号，形成早、中晚搭配的扬麦品种系列。80年代，随着耕作制度的改革，粮田由一年三熟逐步调整为一年两熟，引进推广了生长清秀、穗大粒多、丰产性好的扬麦 4 号、扬麦 5 号等品种，替代扬麦 1 号、扬麦 2 号、扬麦 3 号等品种，1990 年种植面积达 6.63 万 hm^2，占小麦面积的 86%，成为上海市历史上推广速度最快、种植面积最多的一个品种。1983 年，宝山县罗店乡种子场吴根法，采用扬麦 2 号与 3126 杂交育成的罗麦 1 号品种，全市推广面积仅次于扬麦 4 号、扬麦 5 号。1990 年，嘉定县农科所沈琨华培育的弱筋小麦嘉麦 1 号，成为嘉定区的主栽品种。1999 年后，引进推广种植综合丰产性状更好的扬麦 158 品种，成为上海市郊小麦的主栽品种，推广种植面积一度达到 70%以上。20 世纪中期，为进一步提升上海市小麦单产水平，2006 年秋，引进大穗型高产优质品种扬麦 11、扬麦 12，2010 年秋，扬麦 11 推广种植面积达到近 50%，近几年种植面积达 60%以上；2010 年秋扬麦 16 推广种植面积在 13%左右；此外，宝山生物中心培育的大穗型罗麦 10 号品种推广种植面积也在 10%以上。至今，上海市郊形成以大穗型小麦品种为主栽品种的格局。

（3）栽培技术

① 播种方式。20 世纪 70 年代后期，上海市郊棉茬小麦改条播为撒播。稻茬小麦播种方式主要有套种麦、压板麦和浅耕麦 3 种：一是套种麦。80 年代初期，嘉定、宝山、上海等县，推广稻田套种麦，并完善套种麦配套技术。80 年代末期，套种小麦面积占全市 40%左右。由于套种麦与水稻的共生期较短，对播种技术和天气要求高，近年来这一播种方式仅占 6%左右。二是压板麦。小麦压板，最早出现在 60 年代初，这种方式用工省，产量比较稳，成为 80 年代至 21 世纪初上海郊区小麦的主要种植方式，1989 年在郊县推广 6.66 万 hm^2，占免耕麦的 72.04%，近年仍占 20%以上。三是浅耕麦。是 80 年代中期推广的小麦播种方式，这种方式既有免耕、省工、壮苗早发的优点，又使麦种入泥、出苗齐匀，1990 年，全市推广面积达 2.67 万 hm^2 左右，此后这一播种方式不断被农民认识和接受，近年来浅耕麦占 60%以上，成为市郊最主要的播种方式。

② 施肥技术。进入 70 年代，郊区全面推行粮食三熟制，季

节、劳力紧，有机肥积造和施用减少，化肥施用量上升，平均每 667 m^2 使用碳铵 60 kg 左右、过磷酸钙 20 kg 左右。为了提高碳铵的利用率，推广碳铵深施和分层施肥技术，提高了肥效。80 年代初，全市一半以上小麦面积采用该项技术。80 年代中后期，有机肥施用比例进一步减少，基本上以化肥当家，碳铵用量每 667 m^2 上升到 80～100 kg。80 年代中期起，开展配方施肥，推广氮、磷、钾复合肥使用，对小麦有明显的增产作用。21 世纪初，随着大穗型品种的引进种植，肥料运筹采用“两头重，中间控”的原则，即重视基肥、穗肥的施用，控制中期用肥。每 667 m^2 大田总氮量 16～18 kg，N：P：K 配比为 1：（0.4～0.6）：（0.4～0.6），磷、钾肥的基追比为（6～6.5）：（3.5～4）。重施基苗肥，起到扩库增源、促进库源协调发展的目的；控制早春肥，有效防止无效分蘖生长和后期倒伏；重施穗肥，巩固分蘖成穗，促进小花分化，减少小花退化，增粒增重，提高产量。

③ 田间管理技术。一是推广“小群体、壮个体、高效益”的小麦群体质量栽培技术。通过控制播种量和基本苗，建立合理群体起点，协调好小麦个体和群体生长关系；采用适期播种技术，结合肥料运筹和化学调控技术，培育壮苗越冬，为春发奠定基础；控制中期用肥，为小麦个体生长创建良好空间；穗肥改一次施肥为二次施肥，实现春发稳长，有效发挥大穗型品种穗粒并重的产量优势，实现高产高效的目标。二是推广“三防”技术。即推广以“防渍（水害）、防病虫、防草”为主的“三防”技术。通过播种后及时配套田内沟和外围沟，降低地下水位；播种前、后化学封杀除草，秋冬春季节化学补除技术，控制杂草危害；小麦初花期病害防治技术，控制病虫侵害等。这些技术的集成推广，为上海市小麦高产稳产起到保驾护航的作用。

（三）小麦的用途和小麦生产的重要性

1. 小麦的用途　小麦主要用途为口粮。国际上根据湿面筋含量将面粉分为高筋粉（湿面筋含量＞30％）、中筋粉（26％～

30%）、中低筋粉（20%～25%）和低筋粉（<20%）四等，也有根据干面筋含量分为高筋粉（干面筋含量>13%）、中筋粉（10%～13%）、低筋粉（<10%）三等。最新的国家优质小麦标准“GB/T 17892～17893—1999”中规定，面粉湿面筋含量≥35.0%和≥32.0%的分别为一、二等强筋小麦粉，一等强筋小麦粉适宜制作面包、通心粉等食品，二等强筋小麦粉适宜制作优质面条，北方也做馒头等；面粉湿面筋含量≤22.0%的为弱筋小麦粉，适宜制作蛋糕和酥性饼干等食品；介于两者之间的为中筋小麦粉，一般用来制作馒头、包子、饺子、面条和通心粉等食品。

2. 小麦生产的重要性　全世界有35%～40%的人口以小麦为主粮，我国小麦产量占全年粮食总产的1/5～1/4，是人民的主要口粮之一，是上海市实现10亿kg粮食生产总量的重要组成部分，种植小麦可有效缓解水稻的生产压力，实现夏秋两熟全面丰收；与周边省市及市郊农场小麦产量比，上海市郊小麦平均单产仍然偏低，因此增产潜力大；随着中央和地方对粮食生产的高度重视，各项强农惠农政策的落实，种植小麦可以获得较高的经济效益，是增加种粮户经济效益的重要途径。

第二节　小麦栽培的生物学基础

一、小麦的生长发育

（一）小麦的一生

上海地区小麦的生育期较长，全生育期约200 d。小麦的一生经历发芽、分蘖、越冬、返青、起身、拔节、孕穗、抽穗、开花、灌浆和成穗等生育过程。

（二）小麦的生育时期

1. 出苗期　小麦第一片真叶从胚芽鞘中长出2 cm时称为出苗，全田有50%植株达此标准即为出苗期。

2. 3 叶期 田间 50%以上的麦苗，主茎节 3 片绿叶伸出 2 cm 左右的日期，为 3 叶期。

3. 分蘖期 田间有 50%以上的麦苗，第一分蘖露出叶鞘 2 cm 左右时，即为分蘖期。

4. 越冬期 冬前日平均气温稳定降至 3 ℃左右时，麦苗生长缓慢或基本停止生长时，即为越冬期。

5. 返青期 翌年春季气温回升，50%麦苗心叶露头时，为返青期。

6. 起身期 翌年春季麦苗由匍匐状开始挺立，主茎第一叶叶鞘拉长，并和年前最后叶叶耳距相差 1.5 cm 左右，主茎年后第二叶接近定长，内部穗分化达二期、基部第一节开始伸长，但尚未伸出地面，为起身期。

7. 拔节期 全田 50%以上植株茎部第一节间露出地面 1.5～2 cm时，为拔节期。

8. 孕穗期（挑旗） 全田 50%茎蘖剑叶叶片全部抽出叶鞘，剑叶鞘包裹的幼穗明显膨大，为孕穗期。

9. 抽穗期 全田 50%以上麦穗（不包括芒）由叶鞘中露出1/2时，为抽穗期。

10. 开花期 全田 50%以上麦穗中上部小花的内外颖张开、花药散粉时，为开花期。

11. 乳熟期（灌浆期） 籽粒开始沉积淀粉、胚乳呈炼乳状，在开花后 10 d 左右，为乳熟期。

12. 成熟期 胚乳呈蜡状，籽粒开始变硬时为成熟期，此时为最适收获期。接着籽粒很快变硬，为完熟期。

（三）小麦的生长阶段

小麦从种子萌发至新种子成熟，根据生长发育规律和穗数、粒数、粒重等产量构成因素形成与发展过程，可分成 3 个互相联系的生长阶段。

1. 营养生长阶段 指小麦从种子萌发至幼穗分化开始前，主要生长根、茎、叶、蘖等营养器官的时期。此阶段植株迅速壮大，植株体内以氮代谢为主，光合产物的合成与积累相对较少。虽对肥、水的需求量不多，但肥、水在壮苗形成过程中的作用十分重要。地面温度低于 3 ℃，地上部生长趋于缓慢或停止生长。这一阶段是小麦争取早苗、全苗、壮苗，促进冬前分蘖和发根，奠定穗数的重要时期，也是为大穗奠定基础的时期。

2. 营养生长和生殖生长并进阶段　包括从分蘖、越冬、返青、拔节、孕穗至抽穗等生育过程。大致可分为 2 个阶段，越冬—返青阶段和返青—抽穗阶段。越冬—返青阶段又称为冬季生长阶段，此时仍以营养生长为主，生长叶片、次生根和少量分蘖，同时植株体内开始幼穗分化，当日平均温度大于 3 ℃进入返青期。返青—抽穗阶段，这一阶段是麦苗春季生长发育阶段，返青后随着气温的回升，分蘖恢复生机，继续发生新的分蘖，至拔节期田间总茎蘖数达到峰值，随后向两极分化；根系向下深扎，范围扩大，拔节前后根量增长最快；同时，茎秆开始伸长，抽穗时，株高接近最大值；最后 3 张叶片迅速生长，孕穗时叶片全部展开。此阶段植株体内碳氮代谢并盛，干物质积累增多，占总积累量的 45%～50%，麦苗一方面继续生长根、茎、叶、蘖等营养器官，完成茎秆伸长、长粗、充实，迅速扩展营养体；一方面进行穗分化和穗等生殖器官的发育，需求量增多，是营养生长和生殖生长同时并进的时期，也是需肥、水量最为迫切的时期，还是培育合理群体、巩固分蘖成穗、形成壮秆、争取穗大粒多的关键时期。

3. 生殖生长阶段　指小麦抽穗后，开花受精，形成籽粒，灌浆成熟，根、茎、叶等营养器官生长趋于停止的时期。籽粒产量 70%～80%来自抽穗后的光合产物，后期的光合器官，尤其是剑叶、倒 2 叶等的功能对光合物质的形成和积累影响很大。此期植株体内以碳代谢为主，需要的肥、水量不多，但少量的氮、磷等养分供给有利于籽粒的形成、灌浆和成熟。此阶段主要决定小麦的粒数（拔节孕穗期）、千粒重（灌浆成熟期）和品质，是产量形成的最终决定期。

二、小麦的阶段发育

小麦从播种至成熟需经历数个循序渐进的质变阶段，在不同发育阶段形成不同器官，最终完成个体发育的全过程，产生种子。这种经历不同阶段的质变过程完成生活周期的理论，称为阶段发育理论，其中某一具体的质变阶段称为发育阶段。小麦的各个发育阶段有一定的顺序和不可逆性。前一阶段尚未结束，即使存在适宜后一阶段的发育条件，也不会进入后一发育阶段，这就是顺序性；某一发育阶段，出现不利的外界因子，该阶段可以停止，但不会倒退，一旦外界条件满足其发育的需求，在原发育阶段的基础上继续进行，这就是不可逆性。目前，研究得比较清楚且与生产密切相关的是春化阶段和光照阶段。

1. 春化阶段 也称为感温阶段。小麦种子萌动后需要经历一定的低温条件，形成结实器官，由营养生长转向生殖生长。根据小麦通过春化阶段要求的温度和天数不同分为 3 种类型。

（1）冬性型 通过春化阶段的适宜温度 0～3 ℃，时间 35 d 以上。对温度反应敏感，温度过低，春化速度减缓；温度过高，春播时不能抽穗。

（2）春性型 通过春化阶段的适宜温度 0～12 ℃，时间5～15 d。对温度反应不敏感，未经春化处理的种子在早春播种也能正常抽穗。

（3）半冬性型 通过春化阶段的适宜温度 0～7 ℃，时间 15～35 d。未经春化处理的种子一般不能正常抽穗或抽穗不整齐。

2. 光照阶段 也称为感光阶段。小麦通过春化阶段后，只要条件适宜即进入光照阶段。小麦是长日照作物，感应日长的部位是叶片，因此作物的长势、营养体生长状况和光照强度是影响光照阶段的关键因素。根据小麦品种对日照长短的反应和天数不同分为 3 种类型。

（1）反应迟钝型 每天 8～12 h 日照条件下，16 d 以上即能通过光照阶段抽穗的品种。一般低纬度春性品种属于这种类型。

(2) 反应中等型　每天 8 h 日照条件下不能抽穗，每天12 h日照条件下，经过 24 d 正常抽穗的品种。一般半冬性品种属于此类型。

(3) 反应敏感型　每天 12 h以上日照条件下，经过 30 ℃ 40 d 通过光照阶段正常抽穗的品种。一般冬性品种和高纬度春性品种属于此类型。

3. 外界条件对阶段发育的影响　小麦是低温长日型作物，从种子萌动到分蘖期间，只要有适宜的条件，均能通过春化阶段。当温度低于 0 ℃，春化速度下降；低于－4 ℃，春化基本停止。上海地区种植的小麦是春性品种，春性品种春化阶段短，如过早播种，越冬期间通过春化阶段，进入光照阶段，甚至通过光照阶段开始拔节，导致抗寒能力大大降低，冬春季遇寒流，出现严重冻害。光照阶段的适宜温度是 15～20 ℃，温度低于 10 ℃或高于25 ℃，光照阶段发育速度减缓，当温度 4 ℃及 4 ℃以下，光照阶段基本停止。土壤水分不足或水分过高、土壤中氧气不足也会影响春化阶段和光照阶段的进行，甚至停止。氮肥过多，植株营养体生长过旺，春化阶段和光照阶段延长。

三、小麦的器官

(一) 种子

1. 种子的构造　小麦的种子由胚、胚乳和皮层 3 部分构成。这样的种子实际上包含一粒种子的果实，在植物学上称为颖果，生产上称为种子。

(1) 皮层　包括果皮和种皮，占种子重量的 5%～7.5%，皮层的厚薄因品种和栽培条件而异。皮层的主要作用是保护胚和胚乳，防止胚和胚乳受外界不良环境条件的影响，在防止真菌侵害方面有着重要作用。皮层中有一层薄壁细胞，内含色素，形成红皮小麦和白皮小麦。红皮小麦皮层较厚，休眠期较长，不易发生穗发芽；白皮小麦皮层薄，收获期遇连续雨水，易发生穗发芽。故南方雨水较多地区一般种植红皮小麦，北方干燥地区一般种植白皮小麦。红皮小麦出粉率较低，白皮小麦出粉率较高。

（2）胚　由胚根、胚芽、胚轴和盾片组成，占种子质量的2%～3%，是小麦种子最重要的部分。胚根、胚芽和胚轴在小麦出苗后分别生长成为种子根（胚根）、地中茎（根茎）和茎、叶。胚虽然所占比例不高，但所含养分极其丰富，种子贮藏过程中，容易发生虫蛀或变质导致失去活性。所以种子贮藏前必须充分晒干，达到小麦种子贮藏的标准水分（国标为12.5%），防止发生虫蛀或霉变；播种前还应做发芽试验，防止因胚的损伤或变质造成播种量的不足。

（3）胚乳　麦粒里面绝大部分是白色粉状的东西，称为胚乳，是小麦的主要贮藏物质，占种子质量的90%左右，可分为糊粉层和粉质胚乳2个部分。糊粉层营养价值很高，内含纤维、蛋白质、灰分和脂肪等营养元素；粉质胚乳的主要成分是淀粉。种子发芽和幼苗生长初期所需养料主要由胚乳中的营养物质提供。

2. 种子的萌发和出苗

（1）吸水膨胀阶段　种子吸收水分达自身干重42%～45%时，即完成膨胀过程。

（2）发芽　种子吸收水分达自身干重45%～50%，胚根和胚芽突破种皮，胚根与种子长度相等，胚芽长度达种子长度的1/2，即称为发芽。

种子萌发后，叶片生长露出地表，第一张叶片平展，称为真叶期。第一叶生长所需的养分来自小麦种子中贮藏的营养物质。第一叶生长越大，光合面积越大，制造的养分越多，对麦苗地上部和根系的生长越有利，可促进壮苗的形成。麦苗长出第三张叶片，种子中贮藏的营养物质基本耗尽，需要通过叶片的光合作用和根吸收的养分满足麦苗生长对营养物质的需求，此时，麦苗由异养阶段进入自养阶段。

3. 影响种子萌发和出苗的条件　影响种子萌发和出苗的主要

因素是温度、土壤水分和土壤氧气。小麦种子发芽的最适温度15～20 ℃，最低温度0～1 ℃，温度低于10 ℃，发芽缓慢，出苗整齐度和出苗率下降；最高温度30～35 ℃，发芽的整齐度和发芽率降低。种子萌发的最适田间持水量为70%～75%。土壤水分过多或过少均对出苗不利。若土壤水分过多，田间持水量达到80%～90%，土壤中空气不足，发芽率下降；土壤水分过少，田间持水量低于60%，种子虽可发芽，但因水分不足造成麦芽回缩，部分幼芽水分充足时可恢复生长，部分幼芽干缩死亡。因此，土壤水分不足是影响小麦出苗的最主要因素。氧气是麦种萌发出苗的重要因素。麦种吸收水分达16%～17%，呼吸作用急剧增强，此时土壤中如氧气不足，将造成种子萌发受到阻滞，严重的麦种霉烂；部分麦种虽能萌发出苗，但麦苗生长瘦弱，素质差。此外，播种过深或过浅，覆土的厚薄、松紧等均会影响麦种的萌发和出苗。

（二）根

1. 根的生长　小麦的根为须根系，是由初生根（又称为胚根、种子根）和次生根（又称为节根、不定根）组成。

（1）初生根　小麦的种子根在种子萌发时开始出生，至第一片真叶展开时停止发生。一棵幼苗通常有胚根3～5条，最多可达7条。拔节前种子根的伸长速度超过地上部，一般分蘖始期种子根的入土深度可达30～40 cm，越冬期达50 cm左右，拔节期80～100 cm，拔节后生长速度开始减缓，至抽穗期基本停止，根系一般入土深度100～130 cm，最深的2 m。种子根一生都具有吸收功能，其作用在冬前分蘖期最强，孕穗期次之，抽穗后种子根的功能开始下降，至乳熟期仍具有一定的活力。因此，种子根对小麦的一生影响极大。

（2）次生根　麦苗长出第三片绿叶，次生根从茎基部的胚芽鞘节上发生，与分蘖基本同时发生。其余各节发根与主茎保持$n-3$的同伸关系。11叶龄的品种发根节位自胚芽鞘向上共有8个发根节位。小麦次生根可达20～30条，次生根的生长有2个高峰：一是越冬前，另一个是拔节始期。次生根先横向生长，再纵向生长，入土较浅。越冬期地上部麦苗生长缓慢或停止生长，但地下部根系仍在生长，抽穗期分蘖进入两极分化阶段，次生根的发根数量和生长速度达到高峰，孕穗期次生根生长速度减缓，倒 2 叶出生时次生根原基结束分化，至剑叶抽生，次生根停止发根。一般将拔节前出生的次生根称之为下层根，拔节后出生的根为上层根。下层根的生理功能以孕穗期最高，抽穗期次之，乳熟期较低，但其生理功能超过种子根。下层根对促进分蘖和小花分化，减少小花退化具有重要作用。上层根的生理功能在开花和籽粒形成期达到最高值，至乳熟期仍保持较高的水平，对巩固穗数、增加粒数和粒重起重要作用。根系入土越深，抗旱能力越强。根系的主要作用是：从土壤中吸取水分和养分，输送到茎叶中，进行体内有机物质的合成和转化，源源不断地供给植株。在种子根和次生根中，上层根系对产量的贡献率最高，可达 80%左右，11 叶龄的品种，第七叶发生的根对产量的贡献率约达 50%，第六叶发生的根占 20%～25%，第五叶发生的根占 5%～10%。

2. 影响根系生长的因素　主要因素是温度、土壤水分和土壤养分。小麦根系生长的适宜温度是 16～20 ℃；温度低于 2 ℃，根系基本停止生长，温度高于 30 ℃，根系生长受抑。小麦根生长于土壤内，对土壤环境有一定要求，小麦的根无水生植物的通气组织，土壤中必须有足够的氧气才能满足根系生长的基本需求。土壤一般有 55%左右的孔隙，孔隙中有水和空气，水、气比接近 1∶1，土壤水分过多或过少均对小麦根系生长不利。水分过多，根系生长受抑；水分过少，种子根生长缓慢，次生根遇严重干旱，发根量减少，甚至不发生。土壤的养分状况对根系生长也有很大影响，氮、磷、钾等元素丰富的土壤有利于根系的发生、伸展和伸长；氮肥过量的土壤，地上部叶、蘖生长过旺，地下部根系生长受抑，生长量小；磷肥不足的土壤，次生根发生慢、发生少，吸收的养分少，地上部生长瘦弱。此外，栽培种植方式、播种数量和光照条件等均会影响根系的生长。如少免耕栽培的麦苗虽具有前期发根优势，但拔节后上层根发生少，根群质量下降，易发生早衰。

（三）茎

1. 茎的伸长　小麦的茎秆分为地上和地下 2 部分。地下 3～8 节，节间不伸长，称为分蘖节；小麦地上有 4～5 个节，节间伸长，构成茎秆的主体部分。茎秆的伸长有一定的顺序性和重叠性。当小麦基部第一节间迅速伸长时，第二节间开始伸长；第一节间伸长减缓后，第二节间迅速伸长，第三节间开始伸长。以后各节间的伸长以此类推。但最上部 2 个节间伸长的重叠时间较长，即倒数第二节间开始快速伸长后，穗下节间也开始迅速伸长。拔节至抽穗是茎秆伸长最快的时期。

2. 茎的主要作用　使水分和溶解在水里的矿物质养分（如氮、磷等）从根部通过茎部的导管由下而上流向叶子和穗部；将叶片光合作用制造的有机营养物质（主要是糖分），通过茎部筛管运输到根和穗子。小麦的茎又是支持器官，节间长度和充实度以及茎壁的厚度直接影响小麦的抗倒性能。它使叶片有规律地分布，充分接受阳光，进行光合作用。此外，茎还可以贮藏养分，供小麦后期灌浆之用。基部节间最理想的配置是：基部第一节间＜第二节间＜第三节间＜第四节间，穗下节间长度＝下部 4 个节间长度，或者至少满足穗下节间＋穗长＞下部 4 个节间长度之和这一标准。基部节间长是拔节期施肥量过多的表现，造成小麦群体过大，容易倒伏，对产量影响大。

3. 影响茎秆伸长的主要因素　影响茎秆生长的主要因素除品种外，还有温度、光照和肥水条件等。一般 10 ℃左右茎秆开始伸长，20 ℃左右茎秆伸长最快。当温度在 12～16 ℃，茎秆生长最为矮壮；温度高于 20 ℃，茎秆生长细长瘦弱。节间长度、充实度和茎秆壁的厚度关系小麦的抗倒性能。群体过大，田间通风透光条件差，易导致小麦基部节间生长过长，引起倒伏。氮肥施用量过多，叶片生长过旺，加重田间的郁蔽程度，造成基部节间生长过长；氮肥施用时间不当，如拔节前施用氮化肥，在基部节间伸长时与肥效发挥期吻合，引起基部节间伸长；拔节期雨水多，导致基部第一至第二节间生长过快过长，这些均是造成小麦倒伏的因素。因此，拔节前和拔节期的肥水运筹对于培育小麦壮秆大穗起到十分重要的作用。

（四）叶

小麦的叶由叶片、叶鞘、叶耳、叶舌组成。上海种植的小麦品种一般叶片在11张左右。叶是作物进行光合作用制造有机养料的主要器官。小麦从出苗即开始进行光合作用，制造营养物质，并转化为小麦的各个器官，最终形成产量。提高小麦产量的主要途径是提高叶片的光合利用率。小麦的叶分近根叶组、中部叶组和上部叶组。

1. 叶层的划分与功能

（1）近根叶组（1～7叶）着生在分蘖节上，光合作用制造的营养物质主要提供给麦苗生长根、茎、叶、蘖等营养器官，部分贮藏于分蘖节和叶鞘中供麦苗越冬阶段消耗。这组叶片在抽穗开花期枯死，对经济产量无直接作用，但对形成壮苗、麦苗安全越冬起重要作用。

（2）中部叶组（7～9叶）着生在茎基部第一至第三节间3片叶片，其光合产物主要供春季发根、分蘖、生长新叶，以及基部第一、第二节间伸长、长粗、充实和幼穗的进一步分化发育。这组叶片的主要作用是培养壮秆大穗和养根，同时，抽穗后有较多光合产物向根部输送。

（3）上部叶组（9～11叶）指最后出生的倒1、2、3叶（倒1叶称为剑叶或旗叶），制造的光合物质抽穗前供给小花分化和中上部节间伸长、充实；抽穗开花后供籽粒灌浆，另有少量养分输送至根部。上3张叶片对产量起到至关重要的作用，对产量的直接贡献率达到80%左右，其中剑叶和穗下节间的光合能力最大，占全株光合能力的30%～35%，倒2叶占25%左右。倒2叶对增加粒数作用显著，剑叶对增加粒重作用显著。上3叶叶面积为剑叶＞倒2

叶>倒 3 叶，叶片长度为倒 2 叶>剑叶>倒 3 叶，对增加小麦粒数和粒重具有重要意义。

2. 影响小麦叶片生长和功能期的主要因素 影响麦苗出叶速度的主要因素是积温。小麦每长出 1 张叶片冬前需 0 ℃以上积温 70～80 ℃，春后需 0 ℃以上积温 100 ℃左右。小麦各张叶片的功能期因品种、密度、肥水条件和气候条件的不同发生一定的变化。氮肥过多，田间郁蔽，光照不足，叶片自身养分消耗过多，导致叶片功能期缩短；肥水条件差，麦苗生长瘦弱，叶片提前枯黄。

（五）分蘖与成穗

1. 分蘖节 麦苗基部若干密集在一起的节、节间和腋芽形成分蘖节。其上着生分蘖、次生根和近根叶。分蘖节是养分的贮藏器官，可溶性糖含量高，抗寒能力强。拔节期茎秆伸长，消耗大量贮藏于分蘖节的养分，抗寒能力大大降低。

2. 分蘖 小麦第四片叶出现时，主茎第一片叶腋芽伸长形成分蘖称为分蘖节分蘖，也称为一级分蘖。一级分蘖长出 3 片叶，在其鞘叶腋间长出分蘖称为二级分蘖，若条件适宜，还可长出三级分蘖。主茎叶片与分蘖保持 $n-3$ 的同伸关系。正常情况下，小麦出苗到分蘖约需 15 d。小麦的分蘖不是都能抽穗结实的。凡能抽穗结实的称之为有效分蘖，一般年前发生较早的分蘖大多属有效分蘖；不能抽穗结实的分蘖称为无效蘖，年后生出的分蘖属无效蘖。分蘖是高产的重要基础，分蘖是壮苗的重要标志，也是麦苗安全越冬与否的标志。分蘖还承担着缓冲群体大小的作用，具有自动调节功能。

3. 分蘖与成穗 分蘖穗和主茎穗是构成小麦产量的重要因素。分蘖在拔节后随着生长和营养中心的转移，开始向两极分化。一部分分蘖穗分化赶上主茎，完成抽穗结实，成为有效分蘖；一部分分蘖逐渐枯亡，成为无效分蘖。分蘖能否成穗的关键是是否具有自身独立的根系，拔节前麦苗生长量小，分蘖少，麦苗吸收和制造的营养物质可满足主茎和分蘖的需求；拔节后，麦苗进入生长高峰，分蘖未建立自身独立的根系，吸收不到足够的营养物质满足自身生长发育的需求，将导致分蘖消亡。一般认为冬前和越冬期发生的分蘖是有效分蘖，这类分蘖具有足够的生长发育时间，能够形成自身独立的根系和植株营养供给系统，成穗的可能性大。

4. 影响小麦分蘖发生与生长的主要因素　小麦单株一生发生分蘖数量的能力称为分蘖力，影响小麦分蘖发生与生长的主要因素是温度、土壤水分和养分以及播种质量。小麦分蘖生长的适宜温度是 13～18 ℃；温度下降至 3 ℃以下，分蘖生长缓慢；温度高于 18 ℃，分蘖生长受抑。适宜的水分是土壤持水量 60%～75%。土壤水分不足对小麦分蘖发生和生长均不利，导致分蘖发生少，分蘖力下降，分蘖生长受抑，甚至不发生分蘖。土壤养分也是影响分蘖发生的主要因子：氮有促进分蘖发生的作用；氮、磷、钾配合使用效果更为显著。氮、磷不足，苗黄、苗瘦，分蘖发生迟，低位分蘖发生少，缺位多。播种质量也是影响分蘖的重要因素之一。播种过深，种子播种出苗时间长，地中茎生长过长，消耗养分多，分蘖节入土过深，分蘖显著减少；播种过浅，遇干旱天气，表层土壤干旱，分蘖节处于其中，也会造成分蘖力下降。播种数量过多，麦苗生长过密，营养体小，光合面积小，制造和吸收的养分少，分蘖减少。

（六）穗

麦穗为复穗状花序，由穗轴和小穗组成。小穗由小穗轴、2 片护颖和 8～9 朵小花组成。

1. 麦穗的形成　小麦的幼穗分化根据分化穗轴、小穗、小花、雄蕊、雌蕊的顺序可分为 8 个时期。

（1）生长锥未伸长期　指幼穗未分化前，其形态特征是生长锥的宽度大于长度。此期主要分化叶片、节、节间、蘖芽和节根等，一般冬小麦在翌年返青前均处于这一时期。

（2）生长锥伸长期　此期生长锥的长度大于宽度。生长锥为幼穗，并进一步分化为幼穗的各个器官。

（3）单棱期（穗轴节片原基分化期）　生长锥基部自下而上分化穗轴节片，每个节片上端出现环状突起的苞叶原基，苞叶原基在小穗原基分化后出现退化，每个节片上的苞叶原基形态上像棱，所以称为单棱期。

（4）二棱期　幼穗中部相邻的苞叶原基腋间出现小穗突起，即进入小穗原基分化期，形态上小穗原基和苞原基构成“二棱”，故称为二棱期。小穗原基初分化时出现在幼穗的中部，称为二棱始期；此后，上部和中部相继出现小穗原基，称为二棱中期；分化的小穗原基体积不断增大，苞叶原基被完全遮盖，称为二棱后期。

（5）小花原基分化期　幼穗中部的小穗原基基部两侧首先分化颖片，颖片内侧分化出2～3个小花原基，即进入小花原基分化期。小花原基的分化顺序与小穗原基相似，首先从中部小穗开始，而后至上部和下部小穗。

（6）雌雄蕊原基分化期　幼穗中部小穗分化出4朵左右小花原基时，基部第一朵小花原基分化出3个雄蕊原基，而后分化出1个雌蕊原基，即为雌雄蕊原基分化期。

（7）药隔形成期　雄蕊原基由圆球形伸长变成四方形，沿中部从顶部向下纵向分化出花药的药隔，花药被分隔成4个花粉囊；雌蕊顶端下凹分化出2个柱头原基。此时，即为药隔形成期。

（8）四分体形成期　花药内的造孢细胞分化发育形成花粉母细胞，经减数分裂形成二分体、四分体，即为四分体形成期。

小麦幼穗分化的各个时期必须通过显微镜的镜检才能进行观察，田间判断可根据幼穗分化的各个时期与麦苗生长的外部形态变化存在的同步关系进行。如11张叶龄的小麦品种生长锥未伸长期在小麦返青前，生长锥伸长期在返青后，单棱期在翌年长出第一张叶片，二棱期翌年为第二张叶片接近定长，小花原基分化期第一节间迅速伸长，雌雄蕊原基分化期第二节间迅速伸长，药隔形成期第三节间迅速伸长，四分体形成期第四节间迅速伸长。

2. 幼穗分化与小穗、小花和粒数的关系 幼穗分化的各个时期决定了小穗、小花的数量，决定了粒数的多少。每穗小穗原基的形成始于小穗分化始期，终止于小花原基分化期前，每穗小穗数量多少取决于穗轴节片分化始期至小花原基分化前。早播种和二棱期前追施肥料，可增加小穗数量。小花数量取决于小花原基分化始期至四分体形成期前，在小花分化原基分化前或分化期追施肥水，可增加小花数量。

小花原基有相当一部分不能发育形成籽粒，能否结实取决于小花的发育程度。基部1～4位的小花分化势强，1～2 d即形成1朵小花，以后逐渐缓慢，2～3 d形成1朵小花。从第一朵小花原基形成至顶部最后一朵小花原基形成历时约25 d。幼穗基部小穗的下位花虽形成时期早，但孢原组织发育不良不能形成四分体，不能结实。上位花分化时间短，分化速度缓慢，易萎缩退化。因此，小麦正常生长的情况下，雌雄蕊分化期或药隔形成期追施肥水，能促进小花和花粉粒的发育，提高结实率和穗粒数。

小穗和小花退化的时间短，主要集中在2个时期，一是四分体形成前当天至四分体形成的4～5 d，分化晚、未形成药隔的小花此期全部退化；二是花粉粒单核期至三核期，已形成药隔和柱头雌蕊的小花退化。另有约占不育小花数量10%的小花开花后或籽粒期因不孕等原因退化。

3. 影响麦穗发育的主要因素 影响麦穗发育的主要因素是温度、光照、水分和养分。温度低，气温10 ℃以下，光照阶段进程延缓，小麦幼穗发育阶段长，小穗和小花数量多；反之，温度较高，幼穗发育时间短，小穗和小花数量少。短日照和光照强度弱也能延缓光照阶段和幼穗分化进程，增加小穗和小花数量。四分体分化期光照不足，将导致花粉不孕。水分对于幼穗分化的各个时期非常重要。穗轴节片分化期干旱，穗长度变短，每穗小穗数减少；小穗原基分化始期干旱，小穗数减少；小花分化期干旱，小花数量降低；四分体形成期是水分需求最敏感和最迫切的时期，此期干旱，部分花粉和胚珠不孕，结实率显著下降。养分对小穗和小花数量也起到至关重要的作用。穗轴节片分化前追肥可显著增加每穗小穗数量，小穗原基分化期及以后追肥对增加小穗数量无效；小穗原基分化初期和分化期追肥，可提高小花数量；药隔形成期或雌雄蕊形成期追肥，可减少小花退化数量，起到增加穗粒数的作用。

（七）抽穗、开花与受精

小麦为典型的自花授粉作物。开花后经授粉，胚和胚乳开始发育，进入籽粒形成、灌浆和成熟过程。

1. 抽穗、开花与受精的过程

（1）抽穗　孕穗后穗下节间伸长，麦穗露出剑叶叶鞘，即为抽穗。一株小麦主茎先抽穗，以后根据分蘖的出现顺序依次抽穗。一般小麦剑叶抽出后 10～14 d 进入抽穗期，从主茎抽穗到整株抽穗结束需 3～5 d 时间。抽穗的早晚主要取决于温度条件，温度高，抽穗早；温度低，抽穗迟。

（2）开花与受精　小麦抽穗后 2～7 d 开花。开花顺序是，主茎穗先开花，以后根据分蘖的出现顺序依次开花。一个麦穗上，中部小穗的基部第一朵小花首先开花，然后是上下部。麦穗的开花顺序与小花的分化顺序是一致的。一个麦穗开花需 3～5 d，一块麦田开花需 6～10 d 时间。小麦的花昼夜均能开放，但主要集中于 9～11 时和 15～17 时。阴天气温较低时，开花集中在中午前后。开花后花粉粒落在雌蕊的柱头上 1～2 h 发芽，1～1.5 d 受精，以后子房膨大，形成籽粒。

2. 影响小麦抽穗、开花与受精的因素　主要是温度和湿度。小麦开花需要有适宜的温度、湿度和土壤含水量，晴好天气有利于开花，大气湿度过低或温度过高，以及持续阴雨都将导致小麦不能正常受精结实率下降。小麦开花期是植株体内代谢最为旺盛的时期，需要消耗大量的水分和养分，是需水的敏感期，要求田间土壤持水量为70%～75%，含有足够的氮、磷等营养元素，否则受精率下降，结实率降低。

（八）籽粒形成、灌浆与成熟

1. 籽粒形成、灌浆与成熟的过程

（1）籽粒的形成　小麦开花受精后，子房膨大，胚、胚乳和皮层逐渐形成，12～15 d胚的发育基本完成，具有了发芽能力，籽粒开始沉积淀粉进入灌浆与成熟阶段。

（2）籽粒的灌浆与成熟　籽粒的大小决定于胚乳细胞的数量和灌浆的强度以及灌浆时间的长短。籽粒体积由长度、宽度和厚度构成，其增长表现出先长、后宽、厚的特点。长度在开花后9～10 d达到最大值的1/3，11～14 d达到最大值；宽、厚度增长开始较慢，长度增长至最大值的3/4后，宽、厚度增长加速，开花后20～25 d达到最大值；27～29 d，长、宽、厚一起缩小。根据小麦灌浆期间籽粒体积和水分含量的变化，以及干物质的积累程度可将小麦的成熟划分为3个时期。

首先进入的是乳熟期，历时15～18 d。这一阶段籽粒增重迅速，含水率由70%下降至45%左右，籽粒呈黄绿色，胚乳呈炼乳状，是籽粒充实和宽、厚增长最快的时期。其次进入的是蜡熟期，历时5～7 d。籽粒中的可溶性物质转变为不溶性物质，含水率由40%降至25%。末期胚乳呈蜡状。光合作用逐渐停止，茎秆开始变黄，但仍有弹性，叶片和茎秆中的营养物质向籽粒输送。粒重达最大值。是收获的最佳时期。最后进入完熟期。植株变脆，麦粒变硬，含水量下降至14%～16%。

2. 影响籽粒形成、灌浆与成熟的主要因素　影响籽粒形成、灌浆与成熟的主要因素是温度、水分、养分和光照。温度过高或过低都不利于籽粒的灌浆，导致籽粒充实度差。土壤水分过低，籽粒干瘪瘦小；水分过高，引起植株贪青晚熟或病害严重，也会影响籽粒的充实。营养物质不足或过多、光照不足、发生病害等都是影响籽粒灌浆和成熟的主要因素。

第三节 小麦产量构成

小麦的经济产量由单位面积穗数、穗粒数和粒重 3 个因素构成。三者之间存在互相适应、互相依赖而又互相影响的关系。单位面积穗数主要反映群体大小，穗粒数反映群体内各个体的发育状况。单位面积穗数、穗粒数和粒重间的相互关系是作物与环境、群体与个体以及个体间各个器官相互关系发展的综合结果，也是光合能力的集中表现。提高产量的主要途径为在保证一定的穗数及群体内温、光、气、水达到最佳的条件下主攻粒数、兼顾粒重。

一、穗数

穗数决定于播种至拔节期。小麦 3 叶期开始发生分蘖，总苗数的高峰期在雨水至惊蛰节气，高的达 60 万穗左右，分蘖少的品种总苗数也可达 45 万穗左右，拔节期分蘖向两极分化，一部分形成有效分蘖，一部分逐渐消亡。

适播小麦每 667 m^2 有效穗 30 万穗，迟播小麦措施到位可达 28 万穗。

小麦有效穗数与小麦的分蘖发生和分蘖成穗率相关，主要取决于栽培措施和气候因子。

1. 播种数量 播种量多、基本苗多的田块，穗数多，但穗型小，不利于产量的提高。

2. 播种时间 播种早，冬前有效生长期长（冬前有效生长期是指越冬前适宜小麦生长的天数），分蘖发生多，穗数多；相反，播种迟，冬前有效生长期短，分蘖发生少，甚至冬前无分蘖发生，穗数少。

3. 肥料施用水平 分蘖期间追施氮、磷肥可促进分蘖的生长。氮肥过多，群体大，田间郁蔽，分蘖虽多，成穗数少（有效穗少）。拔节期肥料施用过早、氮肥施用量多易导致应该消亡的分蘖继续生长，穗数过多，营养器官（叶片、分蘖、茎秆）养分消耗量过大，影响大穗的形成。

4. 播种深度 播种过深，尤其是前茬水稻秸秆全量还田的田块，地中茎伸长，单株分蘖减少。

5. 土壤水分 适宜分蘖生长的土壤含水量是70%左右；土壤含水量大于85%，分蘖不生长；小于60%，分蘖生长受影响，严重时，不发生分蘖。

6. 气象条件 适宜分蘖生长的温度为13～18 ℃。温度18 ℃以下，温度越高，分蘖的发生和生长越快；6～13 ℃，分蘖生长缓慢（分蘖生长的起始温度为2～4 ℃）；高于18 ℃，分蘖的发生与生长缓慢。阴雨多，日照少，分蘖力降低，成穗率也较低；反之，则较高。

7. 品种自身的遗传特性 指品种自身的分蘖能力和协调群体、个体矛盾的能力，即成穗率与穗型大小和穗数多少的关系，可以分为穗数型品种和穗粒并重型品种。

每667 m^2 产量在300～350 kg范围内，每增加1万穗可增产10 kg。

二、粒数

一个麦穗有小穗20～22个，每一个小穗有小花8～9朵，按照一个麦穗有小穗20个、每个小穗有小花8朵计算，一个小麦的麦穗有小花160朵。但是其中可孕小花数仅占30%，即仅有50朵左右的小花可以受精形成麦粒。

小穗数决定于3叶期至拔节前；小花数分化决定于拔节期（小花开始分化）至开花期（剑叶出生前），孕穗期向两极分化，决定可孕小花数量。

增加实粒数的关键是减少小穗和每穗小花的退化，提高结实小穗数和提高可孕小花数与可孕小花结实率。

产量结构中，粒数的变化幅度大，目前大面积种植的扬麦系列品种的粒数一般为40粒左右，多的达44～45粒，少的仅30多粒。获得高的粒数主要取决于穗分化与小花退化期间的生态条件和栽培措施。

1. 光照 长日照会加速光照阶段的通过，缩短幼穗分化的时间，导致小麦的小穗数和小花数减少。

2. 温度 春季气温回升快，缩短幼穗分化的时间，导致小麦的小穗数和小花数减少。

3. 土壤水分 水分不足，加速幼穗分化进程，缩短幼穗分化的时间，导致小麦的小穗数和小花数减少。

4. 肥料 充足的氮肥，可延缓穗分化进程，小穗增加；磷可以减少小花退化；钾有促进壮秆大穗的功能。所以，应施用适量的复合肥。营养条件不好，提供的养分少，小穗分化数量少，小花退化多；氮肥施用过多，群体过大，粒数相应较少，穗型小。

5. 开花、授粉受精和籽粒形成对环境条件的要求 开花、授粉受精期间需要晴朗的天气以及适宜的温度（18～22 ℃），低于15 ℃或高于30 ℃花药受害或雌雄蕊失去授粉受精能力，结实率下降。最适宜的大气相对湿度为70%～80%。开花时湿度过大或降雨，花粉粒因吸水膨胀而破裂，授粉不能正常进行；相对湿度过低（低于30%），花粉失水，失去授粉能力。适宜的土壤相对含水量为70%～80%，土壤水分不足（低于60%）或过高（高于85%），开花与受精过程受到影响。所以，应配套沟系，做到雨后田间无积水。

6. 适期早播 适宜范围内早播种，保证冬前足够的积温培育壮苗，可增加小穗数，为形成大穗奠定基础。播种过早，冬前生长过旺，分蘖过多，对形成大穗不利。播种过迟，冬前有效生长期短，穗分化时间短，也不利于大穗的形成。

7. 小麦品种的遗传特性 品种自身的小穗、小花、固有粒数。

每667 m^2 产量在300～350 kg范围内，每穗每增加1粒可增产10 kg。

三、千粒重

决定于开花至成熟期。籽粒灌浆物质20%来自开花前茎鞘等器官贮藏物质的运转（差的仅15%）；80%～85%来自开花后光合产物的数量和输送。高产条件下，后者在籽粒灌浆物质中的比例更大，即粒重的高低主要决定于开花后光合物质生产量及向籽粒的运转率。

千粒重的变化幅度大，一般扬麦系列品种千粒重在40 g左右，高的可达45 g，低的仅30 g多。千粒重的高低主要取决于籽粒形成与灌浆期间的生态条件和栽培措施。如保证根系活力，防止根系早衰，延长叶片的光合功能，要求有一套良好的田间沟系，以及一定的水分和光照条件。影响小麦千粒重提高的主要原因包括以下几点。

1. 温度 籽粒灌浆的最适温度是20～22 ℃，气温超过22 ℃或低于12 ℃均对籽粒灌浆不利。较低的气温（15～17 ℃）可延长籽粒的灌浆时间，提高籽粒的充实度和饱满度。尤其在昼夜温差较大的条件下，白天的较高气温可促进植株的光合作用，制造较多的营养物质；夜间较低的气温可降低植株的呼吸消耗，制造多消耗少，有利于营养物质的积累，粒重可显著提高。温度过低，光合强度不足，干物质积累不足。温度过高，植株的蒸腾量加大，水分散失过快，灌浆时间缩短，干物质也会积累不足，导致粒重降低。

2. 水分 小麦在灌浆期要求保持土壤水分占田间持水量的70%～75%。干旱缺水，叶片枯黄，光合强度降低，灌浆时间缩短，粒重显著降低。土壤水分过高，根系活力下降，乃至提早衰亡，导致营养物质积累减少，麦粒细小，千粒重低。

3. 肥料 小麦在籽粒形成及灌浆期，尚需要一定数量的氮、磷、钾供应，这是防止植株早衰、保持绿色器官较强的光合能力的基础之一，对增加粒重意义重大。但氮肥使用过多、过晚，增强了氮的合成作用，抑制了养分的水解作用，造成小麦贪青、粒重降低。

4. 倒伏　“麦倒一把草”，小麦倒伏后因茎秆受到创伤或折断，养分和水分的运输受抑制。同时，倒伏后茎叶重叠，通风透光差，光合作用减弱，粒重显著下降。所以，光照不足，或营养物质运输不通畅，影响籽粒的养分积累，且病害滋生。倒伏后的小麦，碳水化合物的一部分用于恢复生机，对千粒重的增加产生很大影响。

5. 病虫危害　如赤霉病、白粉病和蚜虫等病虫害的发生，均会造成千粒重的下降。

6. 品种的遗传特性　品种自有的千粒重高低及变异幅度。

每 667 m^2 产量在 300～350 kg 范围内，千粒重每增加 1 g 可增产 10 kg。

第四节　小麦生产的需肥、需水特性

养分和水分是作物生长的基础，掌握小麦的需肥、需水特性，为小麦生长构建一个良好的养分和水分条件是获取小麦产量的必要条件。

一、小麦的需肥特性

小麦生长需要碳、氢、氧、氮、磷、钾、钙、镁、硫、铁、锰、铜、锌、硼、氯、钼等 16 种营养元素，其中碳、氢、氧占植物干物质质量的 95%左右，可从空气中吸收，一般不会缺乏；其他元素必须依靠根系从土壤中吸收，虽量较低，但对小麦的生长和产量的形成起到至关重要的作用。氮、磷、钾是小麦生长所需的最基本营养元素，小麦的生长对氮、磷、钾元素的需求量大，一般土壤中可供吸收的氮、磷、钾元素，尤其是氮、磷元素较为缺乏，必须施肥补充，满足植株生长的需求。

（一）氮、磷、钾的作用

1. 氮素的作用 氮是构成小麦细胞原生质的主要成分，没有氮素就不能合成蛋白质、叶绿素和各种酶类。氮能促进小麦根、茎、叶、蘖等营养器官的生长，增强作物的光合功能，在正常施用氮肥的情况下，增施氮肥有利于提高小麦的产量。氮素不足，氮从老叶转移到新叶，老叶会出现均匀发黄现象，植株生长矮小细弱，分蘖少或无分蘖，穗小、粒少；氮素过多，营养体生长过旺，分蘖多、群体大，茎秆柔嫩，贪青迟熟，抗倒性差，病害发生重，同时营养生长过旺还会影响生殖器官的生长发育，造成穗型小、灌浆少、空瘪率增加、粒重降低、产量下降。

2. 磷素的作用 磷是细胞核的重要成分，能促进糖分和蛋白质的正常代谢，直接参与呼吸作用和光合作用的过程。磷可促使麦苗早分蘖、早发根，建成强大的根群。磷还具有加速生育进程、促使作物提早成熟、提高籽粒饱满度、提高粒重的作用。小麦一旦缺磷，光合能力减弱，苗期叶鞘呈紫色，新叶呈暗绿色，叶片细狭，叶尖发焦；分蘖发生量减少，分蘖质量差；穗型小，穗上部的小花不孕，出现空粒；生育期推迟。

3. 钾素的作用 钾能促进碳水化合物的合成、转化和运输，促进维管束发育，促植株茎叶健壮，茎秆粗壮坚韧，增强植株抗旱、抗倒、抗冻、抗病虫能力。小麦缺钾后植株矮化，干旱季节表现为枯萎。老叶叶尖发生褪绿，继而坏死。褪绿区逐渐向叶基部扩展。由于沿叶缘褪绿区向下移动比沿中脉移动快，中脉附近组织保持的绿色呈箭头状，叶片光合功能下降；茎秆细弱，较易遭受霜冻、干旱和病虫危害，易发生倒伏；缺钾还会造成氮的效用不能发挥、麦穗不饱满、籽粒特别是穗尖发育差。

（二）小麦吸收氮、磷、钾的特点

1. 吸收量 每生产 100 kg 小麦约需吸收纯 N 3 kg，P_2O_5 1.3 kg，K_2O 3.2 kg。在一定范围内，随着产量水平的提高以及小麦吸收肥料数量的增加，施肥数量也应相应提高；生产一定量的小麦，需要且只需要施用一定量的肥料，过多或过少均对提高产量不利。小麦对养分的吸收具有平衡性，所以施肥应氮、磷、钾肥配合施用，氮、磷、钾施肥比例为1∶0.5∶0.5左右。

2. 吸收高峰 小麦不同的生长时期对氮、磷、钾的需求量不同，上海地区种植的冬小麦品种3叶期开始发生分蘖至越冬前营养生长较为旺盛，对养分的吸收量逐渐增大；进入越冬期，地上部生长趋于停止，对养分的吸收相对减少；翌年开春小麦返青后，随着植株生长量的迅速扩大，对养分的需求也快速增加，拔节至开花期需求量最大，开花后逐渐下降，即吸收量与生长量基本保持一致。由于小麦一生中不同时期对肥料的需求的不一致性，小麦对氮、磷、钾的吸收有2个高峰：一是分蘖至越冬始期，吸收氮量约占总量的20%，吸收磷、钾约占总量的10%。返青后对氮、磷、钾的吸收量有所增加；另一高峰是拔节至孕穗开花阶段，吸收氮量占40%左右，吸收磷、钾量分别占40%和50%。开花后对氮尚有少量吸收，对磷的吸收约占20%，对钾的吸收完全停止。

拔节期是小麦需肥的临界期，此时肥料不足，对产量造成极大的影响。小麦苗期生长阶段，主要以发生分蘖、生长根、叶等营养器官为主，对氮素的需求量相对增多；进入拔节期，茎秆快速伸长，对钾的吸收量相对较多；孕穗至开花期，小麦抽穗、开花阶段是对磷需求最多的时期。

3. 肥料运筹原则 根据小麦的生长发育特点和需肥特性，苗期至越冬初期，提供充足的养分，促使幼苗早分蘖、早发根，培育壮苗，满足形成穗数所需要的养分，为足穗、大穗奠定基础；返青至拔节阶段则控制肥料的使用，减少无效分蘖的发生，防止基部节间过度伸长造成后期倒伏；拔节至开花期是小麦一生吸收营养最多的时期，需要大量的氮、磷、钾等营养元素，巩固分蘖成穗，促进壮秆、增粒；抽穗扬花后则应保持良好的氮、磷营养，延长上部叶片的功能期，促进光合产物的转化和运转，促进麦粒灌浆，增加粒重。

上海地区根据小麦高产需肥规律，采用控氮（每 667 m^2 纯氮 16～18 kg）、增磷、补钾的原则，氮、磷、钾养分比例在 1∶0.5∶0.5。把握“促两头，控中间”的施肥原则，围绕“前期促壮苗，中期保稳长，后期攻大穗大粒”的调控目标，适当减少中期用肥量，增加后期穗肥用量，要求基蘖肥、接力肥、拔节孕穗肥的比例保持在（5.5～6）∶1∶（4.5～4）。增施有机肥、BB 肥、复合肥以及磷酸二铵等肥料，提高肥料利用率。

二、小麦的需水特性

小麦不同生育期植株体内含水量占鲜重的 60%～80%，水分对于保持植株光合、蒸腾、吸收和运输等功能至关重要，是作物正常生长发育和获得高产的基础。

1. 小麦的耗水量 小麦一生的需水量一般以耗水量表示。每生产 1 kg 小麦籽粒耗水量 800～1 000 kg，一生耗水总量 400～600 mm，相当于 260～400 m^3，其中叶面蒸腾占总耗水量的 60%～70%，其余为株间蒸发等的耗水。小麦一生生长过程中各个生育阶段耗水量不同，前期生长量小，耗水量相对较少，出苗至越冬期约占 15%，越冬至返青期因生长放缓，消耗的水分最少，仅占 5%左右；返青后生长加快，需水量增加，约占 10%；拔节期小麦进入旺盛生长期，耗水量剧增，孕穗期是小麦的需水临界期，缺水将导致粒数减少，拔节至抽穗期耗水量占 30%左右；抽穗至开花期耗水达到最高峰，以后逐渐下降，抽穗至成熟期占 40%左右。上海地区地下水位高，突出矛盾是土壤持水量过高，少数年份的个别阶段存在表层土壤水分偏低问题。

2. 小麦各生育期需水量 小麦一生消耗的水分主要来源于地下 1 m 的土层内，其中 20 cm 土层内的水分占小麦一生耗水量的 50%～60%；其次是 20～50 cm 土层，占耗水量的 20%；50 cm 土层占 25%左右。因此，0～20 cm 土层的土壤持水量与小麦生长发育的关系最为密切。一般 0～20 cm 土层的土壤水分受降雨等因素的影响变化最大，50 cm 以下土层的土壤水分较为稳定。小麦各生育期对土壤持水量有不同的要求。

（1）播种至出苗期　一般要求田间持水量 70%～75%。种子萌发阶段消耗的水分虽不多，但对表层土壤的水分有一定的要求。播种出苗阶段表层土壤水分不足，低于 60%，出苗推迟，出苗少、出苗不齐；土壤持水量低于 40%，不出苗。水分过多，持水量高于 80%，烂种烂芽，基本苗不足。

（2）出苗至越冬期　上海冬季的冬小麦因气温较高，没有明显的越冬期，田间持水量在 70%～75%较为适宜。持水量低于 60%，麦苗出现低温冻害；低于 40%，并伴随强冷空气，分蘖节死亡；大于 80%，次生根发生受阻，发根量降低，不利于小麦的扎根，地上部表现苗弱小、黄瘦叶色发黄，分蘖减少，甚至不发生分蘖。

（3）返青至拔节期　适宜的田间持水量为 70%左右。持水量低于 60%，分蘖发生量减少，返青速度缓慢；高于 80%，不利于小麦的生长和返青，叶黄、苗弱，根系发生量减少。

（4）拔节至抽穗期　是小麦茎、穗发育的关键时期，适宜的田间持水量为 70%～80%。持水量低于 60%将加速无效分蘖和小穗的退化，甚至导致穗粒数的下降；高于 85%，对根的发生和根系的扩展产生严重影响。

（5）抽穗至乳熟末期　是小麦开花受精和籽粒灌浆充实的重要时期，适宜的田间持水量在 70%～85%。持水量低于 65%可孕小花退化数量增加，结实率下降，穗粒数减少；高于 90%，根系活力减弱，小麦贪青迟熟，并引起倒伏，病害加重。

（6）蜡熟期　此期小麦虽开始发黄，但叶片和茎秆中的营养物质仍然在水分的协助下向籽粒运转，田间持水量应不低于 60%，水分不足将导致千粒重的下降。

3. 水分管理技术　上海地区地势低洼，雨水较为充沛，小麦生长期间的雨量约为 500 mm，雨日 72 d 左右。其中，春季雨水、雨日最多，其次是小麦开花至成熟期，12 月雨水相对偏少。麦田的主要问题是解决湿涝危害，少数年份的个别阶段存在表土墒情不足的问题。因此，开沟排水防止渍害，建成沟沟相通的排水系统，降低地下水、浅层水的危害，是提高上海市小麦单产水平的重要基础。开沟做到畦沟（竖沟）、当家沟（横沟）、外围沟沟沟相通，要求畦沟深 30 cm，当家沟深 40 cm，外围沟深 60 cm。小麦一生生长过程中，加强墒沟管理，清理沟系，做到雨止沟内无积水、畦沟（竖沟）、当家沟（横沟）内浅外深呈轻度倾斜状，保证排水通畅。

第七章 麦子栽培技术

第一节 小麦高产栽培技术

一、小麦播种技术

注重播种质量是实现适宜穗数的基础。随着农村劳动力的大量转移，对小麦种植技术提出了新的挑战，栽培管理上将“三分种，七分管”的重管理模式，修改为“七分种，三分管”的重种植质量模式，把种植质量的提升作为小麦生产栽培管理的重中之重。播种质量要求：播深适宜、深浅一致；出苗均匀、苗数合理。

（一）选用良种技术

选择优良品种是作物获得高产的最经济有效的途径。小麦品种较多，有熟期偏早和偏晚的品种，有中筋和弱筋品种，有的品种属于穗数型品种，有的品种属于穗、粒型兼顾品种。有的品种肥料需求多，增产潜力大；有的品种对肥料需求量中等，但稳产性较好。这些品种各具特点，必须根据当地生产条件，因地制宜，合理安排，科学布局，充分发挥品种优势，挖掘品种增产潜力，获得高产。一般茬口季节紧张地区，可选用熟期偏早的品种，如扬麦 11、华麦 5 号、光明麦 2 号等品种；种植季节可调节地区，如后茬计划种植机插水稻的地区，可选择罗麦 10 号、华麦 2 号等高产品种；种植季节较早的地区，如计划 10 月下旬种植小麦的地区，可选用光明麦 1 号等耐冻性较强的品种；定点收购，制作饼干的小麦种植区域，可选择扬麦 18 等优质弱筋品种；沿海、风力强，易发生倒伏地区，宜选用抗倒性较强的品种，如罗麦10号等；白粉病、赤霉病田间病菌基数高、发病重的地区，可选择种植扬麦18、扬麦11等抗病、耐病性较强的品种。但同一地区不宜选择太多的品种，一是不利于栽培和田间管理措施的落实到位；二是不利于发挥良种的增产作用，易造成品种混杂；三是不利于后茬水稻的种植，易出现“旱包水”或“水包旱”现象。种植面积较大的合作社或承包大户等，可根据茬口、劳力等实际情况选择2～3个品种种植。

（二）播种方式

上海地区目前小麦主要的播种方式有浅耕麦、压板麦和套种麦3种，其中压板麦和套种麦统称为免耕麦。浅耕麦耕层深厚、结构良好，能加速土壤熟化，为小麦根系发育创造有利条件，且土壤抗旱、防涝、保肥和供肥能力强，耕性好，有利于提高整地质量和播种质量，有利于杂草防除，是目前郊区推广的主要小麦种植方式。

1. 浅耕麦　水稻收获后施足基肥，用旋耕机进行浅耕灭茬，镇压后撒麦种，然后开沟。目前推广的复式播种机可做到浅耕灭茬、开沟一次完成，大大节约机械作业成本。浅耕播种机械作业层次多，成本比免耕麦高。同时，浅耕麦易受气候条件限制，如播种季节雨水多，易造成烂耕烂种。

2. 压板麦　水稻收获后施足基肥，不进行旋耕灭茬，直接撒播麦种，然后开沟覆泥，待出苗后按常规进行麦田管理。压板麦属于免耕麦，用工量比翻耕麦少，简化了农艺，省工节本，提高了劳动生产率与小麦生产效益，解决了劳动力和季节的矛盾。但免耕麦分蘖节位低，容易遭受冻害，根系分布浅，后期易倒伏、早衰。

3. 套种麦　水稻收获前1周左右，将麦种撒于稻田，水稻收割时，小麦已出苗，水稻收获后，立即追肥，麦苗3叶期后开沟覆泥，保根防冻。一般掌握稻麦共生期5～7 d。为防止瘦弱苗、提高麦苗素质，每667 m^2 大田用15％多效唑可湿性粉剂10 g对水1 kg，浸种8～16 h。套种麦也属于免耕麦，其优缺点与压板麦相同。

4. 机条播麦　水稻收获后，采用机械条播播种。优点是采用机械作业，播种质量高，播深一致，出苗均匀，田间通风透光条件好，可充分利用光合资源，产量高。但易受气候条件限制，若播种季节雨水多，则无法适时播种。

（三）种子处理技术

为提高种子发芽率，防止种传病害发生，保证出苗整齐、苗体健壮，播种前，必须进行种子处理。种子处理的方法有晒种、药剂拌种和药剂浸种等。

1. 晒种　可使小麦种皮干燥，透气性改善，播种后吸水膨胀快，酶的活动加强，有利于发芽和出苗，并可通过太阳的紫外线将种子表面的病菌杀死。一般在播种前 1 周左右，选择晴好天气，将麦种摊晒 2～3 d。

2. 药剂处理　药剂处理主要针对一些种传病害，如小麦腥黑穗病等，采用药剂拌种或药剂浸种处理进行防治。小麦播种前，每 100 kg 麦种选用 60 g/L 戊唑醇悬浮种衣剂 50 mL，或 50 g/L 苯醚·咯菌腈悬浮种衣剂 100～300 mL，加水调成糨糊状液体后与麦种混匀。如用种数量较多，可按上述比例对种子和药剂进行配制。拌种时，保证种子均匀沾上药液，放置阴凉处，室内堆闷 6～8 h，再播种。

（四）播种技术

1. 适量播种技术　合理的群体起点是小麦群体栽培理论的基础，小麦的群体和个体的发展在一定范围内具有有限的调节能力。其群体大小和个体发育受品种遗传特性、栽培水平和气候、土壤条件的制约。建立合理的群体起点，是小麦获得高产的重要环节。适期播种范围内的小麦，每 667 m^2 基本苗 15 万～18 万株。小麦的播种量应根据品种分蘖能力、种植方式、播种时间、种子千粒重等综合因素确定。首先，做好发芽试验，根据种子千粒重的高低，计算出播种量。具体播种量的计算可按以下公式进行：

$$每 667\ m^2 播种量（kg）=\frac{每 667\ m^2 计划基本苗数\times 千粒重}{1\,000\times 1\,000\times 发芽率\times 田间出苗率}$$

例如：计划基本苗数 17 万株，种子千粒重为 40 g，发芽率为 90％，田间出苗率按 80％计算（田间出苗率与整地和播种质量关系很大，是一个经验值，一般年份为 70％～80％）。目前生产上小麦播种量一般为每 667 m^2 10～12.5 kg，条播麦、浅耕麦出苗率高，早发优势强，应适当控制用种量；免耕麦播种浅，出苗率低于浅耕麦，可适当增加播种量。此外，小麦播种时间有早有迟，一般播种早、地力足、管理水平较高的田块可减少播种量，播种晚、土壤贫瘠、管理粗放的田块可适当增加播种量。

2. 基肥施用技术 基肥在小麦出苗后能迅速被吸收利用，具有促进有效分蘖的发生与生长、促进根系发生与生长、积累有机物质、培育壮苗安全越冬、满足第一个吸肥高峰需要的作用，是前期促早发、中期保稳长、后期不早衰的重要技术措施。机械条播、浅耕灭茬田块在播种前施好基肥，播种时将肥料与土壤充分拌匀，翻入土壤；生板播种的田块，播种前施好基肥，播种后利用沟泥覆盖，减少肥料挥发；稻田套种田块于水稻收割后施好基肥。基肥施用做到粗肥（有机肥）与精肥（化肥）相结合、迟效与速效相结合。要因地、因茬合理施用基肥，晚茬、薄地多施，早茬、肥地少施。基肥以有机肥料为主，配合施用氮、磷、钾化肥，满足苗期生长及一生生长对养分的需要。基肥氮化肥用量一般占小麦总用肥量的 35％左右，折合复合肥（45％含量）约 40 kg。

3. 适期播种技术 适期播种可使小麦的生育进程与最佳季节同步，适期早播可以充分利用冬前的有效温光资源，促苗早发，培育壮苗安全越冬，是一项最经济有效的增产措施。但播种也不是越早越好，播种过早，幼苗生长期温度过高，分蘖发生过多，营养生长过旺，养分消耗过大，麦苗进入拔节期后易发生脱力早衰。而且幼苗生长过旺，糖分消耗过大，抗寒能力下降，易发生低温冻害。特别是春性偏强的品种，播种过早，越冬期和早春冻害更为严重。按照小麦单株绿叶 5～6 张，单株带蘖 1.5 个的壮苗指标：需要0 ℃

以上有效积温460～560℃，其中播种至出苗阶段110～120℃，出苗至越冬阶段每长出1张叶片需积温70～80℃。据气象部门资料统计，上海地区近15年每年11月1日至翌年1月7日（小寒）0℃以上有效积温平均为705℃左右（每年11月16日至翌年1月7日0℃以上有效积温平均为475℃左右）。其中11月上旬160℃左右，11月11日至15日75℃左右，11月16日至20日60℃左右，11月21日至25日65℃左右，11月26日至30日55℃，12月1日至小寒节气295℃。要达到壮苗标准，小麦适宜播种期应掌握在稻收后至11月16日前，最迟不超过11月20日，齐苗期在11月25日前。

（五）存在问题

近年来，为了减轻大气污染，各地出台了禁止秸秆焚烧政策，市郊绝大部分麦田前茬均为水稻秸秆全量还田田块，由于水稻秸秆量大，机械动力不足（除市郊农场外），耕层浅，稻草秸秆量多，还田后表层秸秆拥堆现象普遍，秆多泥少，不利于麦种发芽、扎根，特别在多雨、干旱等不利年份，对后茬作物生长影响更大。主要表现为以下几方面。

1. 立苗困难，出苗差　受耕层浅，表层泥土少、秸秆多，及播种深浅不一等因素的影响，稻秸秆还田后麦苗扎根立苗困难，容易出现出苗不齐，基本苗少，分布不匀等现象。

2. 发苗困难，苗体弱　蓬松表土导致大部分小麦播种偏深（除机条播），出土后的幼苗叶片细长，较正常浅耕麦偏长1/3，叶色偏黄，地中茎段伸长，幼苗瘦弱特征明显。

3. 分蘖推迟，穗数少　播深达5 cm以上的麦苗，由于地中茎生长过长，一般低位分蘖缺失。分蘖发生迟，发生量少，导致群体茎蘖数减少，对高产构成威胁。

根据有关试验和部分地区的成功经验，稻秸秆全量还田必须把握七大关键技术。一是切断或粉碎水稻秸秆，做到均匀抛撒；二是深耕翻埋，耕翻深度达到15 cm以上；三是耕翻时土壤墒情适宜，避免烂耕烂种；四是播前或播后镇压，确保麦种播深基本一致；五是适当增加播种量，确保群体数量；六是增施基肥，促进秸秆腐解。每 667 m^2 基肥施复合肥 40～50 kg。有条件的地区应施用有机肥，做到粗肥（有机肥）与精肥（化肥）相结合、迟效与速效相结合；要因地、因茬合理施用基肥，晚茬、薄地多施，早茬、肥地少施。一般每 667 m^2 大田施腐熟的厩肥 1 000 kg 或商品有机肥 200 kg。七是沟系配套，降低渍害。

二、小麦苗期田间管理技术

壮苗是小麦高产的基础，壮苗的根系强大、分蘖早、成穗率高，且抗寒力强。壮苗的叶片宽厚、长短适中，叶色葱绿，分蘖早。不同地区对壮苗的指标要求不同，长江中下游麦区一般大田的壮苗标准是：小寒节气单株带蘖 1.5 个；叶龄 5～6 叶。小麦播种后至越冬阶段是小麦出苗分蘖时期，是小麦根、茎、叶和分蘖生长的重要时期。此期生长的叶片制造的光合产物主要供根系、分蘖和新叶片的生长，有部分养分贮存于分蘖节和叶鞘中，供麦苗越冬期消耗，对形成壮苗、安全越冬起重要作用。

（一）沟系配套技术

播种至越冬阶段是小麦种子根发生和纵向生长，以及次生根发生和生长的重要时期，越冬前种子根的入土深度可达 30～40 cm，越冬期可达 50 cm 左右。小麦是旱田作物，根据上海地区地势较低、地下水位偏高、气候上秋雨和春雨连绵天气发生概率较高等对麦苗生长不利的特点，为保证排、灌水通畅，调控麦苗地下水位，应立足抗灾，有条件地区在小麦播种前或播种时开好田间沟系，确保畦沟（竖沟）、当家沟（横沟）、外围沟三沟配套。播种前或播种时没有条件配套沟系的地区，小麦播种后，及时开沟，逐级加深。机开沟田块，应重视出水沟、“脑头沟”的开通工作，做到“小雨沟内无明水，中雨沟底有明水，大雨沟内半沟水，2～3 d 后沟内无明水”，提高小麦抗灾避灾能力。同时，利用沟泥覆盖可以解决露籽问题，确保小麦全苗。

（二）苗肥（分蘖肥）施用技术

分蘖是小麦成穗的基础，小麦成穗的多少主要取决于冬前和越冬期分蘖的数量；冬前分蘖数还是小麦壮苗的标志。小麦出苗后应及时施用苗肥，促冬前分蘖。根据小麦个体分蘖数和群体茎蘖数，冬前麦苗可分为壮苗、旺苗和弱苗 3 种类型。

壮苗：小寒节气叶龄 5～6 叶，单株带蘖 1.5 个左右，群体茎蘖数 30 万～35 万。冬前壮苗既有利于麦苗安全越冬，又可为春后高产、不倒伏奠定基础。

旺苗：冬前单株分蘖过多，群体总茎蘖数过多，群体叶面积过大，茎叶徒长的麦苗，均称为旺苗。这类麦苗养分消耗大，易遭受冻害影响；中后期因田间郁蔽、通风透光差引起倒伏或因肥水不足造成早衰。栽培上对旺苗要予以适当控制，防止营养生长过旺，抑制生殖生长。

弱苗：冬前无分蘖或分蘖极少，次生根和单株叶片数少，群体小，总茎蘖数不足，无法制造和积累足够的养分安全越冬。这类麦苗称为弱苗，必须积极促弱苗转化。

栽培上应区别不同类型的麦苗，在施用分蘖肥时做到控旺促弱，为翌年的足穗、大穗奠定基础。

1. 苗肥（分蘖肥）**的作用**　促进分蘖的发生与生长（包括有效分蘖和无效分蘖）；促进根系发生与生长；积累有机物质，供麦苗安全越冬；促进小穗分化与发育；满足第一个吸肥高峰需要（分蘖至越冬始期和拔节至开花期）。

2. 施肥方法　对适时播种、已出苗的麦田，利用雨后或土壤墒情好转的时机，早施苗肥、分蘖肥，一般在小麦 2 叶期，每667 m^2大田追施尿素 7.5 kg 或复合肥 15～20 kg。对部分迟播或基肥不足、白地白种、麦苗瘦弱细长的田块，可采用分次施肥的方法，在小麦 2～3叶期每 667 m^2 大田追施尿素 7.5 kg，4 叶期每 667 m^2 大田再追施分蘖肥碳铵 25 kg 或复合肥 30 kg，促转化抓平衡。

（三）化学调控技术

多效唑是一种植物生长调节剂，其主要特点：一是控制植株徒长，促进矮化。延缓植物生长，抑制茎秆伸长，缩短节间，提高作物的抗倒伏能力。二是促分蘖、分枝。三是促进根系生长，形成强大的根系。四是增加叶绿素含量，增强光合作用，延缓叶片衰老，因而对植株干物质的积累十分有利，可提高植株的抗寒能力。也可在麦苗 5～7 叶期镇压，防止麦苗蹿长，减轻冻害发生。

多效唑的最佳使用期为冬前小麦叶龄 4～5 叶期。使用方法：每 667 m^2 大田用 15％多效唑可湿性粉剂 50～70 g，均匀喷雾，严防重叠喷施。

（四）化学除草技术

上海市郊麦田杂草主要为禾本科杂草和阔叶杂草。其中，禾本科杂草主要为日本看麦娘、菵草、硬草、早熟禾、棒头草、看麦娘等；阔叶类杂草主要为大巢菜、猪殃殃、牛繁缕、繁缕、薄菜、碎米苋等。可采用苗前“封杀”和苗后“补除”的方法杀灭杂草。

1. 苗前期“封杀” 一般麦田杂草以禾本科为主，苗后除草对麦苗生长会产生轻度的影响，而且，苗前杂草小，除草效果好。因此，苗前期是麦田除草的最佳时机。

浅耕和压板麦田：播后苗前或麦苗 2 叶 1 心期，每 667 m^2 用 50％异丙隆可湿性粉剂 150 g，对水 50 kg 均匀喷雾。对于田间杂草基数高、草龄大的田块，播前 3 d，先每 667 m^2 用 20％百草枯水剂 150～200 mL 或 41％草甘膦水剂 100 mL，对水 50 kg 喷雾，杀灭杂草后再进行播种。

复式播种麦田：播后苗前或麦苗 2 叶 1 心期，每 667 m^2 用 50％异丙隆可湿性粉剂 150 g，加水 50 kg 均匀喷雾。已出苗的套播麦田：水稻收获后的 3～5 d，每 667 m^2 用 50％异丙隆可湿性粉剂 150 g，对水 50 kg 均匀喷雾。

2. 苗后补除 对于前期封杀化除后（或冬前未用药田块）田间杂草仍然较多的田块，待杂草出齐后，根据杂草种类和草龄，晚秋选择晴暖天气用药，或早春冷尾暖头（2 月 20 日至 3 月 10 日）施药。

禾本科杂草为主的田块：每 667 m^2 用 15%炔草酯可湿性粉剂 20～30 g 或 69 g/L 精噁唑禾草灵水乳剂 75 mL，对水 30～40 kg，针对杂草茎叶均匀喷雾。

阔叶杂草为主的田块：每 667 m^2 用 58 g/L 双氟·唑嘧胺悬浮剂 10～13.6 mL 或 75%苯磺隆干燥悬浮剂 1.0～1.5 g，也可用 20%氯氟吡氧乙酸乳油 50～60 mL，对水 30～40 kg，针对杂草茎叶喷雾。

禾本科杂草和阔叶杂草混生的田块：每 667 m^2 用 3.6%二磺·甲碘隆水分散粒剂 15～25 g，对水 30～40 kg，针对杂草茎叶喷雾。

（五）冻害防御技术

冻害是由于越冬生态条件超出了冬小麦抗寒能力而引起的，防止冻害的主要措施包括以下几项。

1. 选用抗寒耐冻品种 选用抗寒耐冻品种是防御小麦冻害的根本保证。

2. 合理安排播期和播量 合理安排播期和播量是培育壮苗越冬的前提，防止过早播种和播种量过大造成麦苗早春拔节，难以避过早春的寒潮袭击；或群体过大，个体瘦弱，导致抗寒性下降。

3. 提高整地质量和播种质量 提高整地质量和播种质量，是培育壮苗越冬的基础。

4. 覆土盖泥 开沟理沟时利用沟泥覆土，可以保护分蘖节免受冻害，促进发根和分蘖。

5. 合理施肥 增施基肥，采用配方施肥，做到氮、磷、钾肥配合施用，不偏施氮肥，防止麦苗生长过嫩、过旺，降低植株抗寒能力。

6. 适时镇压 在麦苗拔节前，对群体偏大、生长过旺的田块，应抓住晴天进行镇压，控制地上部分的生长，保护分蘖节和生长锥。镇压的最佳时期为5～7叶期，应做到5叶期轻压，6～7叶期重压，亦可采用多效唑控制旺长。对于已经发生冻害的麦苗，冬前或冬季受冻，可施用壮蘖肥，促使其恢复生长。

（六）小麦苗期常易出现的问题

1. 不出苗或出苗少，出苗不齐 除了种子自身的质量问题外，田间表层土壤水分不足是出苗慢、出苗不齐的主要原因。此外，药剂拌种处理剂量过高，产生药害，也会影响种子发芽。近年来，禁止秸秆焚烧，水稻秸秆全量还田，受耕层浅、表层泥土少、秸秆多、秸秆抛撒不匀及播种深浅不一等因素的影响，稻秸秆还田后麦苗扎根立苗困难，容易出现出苗不齐、基本苗少、分布不匀等现象。

2. 麦苗叶色黄，生长弱 水稻秸秆全量还田，耕深浅，蓬松表土导致大部分小麦播种偏深（除机条播），出土后的幼苗叶片细长，较正常浅耕麦偏长1/3，叶色偏黄，同时幼苗地中茎伸长，长达10 cm左右，已成为幼苗瘦弱的主要原因之一。另外，以下几项也会造成麦苗叶色发黄：不施基、苗肥或施用不足；天气持续干旱，表层土壤水分严重不足；持续阴雨，田间沟系不通畅；农药使用不当。

3. 麦苗叶色深绿，但不生长 多效唑使用过量，或重复喷施。

4. 冻害 苗期冻害分初冬冻害和越冬期冻害。

（1）初冬冻害 即在初冬发生的小麦冻害，一般由骤然强降温引起，因此常称为初冬温度骤降型冻害。11月中下旬至12月中旬，最低气温骤降10℃左右，达－7℃以下，持续2～3 d，小麦的幼苗未经过抗寒性锻炼，抗冻能力较差，极易形成初冬冻害。上海地区一般不会发生。

（2）越冬期冻害 小麦越冬期间（12月下旬至翌年2月中旬）持续低温（多次出现强寒流），一般最低温度达－7～－6℃，甚至更低，持续 2～3 d 即发生叶片冻伤，对正常生长的小麦影响较小；但对播种迟、苗龄小、积累少、仍处在较旺盛生长时期的幼小弱苗和氮肥施用过多、生长嫩绿、早播或旱地尤其是西瓜或蔬菜茬等生长旺盛的麦苗影响较大，造成弱苗叶片干枯和幼苗死亡，旺苗幼穗冻死和叶片干枯。苗期和越冬期叶片发生冻害造成的产量损失小，一般不会超过 5%～10%，可施用苗肥恢复生长；部分主茎和大分蘖冻伤或冻死，不及时追施速效氮肥，减产可达 30%以上。

三、小麦返青至抽穗期田间管理技术

开春后，当日平均气温稳定在 3 ℃以上时，小麦开始返青生长。返青、拔节至孕穗阶段小麦进入根、茎、叶生长最旺盛的时期。这一时期的生长特点是幼穗体积不断增大，茎秆节间急剧伸长，叶面积迅速扩展，是需水需肥最多的时期。小麦的肥料吸收也在这一时期（拔节至孕穗期）达到第二个高峰。因此，管理的重点应围绕拔节肥的施用为中心，以达到壮秆大穗的目的。

（一）施肥技术

上海地区根据小麦高产需肥规律，采用控氮（每 667 m^2 纯氮 16～18 kg）、增磷、补钾的原则，围绕“前期促壮苗，中期保稳长，后期攻大穗大粒”的调控目标，适当减少中期用肥量，增加后期穗肥用量。

1. 早春肥调控技术　早春阶段小麦即将进入生长高峰，施肥技术上应区别苗情进行调控。对于生长差、苗体黄瘦、分蘖不足的田块，在立春至 2 月 20 日尽早施肥，控制单质氮肥施用，防止麦苗生长过嫩造成的早春冻害。肥料以复合肥为主，一般每 667 m^2 施复合肥 10～15 kg，促苗情转化，争取一部分早春分蘖成穗。基肥磷、钾肥施足的田块，可少量使用氮肥，每 667 m^2 7.5 kg（不宜超过 10 kg）。2 月20 日后，严格控制施肥，抑制无效分蘖生长，防止倒伏发生，减轻白粉病病害程度。

2. 拔节孕穗肥施用技术

（1）拔节孕穗肥的作用　追施拔节肥可巩固分蘖成穗，延缓无效分蘖衰亡；促根发生，增强中后期功能叶的光合强度，提高结实粒数，增加粒重；促进基部节间伸长、长粗与充实；满足第二个吸肥高峰的需要。剑叶刚露尖时看苗巧施孕穗肥，可增加冠层叶功能，积累更多的光合产物；促进上部节间伸长、长粗与充实；减少小花退化，提高结实粒数；提高粒重；但施用过多会引起贪青晚熟。

（2）拔节肥孕穗肥的施用原则　根据当地具体情况，灵活掌握，既要防止脱肥早衰，又要防止施肥过头贪青倒伏。对于正常生长的壮苗，可在群体叶色褪淡，群体苗数下降，基部第一节间接近定长（叶龄余数 2.5 左右）时追施拔节肥，有利于培育壮秆大穗，一般每 667 m^2 施尿素和复合肥各 7.5～10 kg。对于拔节时群体过大（惊蛰节气群体茎蘖数 60 万以上）、叶色未正常褪淡的麦田，拔节肥应适当推迟施用或不施，做到叶色不褪不施肥，防止倒伏发生。对于拔节时群体过小、惊蛰节气苗数不足 35 万、脱力、落黄严重的弱苗，适当提早施用拔节肥，每 667 m^2 施复合肥 15 kg。

（3）穗肥（保花肥）的施用方法　具有显著提高小麦穗粒数的效果，正常生长的麦田可在剑叶（最后 1 张叶片）抽出后施用；群体较小，在剑叶抽生前施用；群体较大，剑叶出生末期少施或不施。一般的田块每 667 m^2 施尿素 7.5 kg 左右；群体大、施用时间晚的田块每 667 m^2 施尿素 5 kg。

3. 根外追肥技术

（1）根外追肥的作用　小麦生长后期光合作用的产物主要向籽粒输送，以碳素代谢为主，但仍需要一定的氮素养分维持叶片的光合强度。适当保持和延长叶片的功能期，可以维系小麦籽粒灌浆对养分和水分的需求，提高粒重。同时，磷、钾元素对促进养分转化和运输也起到非常重要的作用。小麦生长后期，根系功能逐渐减弱，穗肥施用少，或小麦出现早衰现象时，采用根外追肥的方式进行调节。根外追肥不会导致贪青晚熟，而且肥料吸收快，利用率高，经济有效。齐穗期喷施，可促进开花结实，提高粒数；灌浆期喷施，可增加粒重。

(2) 根外追肥方法　小麦灌浆初期选用0.2%～0.3%浓度的磷酸二氢钾或1%～2%浓度的尿素，对水50 kg。根据实际需要与防病虫药剂同时喷用。

（二）水分管理技术

拔节孕穗期是小麦一生中需水量最多的时期。上海地区春季雨水偏多，且以稻茬麦为主，因此，春季水分管理以排水降湿为主，降低地下水位，做到“雨前清沟，雨时查沟，雨后理沟”。低洼地区还应控制内河水位，保证沟系畅通。这是养根保叶、防止早衰、预防病害的一项重要技术。

春季是田间杂草的高发期，对重草田，应根据草相在天气回暖、小麦拔节前化学除草，控制杂草危害。拔节后严格控制化除，拔节后化除易发生药害。

（三）春季冻害防御技术

1. 造成春季冻害的原因　小麦拔节后对冻害的抵御能力大大下降，遇0 ℃及以下气温即发生冻害，上海地区3月20日前后出现倒春寒的概率较高，对小麦产量影响较大。冻害来临越迟，对产量影响越大。中后期受冻害，轻者叶尖失绿变黄，重者幼穗死亡。

2. 冻害的分级标准　按照农业部冻害的分级标准分为三级。

(1) 一级冻害　叶片受冻，不及时管理减产一成以上；及时管理，不减产。

(2) 二级冻害　部分主茎和大分蘖冻伤或冻死，不及时管理减产三成以上；及时采取补救措施，减产幅度可降至10%左右。

(3) 三级冻害　主茎、大分蘖和中小分蘖严重冻死，不及时管理减产七成以上；及时采取补救措施，减产幅度可降至

30%～50%。

上海地区3～4月发生的冻害以二、三级为主。

3. 防御技术 春季发生冻害应及时补施恢复肥，减轻冻害损失。恢复肥的追施数量应根据小麦主茎幼穗冻死率确定：主茎幼穗冻死率10%～30%的田块，每667 m^2 追施恢复肥尿素5 kg，每超过10个百分点，每667 m^2 增施尿素2 kg，最多不超过15 kg。

（四）倒伏预防技术

1. 倒伏的概念 小麦倒伏分根倒和茎倒。

（1）根倒 主要是由于土壤耕层浅、播种浅、露根麦或土壤水分过多、根系发育差等原因造成的。

（2）茎倒 是由于氮肥施用过早或施用量过大、氮磷钾肥比例失调、追肥时期不当或播种量大、基本苗过多、群体过大、通风透光条件差导致基部节间过长、机械组织发育不良等因素造成的。

2. 倒伏危害 倒伏是小麦减产的主要原因之一。植株倒伏后，光合率降低，干物质积累少，茎秆折断或弯曲生长，疏导系统破坏或不畅，物质运转受到阻滞，导致粒重下降。倒伏越早越严重，对产量的影响越大。孕穗期倒伏，减产幅度可达50%；籽粒形成期倒伏，减产30%左右；乳熟期倒伏，减产10%～15%；成熟期倒伏，对产量的影响小于5%，但收割难度增加。

3. 防止倒伏的主要措施 选用耐肥、矮秆、抗倒的高产品种，合理控制基本苗数，提高播种和整地质量。在此基础上，科学合理运筹肥料，采取促控措施，培育壮苗，提高小麦的抗倒能力。

（五）病虫害防治技术

上海地区小麦的主要病害是赤霉病和白粉病，主要虫害是蚜虫。

1. 赤霉病防治技术 赤霉病又称为麦穗枯、烂麦头、红麦头，是小麦和大麦的主要病害之一。小麦赤霉病在全世界普遍发生，遍及我国所有麦区，一直是淮河以南及长江中下游麦区发生最严重的病害之一，大流行年份，产量损失可达10%～40%。近年来，黄淮海平原麦区、西北麦区和东北春麦也多次发生大流行，造成很大损失。根据上海地区1954年以来50多年对小麦赤霉病防治资料的统计，仅有2年为自然轻发生，绝大多数年份达到中等偏重程度，约1/5的年份达到大发生程度，因此，赤霉病的防治对于确保小麦高产和提高小麦品质具有十分积极的意义。

赤霉病不仅造成麦类产量的减少，而且也降低了其商品价值，病粒失去种用和工业价值。由于病菌的代谢产物含有毒素，人畜食用后会引起中毒，轻者头昏、呕吐，重者昏迷甚至死亡。因此，粮食部门对于每100粒麦粒中有2粒赤霉病麦粒的小麦不予收购。

小麦开花的适宜温度为18～22℃，低于10℃或高于28℃，其开花数量减少，赤霉病病菌生长发育的最适温度是22～28℃，与小麦花期吻合，如遇雨天，田间湿度达到80%以上，病菌将快速繁殖，并侵染小麦，病菌孢子可在小麦开花后的半个月内通过残存的花药进入籽粒，发生侵害。赤霉病侵害症状以穗腐为主，先在小穗和颖片上出现水渍状褐斑，后逐渐扩展到整个小穗，病小穗枯黄；气候潮湿时，小穗基部或颖片合缝处长出一层粉红色的霉状物（分生孢子），空气干燥时病部和病部以上枯死，形成白穗，不产生霉层，后期病部可产生黑色颗粒（即子囊壳）。

赤霉病的防治应选择耐病品种，并在适当的农艺措施的基础上，做好药剂防治工作。赤霉病的最佳防治期小麦为齐穗至扬花初期，隔7 d左右进行第二次防治。一般每667 m^2 用25%氰烯菌酯悬浮剂100 mL，针对麦穗细雾喷洒。上海地区喷药时期往往阴雨连绵或时晴时雨，必须抢在雨前或雨停间隙露水干后进行喷药。阴雨连绵天气用药，应适当提高喷药浓度，并在药液中混入一定量的助剂，增加黏着力，确保药效。

2. 白粉病防治技术　小麦白粉病是一种世界性病害，各主要产麦国均有发生。该病可侵害小麦植株地上部各器官，但以叶片和叶鞘为主，发病重时颖壳和芒也可受害。发病初期，叶面出现

1～2 mm的白色霉点，后霉点逐渐扩大为近圆形或椭圆形白色霉斑，霉斑表面有一层白粉，后期病部霉层变为白色至浅褐色，上面散生黑色颗粒。病叶早期变黄，后卷曲枯死，重病株常矮缩不能抽穗。

小麦白粉病的防治首先应选用抗病品种，如扬麦 11。药剂防治每 667 m^2 用 20%禾果利或用 15%三唑酮 100 g，选用 20%三唑酮可湿性粉剂 75～100 g 防治则效果更好。

3. 蚜虫防治技术 麦蚜是上海地区小麦穗期的主要虫害，从苗期到乳熟期都可危害。麦蚜在寄主作物的茎、叶及嫩穗上刺吸为害，吸取汁液使叶片出现黄斑或全部枯黄，生长停滞，分蘖减少，籽粒饥瘦或不能结实。对产量影响较大。据调查，在小麦籽粒形成期，蚜虫侵害达到每穗 13 头，小麦实粒数下降 1～1.5 粒/穗，每 667 m^2 产量下降 10～15 kg；乳熟期蚜虫侵害达到每穗 13 头，小麦千粒重下降 1～1.5 g，每 667 m^2 产量下降 10～15 kg。每 667 m^2 可选用 10%醚菊酯悬浮剂 60～80 mL 或 25%吡蚜酮可湿性粉剂 20 g，可与防治赤霉病同时进行。

（六）早衰预防技术

1. 早衰的概念 小麦早衰是指植株不能正常成熟、提早衰亡的现象。早衰会使小麦的灌浆期缩短、粒重下降，造成产量大大降低。

2. 早衰的原因 上海地区小麦早衰的原因主要有 3 个。

（1）缺肥 麦苗出苗至拔节和拔节至孕穗开花两个阶段对氮的吸收量大，占整个生育期的 60%～70%，氮肥偏少，营养生长弱，积累少，转入生殖生长后期，叶片的功能期缩短，灌浆期短，小麦提早衰亡。

（2）根系衰亡 导致根系提前衰亡的主要因素是沟系不通畅，田间长期积水，造成根系生长不良，甚至死亡。小麦抽穗后，生长中心向穗部转移，根、茎、叶基本停止生长，但根系的吸收能力直到小麦乳熟期才基本停止，茎叶制造和贮存的有机养分需要根系吸收的水分向籽粒输送，同时，开花至乳熟期根系尚需吸收10%的氮素和20%左右的磷素供小麦生长的需求，如根系提早衰老，茎、叶制造和贮存的有机养分向籽粒输送会受到一定程度的影响，根系吸收能力的减弱与籽粒灌浆需要的水分以及大量营养元素产生矛盾，导致植株早衰。

（3）病虫危害　小麦生长后期是病虫害的多发期，如果不能及时进行防治或防治不力，易造成小麦病虫大发生，大流行，导致小麦早衰，造成粒重下降。

3. 防止早衰的措施　首先，配套沟系，前中期促进小麦发根，建成强大根群；中后期保证根系活力，防止根系提前衰亡。其次，科学合理施肥，做到氮、磷、钾肥配合施用，适当增加穗肥施用比例。最后，及时选用针对性强的化学药剂适期适时防治病虫。

（七）小麦中后期易出现的问题

1. 高温逼熟　遇高温低湿天气，植株上部叶片早衰，光合产量降低，叶面蒸腾加剧，大量失水，影响物质的形成和运转，灌浆提早结束，麦粒干瘪。小麦籽粒灌浆成熟的适宜温度是20～22℃，大麦籽粒灌浆成熟的适宜温度是16～20℃。若小麦遭遇22℃以上气温、大麦遭遇20℃以上气温，不利于灌浆，超过28℃，灌浆基本停止。小麦成熟期温度高于27℃，持续时间2 d或更长，并伴3～4级以上的偏南风或西南风，下午相对湿度在40%以下；大麦成熟期超过30℃，持续时间4 d以上，即出现高温逼熟现象，小麦叶片、麦芒均早枯，千粒重下降。上海地区小麦高温逼熟现象一般发生在5月中旬。

2. 干热风　是一种高温、低湿并伴有一定风力的农业灾害性天气。其风速在3m/s或以上，气温在30℃或以上，大气相对湿度在30%或以下。干热风一般出现在5月初至6月中旬的少雨、高温天气，此时正值小麦灌浆阶段，植物蒸腾急速增大，往往导致小麦灌浆不足甚至枯萎死亡，减产可达30%以上。

3. 雨后青枯　主要指雨后、成熟前1周左右，阴雨过后天气突然放晴，并伴以30℃以上高温，此时土壤水分较多，根系缺氧，活力下降；地上部蒸腾剧烈，常导致水分失衡，植株正常生理活动受阻，茎叶在叶绿素来不及分解的情况下干枯，引起减产10%～20%。

四、适期收获技术

（一）适时收获技术

小麦收割早晚影响籽粒的产量和品质，收割过早，如蜡熟初期，茎叶中的营养物质仍继续向籽粒输送，粒重仍在增加，种子成熟度不足，粒重低，发芽率不高；收割过迟，由于呼吸消耗，粒重下降断穗，落粒，影响产量。试验表明，蜡熟末期粒重达最大值，此时收获，籽粒的营养品质和加工品质最优。蜡熟末期的长相为植株茎秆全部黄色，叶片枯黄，茎秆尚有弹性，籽粒含水率22%左右，籽粒接近本品种固有的颜色，籽粒较为坚硬。机械收割的小麦在完熟初期为佳，此时植株枯死、变脆，籽粒变硬，呈现品种固有的特征，含水量小于20%；如存在机械紧张、晒场不足、收种季节矛盾突出的地区，收割可提前至蜡熟中期。

（二）穗发芽防御技术

小麦从形态成熟到生理成熟需要一个过程，我们称之为种子的休眠期。小麦种子休眠期较短，在成熟前后遇雨易在田间或是在麦垛里的穗子上发芽，称为穗发芽。穗发芽的小麦不但不适于作种子，也不适于加工，甚至不能食用。一般成熟白皮麦休眠期比较短，红皮麦由于种皮相对较厚休眠期较长。上海地区推广的小麦均为红皮麦品种。但若在成熟前后遇较长的持续阴雨天气，仍易发生穗发芽。防止穗发芽的关键技术首先是选择种皮较厚、不易发生穗发芽的品种；其次是适时播种，保证小麦的成熟期能避开当地的雨季；最后是及时收割入库。

第二节　大麦高产栽培技术要点

一、大麦生产概况

大麦是世界上最古老的作物之一，是世界上第五大耕作谷物，由于其适应性广、抗逆性强，在世界各地栽培。世界谷类作物中，大麦的种植总面积和总产量仅次于小麦、水稻、玉米，居第四位。收获面积较大的国家是俄罗斯、澳大利亚、乌克兰、加拿大、土耳其和西班牙，该 6 国的大麦收获面积占世界大麦收获总面积的 51%以上；世界上大麦总产较高的国家是俄罗斯、加拿大、德国、乌克兰、法国和西班牙，该 6 国的大麦总产占世界大麦总产的 49.4%。

我国大麦种植历史悠久，2011 年全国大麦收获面积为 51.16 万 hm^2，总产 163.71 万 t，单产达 3 200 kg/hm^2。收获面积最大的是江苏、云南、内蒙古 3 省，其合计面积达 30.84 万 hm^2，超过全国大麦收获面积的 60%；总产以江苏省最高，达 71.17 万 t，占全国大麦总产的 40%以上；平均单产最高的是江苏、新疆、上海、四川、浙江等省份，平均单产达 4 375 kg/hm^2，比全国平均水平高 35%以上，其中江苏省单产达 4 870 kg/hm^2，比全国平均水平高 50%以上。

全国大部分省市都有一部分土地用于大麦种植，主要分布在长江中下游、青藏高原以及东南沿海地区，全国大麦划分为三大区域、12 个生态区：即裸大麦区，主要指青藏高原裸大麦区；春大麦区，包括东北平原春大麦区、晋冀北部春大麦区、西北春大麦区、内蒙古高原春大麦区、新疆荒漠春大麦区；冬大麦区，包括黄淮冬大麦区、秦巴山地冬大麦区、长江中下游冬大麦区、四川盆地冬大麦区、西南高原冬大麦区、华南冬大麦区。

上海市郊大麦常年种植面积 1.33 万 hm^2 左右，2014 年夏收达到 1.24 万 hm^2，平均单产在 2002 年跌入 3 653 kg/hm^2 的低谷后，随着栽培水平的提高，近年来达到 3 900～4 200 kg/hm²。

我国栽培的大麦均为普通大麦。普通大麦有 3 个亚种：二棱大麦、中间型大麦和多棱大麦。中国栽培的大多为多棱大麦，其次是二棱大麦，中间型大麦较少。六棱裸粒大麦蛋白质含量较高，一般作为食用；六棱带壳大麦籽粒小，发芽整齐，是制作麦曲的主要原料；四棱裸粒大麦也以食用为主；四棱带壳大麦籽粒大小不均匀，壳厚，发芽不齐，蛋白质含量较高（13%～15%），只能用作饲料；二棱大麦籽粒大且饱满，均匀一致，壳薄发芽整齐，蛋白质含量较低（11%～13%），适宜于酿造啤酒。我国种植的大麦主要用作饲料和酿造工业原料，在藏族聚居区称为青稞裸粒大麦，用作粮食。上海市郊种植的大麦品种均为皮麦（有稃）品种，上海农场系统种植的大麦一般被统一收购，作为酿造啤酒的原料；市郊种植的大麦由于栽培水平不一，大多用作饲料。

二、大麦的生长发育特点

（一）大麦的器官

1. 种子　大麦的籽粒由胚、胚乳、皮层 3 部分构成。其皮层由腹部的内皮和背部的外皮组成，外稃（外皮层）的伸长形成麦芒。籽粒与内稃（内皮层）无法分开的称为皮大麦（有稃大麦，即通常所称的大麦），可分开的称为裸大麦（米麦、元麦或青稞）。

2. 根　种子根比小麦多，可达 5～8 条，当主茎叶片出生至 4～5 叶时，开始发生次生根。根系发育明显差于小麦，生育前期表现发根迟，次生根量少，单株根干重轻。拔节后根系数量更是落后于小麦，根系分布也较浅，分枝少。由于这些不足，所以大麦的吸水吸肥能力弱，耐湿性差。这是大麦易发生根部倒伏的重要原因之一。

3. 茎　大麦地上部伸长节间有 5～6 个，其弹性、韧性较差，抗倒性较差。

4. 叶　大麦的叶比小麦宽、厚且较短，叶色浅淡，含水量较高，叶耳、叶舌比小麦大，出叶速度较小麦快，功能期较小麦短。春性品种出苗至分蘖期，每生长 1 张叶片约需积温 75 ℃。由于叶鞘短，相邻 2 张叶片的出叶表现部分重叠生长。上海种植的大麦品种叶片 11～12 张。大麦根系发育差、吸肥能力弱，播种早的大麦叶片生长快，分蘖多，穗分化早，对养分需求量大，易发生根冠比例失调现象，导致叶片发黄；肥水不足的田块，越冬期叶片发黄现象比小麦严重。

5. 分蘖　大麦分蘖早，分蘖力强，分蘖数多，以 2 级分蘖为主（85％不能成穗），分蘖终止期晚（春性品种二棱大麦终止期在 8 叶期），群体大，无效分蘖多，消耗养分大，田间通风透光条件差，不利于培育壮秆大穗。因此，大麦高产栽培应降低分蘖数，提高分蘖成穗率，实现高产目标。

6. 分蘖与成穗　大麦的分蘖成穗与小麦相同，必须建有自身的根系才能成穗。当叶片达到 4 叶，分蘖生长出根；达到 5 叶后，根系发生量增加，逐渐建成根系群，满足分蘖自身生长的营养需求，这是分蘖成穗的基础。

7. 幼穗分化　二棱期前大麦的幼穗分化与小麦相同，小穗原基分化时与小麦不同，每个穗轴节上着生 3 个并列的小穗原始体，称为三联小穗，每个小穗仅 1 朵小花，以后每个小穗原始体分化颖片，内外稃和雌雄性器官的过程与小麦一致。大麦的幼穗分化可细分为二棱期、颖片分化期、小花原始体分化期、雌雄蕊原始体分化期、药隔形成期和四分体形成期。大麦的幼穗分化早，进度快，一般叶龄达到 1.1～1.5 叶，顶端生长锥开始伸长，3 叶期进入单棱期，4～5 叶期进入二棱期，6～7 叶期进入三联小穗原基分化期，基部第一节间伸长进入雌雄蕊分化期，基部第二节间伸长进入药隔形成期。大麦小穗分化持续时间长，在拔节的同时还继续进行幼穗分化，至孕穗期停止，小穗分化的时间长达 90～100 d，导致同一麦穗上小穗的发育差异很大，往往顶部小穗退化严重（每穗 30％～40％小穗退化中顶部小穗退化占 80％～90％）。小穗退化主要集中在叶龄余数 1.5～2.5 叶的范围内，即抽穗前的 15～20 d。

越冬期是决定大麦有效小穗数的临界期，因此，越冬前和越冬期是有效小穗形成的关键阶段。

8. 开花和籽粒形成 大麦抽穗后很快开花，开花速度主要取决于温度的高低，温度高，开花快；反之，开花慢。大麦开花的最适温度是20～22℃，最高温度28～30℃，最低3～4.5℃。开花授粉期间遇低温、连续阴雨、日照不足等天气影响，开花速度放慢，甚至花药不开裂，产生空瘪粒。大麦开花后7～8 d，麦粒长度增加；开花后10～12 d长度达最大值，胚初步形成，分化完成，具备发芽能力，为籽粒形成期。此后，麦粒的宽度和厚度迅速增加；开花后22 d左右，宽度和厚度达到最大值，麦粒具备外部的籽粒形态。

（二）大麦生长对环境条件的要求

1. 温度 种子发芽的最适温度是20℃；当气温低于10℃，发芽不整齐；温度低于1～2℃，种子不发芽；最高温度为28～30℃。上海市种植的冬大麦品种在最适温度条件下，72 h即能萌发。冬大麦的抗冻性比冬小麦差。

2. 水分 种子吸收水分达自身质量50%时，种子发芽。孕穗至抽穗阶段是大麦的需水临界期，是一生中需水最多的高峰期。生长后期仍需要一定的水分满足籽粒生长发育和灌浆的需求。乳熟期缺水，导致籽粒中停止形成淀粉，啤酒大麦品质下降；生长后期水分过多，籽粒颜色变暗，也会导致品质下降。

3. 肥料 大麦从出苗到分蘖，吸收全部氮、钾元素的50%和磷元素的30%，抽穗期达到全部养分的70%以上。对肥料的吸收数量因品种、气候和栽培技术水平等因素差异较大，一般每生产100 kg大麦需吸收纯氮2.37～3.25 kg、纯磷0.46～2.14 kg、纯钾1.31～2.60 kg。氮、磷、钾肥吸收比例约为$N:P_2O_5:K_2O=3:0.4:0.7$。

（三）大麦栽培技术

1. 种子处理技术

（1）晒种 大麦种子休眠期长，我们种植的大麦是有稃大麦，休眠期比裸大麦长。播种前需要经过晒种处理，才能解除种子的休眠状态，播种后达到出苗整齐、一播全苗的效果。

（2）药剂处理技术　大麦条纹病在上海市发病虽较轻，但发生田块较为普遍，部分种子田也有零星发病势态，可用50%多菌灵可湿性粉剂60 g，加水2 kg喷于20 kg大麦种子上，拌匀后在室内堆闷2～3 h再播种；也可用选用60 g/L戊唑醇悬浮种衣剂进行拌种，方法同小麦消毒方法。对于带有散黑穗病菌的种子采用戊唑醇悬浮种衣剂拌种。

2. 适时早播技术　春性大麦品种达到壮苗指标，从播种至小寒节气需要0 ℃以上有效积温460～580 ℃，即11月15日前播种才能实现冬前壮苗。据陈志伟等（2007—2008年，品种花11）研究，播种期与产量的相关性达到极显著水平，10月28日至11月5日播种可显著提高大麦的有效穗数和实粒数，但千粒重与播期呈负相关。春性大麦品种由于抗寒性较弱，不宜过早播种，防止早春出现冻害。一般以11月1日至15日播种为宜。

3. 合理密植技术　上海种植的大麦品种分蘖力较强，成穗率较高，因此，适当增加播种量、合理密植、提高有效穗数是增加单位面积大麦产量的途径之一。据陈志伟等（2007—2008年，品种花11）研究，提高播种密度有利于提高有效穗数，从而提高单位面积产量，但对实粒数无影响，千粒重表现降低趋势，实收产量表现增加趋势。生产中，一般每667 m^2 播种量12.5 kg，迟播田块每667 m^2 播种量15 kg，保证每667 m^2 基本苗18万～20万株。基本苗过多可能会导致单位面积茎蘖数过多、群体过大，造成倒伏的发生。

4. 科学施肥技术　大麦分蘖发生早，幼穗分化早，生育进程快，叶片功能期短，穗数多，粒数决定期早，因此，培育早发壮苗对于提高单位面积有效穗数和争取大穗意义更为重大。根据大麦的用途不同，应把握不同的肥料运筹技术，才能获得最佳效果。啤酒大麦的品质与产量间存在负相关关系，为了降低蛋白质含量、提高制啤品质，施肥技术上应控制氮肥施用总量，增加前期施肥比例。

施肥技术上把握“施足基肥，早施苗肥，普施腊肥，控制后期肥料”的原则，一般冬前和越冬期肥料的施用比例达到80%以上；后期出现早衰趋势的田块，采用根外追肥的方式，延长功能叶寿命，防止发生早衰。据陈志伟等（2007—2008年，品种花11）研究表明，施肥量能够明显影响蛋白质含量，控制氮肥施用量有助于控制蛋白质含量。而饲料大麦则应增加籽粒中蛋白质含量，提高饲用价值。因此，施肥上应把握“施足基肥，早施苗肥，普施保花肥”的原则，达到穗粒平衡发展、提高籽粒蛋白质含量的目的。

5. 综合防治技术

（1）渍害防治技术　大麦根系发生量少，分布浅，耐湿性差，比小麦更易出现根倒伏和早衰，因此，播种后应尽早配套沟系，做到雨后沟内无明水，防止渍害发生。

（2）草害防除技术　大麦田化学除草与小麦田基本相同，但精噁唑禾草灵水乳剂对大麦苗会产生药害，不能在大麦田中使用。由于大麦生长快、生育进程早，为防止发生药害，一般春季不进行化学除草。尤其是种植啤酒大麦的田块，春季化学除草会影响啤酒大麦的品质。因此，大麦应重视播种阶段的化学除草，对于重草田，在暖尾冷头气温下降至8℃前抓紧补除。

（3）病害防治技术　上海地区大麦的病虫害发生与小麦基本相同，后期以赤霉病为主，可在大麦齐穗期防治1次，同时兼防其他病虫害。

6. 适时收获技术　啤酒大麦以完熟期收获为佳，此时蛋白质含量较低，有利于提高制啤品质；饲用大麦则以蜡熟后期收获最为适宜。

第八章 麦子主栽品种简介

第一节 小麦品种

上海郊区推广种植的小麦品种主要有扬麦 11 号、扬麦 16 号和罗麦 10 号，近 2 年审定的品种有华麦 5 号、华麦 2 号、光明麦 1 号等。

一、扬麦 11 号

审定编号： 苏种审字第 383 号、皖农农函［2007］30 号、沪农品审小麦 2008 第 001 号。

选育单位： 江苏省里下河地区农科所、南京农业大学细胞遗传所。

品种来源： 组合为扬 158/3Y. C/鉴二//扬 85－85，采用滚动回交与分子标记相结合育成的优质、高产、抗病小麦品种。

特征特性： 春性。属中早熟品种，生育期较短，平均为 199 d 左右，熟期比扬麦 158 早 2～3 d。幼苗直立，叶色深绿，株高 95 cm左右，株型略松散，茎秆韧性中等偏强。穗长方形，长芒、白壳；穗大粒多，后期灌浆快，熟相较好。籽粒红色，半角质，籽粒饱满，容重高。抗病性较强。高抗免疫白粉病（含 Pm4a），中抗赤霉病，纹枯病轻，不抗梭条花叶病毒病，但感病株后期恢复快；抗倒性尚好，耐湿，耐高温逼熟，耐寒性好于扬麦 158。

产量表现： 2007—2008 年度上海市品种对比试验，平均每 667 m^2产 374.51 kg，比对照品种扬麦 158 增产 6.81%，增产不显著；2009—2010 年度上海市品种对比试验，平均每 667 m^2 产 365.08 kg，比对照品种扬麦 158 增产 11.38%，增产达显著水平。该品种分蘖力中等，成穗率高，每 667 m^2 29 万穗左右，每穗实粒数 36～38 粒，千粒重 41～44 g。

栽培技术要点：

① 适期播种，优化群体起点。扬麦 11 号品种适期播种范围为 11 月 1 日至 20 日，最佳播期为 11 月 5 日至 15 日。过早播种，易发生冬前拔节，造成冻害。中等以上肥力田块，适期早播，每 667 m^2 基本苗 17 万～18 万株。

② 合理运筹肥料，协调群体生长。在中等地力上栽培，每 667 m^2 产 350 kg 以上，一生每 667 m^2 施纯氮 18 kg 左右，肥料运筹上掌握“前促、中控、后攻”的原则。基苗肥，用氮量约占一生总氮量的 60%，促苗早发，稳壮生长；冬春不宜普施腊肥，控制中期旺长；拔节孕穗肥用量约占一生总氮量的 30%，达到促花、保花、防早衰，攻穗重的目的。为确保其达到优质面条、馒头的品质标准，提高籽粒蛋白质、淀粉含量，后期应适当增加氮肥用量。对生产水平较低的早播黄瘦苗、晚播小弱苗，为促春发，弥补冬季生长不足，应增施蜡肥或早施返青肥。在施好氮肥的同时，基肥和拔节孕穗肥应配合施用磷、钾肥。

③ 防治病虫草害，确保丰产丰收。秋播及早春阶段做好化除工作，控制杂草滋生危害。扬麦 11 号品种高抗白粉病，不需用药防治。赤霉病与纹枯病及穗期蚜虫的防治，应根据病虫测报，及时用药。

适宜区域：适宜于长江中下游麦区推广应用，尤其在白粉病重发地区种植更能发挥其抗病增产作用。

品种权情况：该品种已于 2002 年获得国家植物新品种权保护证书，品种权号：CNA20020140.9。

二、扬麦 16 号

审定编号：苏审麦 2004072、沪农品审小麦 2009 第 002 号。

选育单位：江苏省里下河地区农科所。

品种来源：以扬91F138为母本、扬90－30为父本，杂交育成的春性中熟小麦品种。

特征特性：春性。属中熟品种，全生育期200 d左右，熟期与扬麦158相仿。幼苗半直立，叶片宽长，叶色淡绿；株高87 cm左右，株型偏紧凑，脚底较清爽，长相清秀。穗长方形，大穗大粒，长芒，白壳，红粒，角质。后期灌浆快，熟相好。综合抗性好于扬麦158，中抗赤霉病、白粉病、纹枯病。抗倒性与扬麦158相仿，中感梭条花叶病毒病。耐肥抗倒性一般。

产量表现：2007—2008年度上海市品种对比试验，平均每667 m^2产405.89 kg，居参试品种首位，比对照扬麦158增产15.75％，增产达显著水平；2008—2009年度上海市品种对比试验，平均每667 m^2产383.50 kg，比对照扬麦158增产7.33％，增产达极显著水平。分蘖力中等，每667 m^2 28万穗左右，每穗38粒左右，千粒重42 g左右。

栽培技术要点：

① 适期播种，优化群体起点。在江苏淮南麦区适期播种范围为11月1日至15日为宜，过早播种，易发生冬前拔节，造成冻害。中等以上肥力田块，适期早播，每667 m^2 基本苗17万株左右；缺肥田，迟播，单位面积基本苗相应增加。

② 合理运筹肥料，协调群体生长。在中等地力上栽培，每667 m^2产400 kg以上，一般每667 m^2 需施纯氮16 kg，在肥料运筹上掌握“前促、中控、后攻”的原则。基苗肥，用氮量约占一生总氮量的50％，促苗早发，稳壮生长，冬春不宜普施腊肥，控制中期旺长；拔节孕穗肥用量约占一生总氮量的40％，达到促花、保花、防早衰、攻穗重的目的。为确保其达到优质面条、馒头的品质标准，提高籽粒蛋白质、面筋含量，后期应适当增加氮肥的用量，多雨寡照年份在孕穗期至开花期喷施特定的生长调节物质，克服品质的下降。对生产水平较低的早播黄瘦苗、晚播小弱苗，为促春发弥补冬长不足，应增用腊肥或早施返青肥。并注意磷、钾肥的配合

使用。

③ 防治病虫草害。秋播及早春阶段做好化除工作，控制杂草滋生危害。麦田中后期加强对白粉病、赤霉病、纹枯病及蚜虫等的防治，应根据病虫测报，及时用药。

适宜区域：适宜于长江中下游麦区推广应用。

品种权情况：该品种已于2005年获得国家植物新品种权保护证书，品种权号：CNA001214E。

三、罗麦10号

审定编号：沪农品审小麦2009第001号。

选育单位：宝山生物技术中心。

品种来源：以557品系作母本、罗麦8号品系作父本，配组杂交育成的春性中熟小麦品种。

特征特性：春性。生育期偏长，全生育期202～206 d。幼苗直立，叶色中绿；矮秆粗壮，株型紧凑，茎秆坚韧；分蘖较强，成穗率中等，穗呈纺锤形，长芒白壳，穗大粒多，籽粒长圆形，红皮角质；生长清秀，后期青秆活熟。中抗赤霉病、白粉病、纹枯病。耐肥抗倒，抗倒性极强。抗穗发芽能力强。

产量表现：2006—2007年度上海市宝山区品比试验，每667 m^2产435.30 kg，比对照扬麦10号每667 m^2增产18.00 kg，增4.3%；2007—2008年度上海市宝山区品比试验，每667 m^2产488.30 kg，比对照扬麦10号增产38.80 kg，增8.62%；2008—2009年度上海市品种对比试验平均每667 m^2产370.29 kg，比对照品种扬麦158增产3.63%，增产不显著。每667 m^2有效穗27万左右，每穗实粒数40粒左右，千粒重46 g左右。

栽培技术要点：

① 适时播种，适量用种。该品系属春性品种，分蘖成穗率一般，应适当早播，争取冬前分蘖。一般11月上旬播种，11月中旬齐苗，至12月底达到5叶带2蘖的壮苗指标。根据该品种大穗大

粒的特点，必须走“小群体、壮个体、高积累”的栽培途径。在适宜播期内，稻板茬每 667 m^2 用种量 9～10 kg，控制基本苗，每 667 m^2 16 万～17 万株，发挥个体产量潜力获取高产，高峰苗控制在 45 万～50 万株，成穗 27 万左右的基蘖动态较为理想。

② 科学用肥。每 667 m^2 产 400 kg 的产量水平，每 667 m^2 需纯氮 18～20 kg，氮、磷、钾比例为 1∶0.4∶0.4。该品种对磷极敏感，应重视磷肥施用。根据上海地区小麦全生育期较短的生态条件，采取“两头重、中间控”的施肥运筹策略，前促早发，中控稳长，后攻大穗，达到优化群体结构的效果，前、中、后三者之比以 6∶1∶3 为好。越冬期镇压一次。

③ 注重植保，综合防治。根据上海地区的气候特点，做好渍、病、虫、草的防治。播种时“三沟”配套，冬春季节清沟，降低水位，促根系发育，降低病虫害基数。做好化学除草，2 叶 1 心期化学除草，拔节期前对杂草基数高的田块，进行补除。做好病虫害的防治工作。根据本地区主要病虫害的特点，一般年份在孕穗期防治白粉病，抽穗扬花期分别防治一次赤霉病，灌浆期防治黏虫和蚜虫。

适宜区域：上海及周边麦区推广应用。

四、华麦 5 号

审定编号：沪农品审小麦 2012 第 001 号。

选育单位：江苏省大华种业集团有限公司。

品种来源：以扬麦 158 为母本、PH82－2－2 为父本，经杂交选育而成的中熟中筋小麦品种。

特征特性：春性。生育期中等，全生育期与扬麦 11 和扬麦 16 品种相仿，全生育期 200～204 d。春性，幼苗半直立，叶片宽长，叶色淡绿，繁茂性好，春季返青快，起身早，两极分化快，苗脚清爽，一生长相清秀；株型偏松散，株高较矮，85 cm 左右，茎秆较粗壮，弹性好，耐肥抗倒性强；穗多，穗长方形，中等偏长，小穗排列适中；长芒、白壳、红粒，籽粒卵圆形、半硬质、饱满度较好；后期籽粒灌浆速度快，根系活力强不易早衰，穗层厚，结实性好，熟相好。耐赤霉病，感白粉病、纹枯病，高感黄花叶病。经江苏省农业科学院植保所人工接种病菌鉴定，2007—2008 年度和 2008—2009 年度华麦 5 号赤霉病的严重度分别为 1.15 和 1.2。耐肥抗倒性较好；高抗穗发芽。经江苏省农业科学院植保所鉴定，2007—2008 年度和 2008—2009 年度华麦 5 号的穗发芽率和相对发芽指数分别为 1.94 和 0.02、0.00 和 0.00，抗性评价达高抗标准。

产量表现：2011—2012 年度上海市品比试验平均每 667 m^2 产 361.79 kg，居参试品种（系）第一位，比对照扬麦 11 和扬麦 16 分别增产 11.63%和 12.38%，5 个试点全部表现增产，增产均达极显著水平。分蘖力较强，成穗率中等，单位面积有效穗数较多，每穗实粒数多（居参试品种首位），千粒重高，每 667 m^2 有效穗数 30 万左右，每穗实粒数 40 粒左右，千粒重 40 g 左右。

栽培技术要点：

① 适期、适量播种。11 月 1 日至 20 日均可播种。每 667 m^2 播种量 12.5 kg，晚播田、黏壤土及肥力差的田块，应适当增加播量，每 667 m^2 基本苗 17 万株左右，高峰苗 50 万～60 万株，成穗 30 万左右。

② 科学运筹肥水。每 667 m^2 产 400 kg 产量水平全生育期每 667 m^2 施纯氮 16 kg 左右，其中基肥占 40%、壮蘖肥 20%～25%、穗肥 35%～40%，控制腊肥及返青肥，同时配合施用磷、钾肥，后期适当喷施叶面肥，保粒增粒重。田间沟系配套，防止明涝暗渍。

③ 防治病虫草害。冬前及早春及时防除田间杂草，中后期做好赤霉病、白粉病和蚜虫等防治工作。

适宜区域：上海和周边麦区以及淮南麦区推广应用。

品种权情况：该品种已于 2010 年申请国家植物新品种权保护，申请号：20100164.6。

五、光明麦1号

审定编号：沪农品审小麦2013第001号。

选育单位：光明种业有限公司。

品种来源：以繁276为母本、扬麦10号为父本，杂交后经系谱法选育成的中筋小麦新品种。

特征特性：弱春性品种。全生育期207 d左右，比扬麦11晚2～3 d。主茎总叶数11张左右，苗期偏半匍匐生长，叶色深绿，叶片较挺，长度中等，长势好，分蘖性强，生长茁壮，株型比较紧凑，株高90 cm左右，基部节间短，茎秆充实度好，抗倒性较强。综合性状好，锈病、纹枯病、白粉病和赤霉病田间发生较轻。耐低温，抗干热风，熟相好，无早衰现象。无穗发芽，耐湿性好，耐肥。

产量表现：2011—2012年度上海市品比试验平均每667 m^2产342.84 kg，居参试品种（系）第三位，比对照品种扬麦11增产5.79%，增产不显著；2012—2013年度上海市品比试验平均每667 m^2产397.70 kg，居参试品种第二位，比对照扬麦11增产10.82%，增产达极显著水平。分蘖力较强，成穗率中等，每667 m^2有效穗约为28万穗，每穗粒数较多，为38粒左右，千粒重略低，约40 g。

栽培技术要点：

① 适期、适量播种。适播期在10月下旬至11月初，最佳播期为10月22日至11月5日。一般每667 m^2播量8 kg左右，基本苗控制在每667 m^2 8万～10万株，冬前高峰苗数控制在每667 m^2 50万株左右；晚播或肥力水平偏低田块，可适当增加基本苗，以利足穗增产。

② 科学运筹肥水。全生育期每667 m^2施纯氮18 kg，氮、磷、钾比例为1∶0.5∶0.5，高产田块应适当增加磷、钾肥用量。基种肥占40%左右，并注意搭配有机肥和磷、钾肥；早施苗肥促早蘖，

分蘖肥占总肥量的30%左右，拔节孕穗肥，占总肥量25%～30%；倒2叶至剑叶露尖，有脱力倾向时，应及时巧补保花肥。田间沟系配套，防止明涝暗渍。

③ 防治病虫草害。播后及时封草，控制杂草发生，对杂草多发田块适时化除。及时防治病虫害，白粉病、赤霉病轻发地区做好蚜虫和黏虫的防治工作，重发地区应适时防治。

适宜区域：上海和周边麦区推广应用。

六、华麦2号

审定编号：苏审麦200702、沪农品审小麦2013第003号。

选育单位：光明种业有限公司。

品种来源：以95F88为母本、徐麦21为父本杂交配组的中筋小麦品种。

特征特性：春性。生育期较短，全生育期与扬麦11品种相仿，全生育期193 d。幼苗直立，叶片宽长，叶色淡绿。株型较松散，株高85 cm左右，脚底较清爽，长相清秀。长芒，白壳，红粒，纺锤形穗，籽粒半硬、软质。穗短，籽粒排列紧密。田间表现，赤霉病和白粉病发病较对照扬麦11偏重，经江苏省农业科学院植保所人工接种病菌鉴定，中抗赤霉病，感纹枯病，高感梭条花叶病。抗倒性偏弱，高抗穗发芽。

产量表现：2011—2012年度上海市品比试验，平均每667 m^2产361.31 kg，比对照品种扬麦11和扬麦16分别增产11.48%和12.23%，增产均达极显著水平；2012—2013年上海市品种展示，平均每667 m^2产360.11 kg，比对照品种扬麦11增产5.27%。该品种每667 m^2有效穗较多，每667 m^2有效穗32万左右，每穗实粒数37～38粒，千粒重39 g左右。

栽培技术要点：

① 适期适量播种。11月1日至15日播种。每667 m^2基本苗17万株左右，每667 m^2播种量12.5 kg，晚播田、黏壤土及肥力

差的田块，应适当增加播量。

② 科学运筹肥水。全生育期每 667 m^2 施纯氮 16 kg 以上，其中基肥占 40%、壮蘖肥 20%～25%、穗肥 35%～40%，控制腊肥及返青肥，同时配合施用磷、钾肥，后期适当喷施叶面肥，保粒增粒重。田间沟系配套，防止明涝暗渍。

③ 防治病虫草害。冬前及早春及时防除田间杂草，中后期做好赤霉病、白粉病、纹枯病及蚜虫等防治工作。

适宜区域：上海和周边麦区推广应用。

第二节　大麦品种

上海郊区近年推广种植的大麦品种主要有花 11、花 30 和花 22，自 2010 年来认定通过了海花 1 号、空诱啤麦 1 号和空诱啤麦 2 号等品种。

一、花 11

审定编号：沪农品认麦（2006）第 001 号。

选育单位：上海市农业科学院生物技术中心、嘉兴市农科所。

品种来源：以 82164 为母本、秀麦 1 号为父本，以杂交组合的 F_1 代小孢子进行离体培养培育出的二棱皮大麦品种。

特征特性：春性。成熟期早，全生育期 185 d 左右。叶片细卷，呈半螺旋状卷曲，叶色深绿，叶片上举，叶舌、叶耳淡黄；株型紧凑，矮秆，株高 82 cm 左右；根系发达，次生根多；强蘖多穗，皮薄出苗快，穗层整齐，穗长方形，芒长 10 cm 左右，易脱粒。高抗白粉病、中抗条纹叶枯病，耐大麦黄花叶病，轻度感染网斑病。抗寒性、抗倒性强，耐湿性较强。

产量表现：2001 年浙江省嘉善市新品种比较试验，平均单产比对照品种花 30 增加 11.8%，增产达极显著水平；上海市金山区洙泾良种场生产试验，平均每 667 m^2 产 283.6 kg，比对照品种花

30增产 7.8%；海丰农场生产试验，2004 年平均每 667 m^2 产 382.0 kg，2005 年平均每 667 m^2 产 356.0 kg。该品种分蘖力强、成穗率高，平均每 667 m^2 有效穗 40 万左右，每穗粒数 21～23 粒，千粒重 42～44 g。

栽培技术要点：

① 适期适量播种。11月10日至15日播种，每667 m^2 用种量 12.5 kg，晚播田块适当提高用种量。

② 合理施肥。全生育期每 667 m^2 施纯氮 14～16 kg、磷5 kg、钾6 kg左右，其中氮肥 70%作基肥、30%作二次追肥，磷、钾肥作基肥一次施入。叶龄 5.5 叶期，每667 m^2 施追肥尿素10 kg。叶龄 7 叶，每 667 m^2 补尿素 5 kg，主要补在畦边及三类苗地方，提高分蘖成穗率。

③ 适时防治病虫草害。播后苗前或麦苗 2 叶 1 心期化学除草；田间杂草仍然较多的田块，待杂草出齐后，在晚秋选择晴暖天气用药。齐穗期防治赤霉病和蚜虫。

④ 适期收获。籽粒八成熟时收获，抢在晴天收获。

适宜区域：上海和周边麦区推广应用。

二、花 22

审定编号：沪农品认麦（2006）第002号。

选育单位：上海市农业科学院生物技术中心、嘉兴市农科所。

品种来源：以秀麦 1 号为母本、秀麦 2 号为父本，以杂交组合的 F_2 代花药进行离体培养培育出的二棱皮大麦品种。

特征特性：春性。全生育期 180 d 左右。叶片较宽大，叶色翠绿，茎基和叶耳微紫；矮秆，茎秆粗壮，生长清秀，株高 85 cm 左右，穗长 7.2 cm；分蘖中等偏强，成穗率高，结实率高；麦芒淡紫，灌浆期籽粒上有三条淡紫筋，籽粒椭圆型，皮壳较厚，收获时麦粒麦芒极易脱落。耐大麦黄花叶病，中抗赤霉病、白粉病，田间种植有少量条纹叶枯病发生；耐寒性、耐湿性较强，冻害恢复能力强。

产量表现： 上海市跃进农场生产试验，2005 年平均每 667 m^2 产 472.75 kg，比对照品种 952 增产 15.3%；上海海丰农场生产试验，平均每 667 m^2 产 424.3 kg。该品种大穗大粒，平均每 667 m^2 有效穗 35 万～40 万，每穗粒数 24 粒左右，千粒重 40～44 g。

栽培技术要点：

① 种子处理。因该品种有少量条纹叶枯病发生，播种前应用纹枯净拌种或用纹枯灵浸种。

② 适时播种。最佳播期以 11 月 5 日至 10 日为宜，不宜早播。如果 11 月 15 日以后播种，应适当增加播量，并注意盖好籽，保全苗。

③ 适当增加用种量，保证足够基本苗。花 22 千粒重高，分蘖中等，一般要求每 667 m^2 基本苗 20 万株左右。

④ 科学施肥。施肥遵循“前促、中控、后补”的原则。400 kg产量水平，适宜施肥量折合纯氮为 15 kg 左右，其中基肥占 70%，追肥占 30%；花 22 对磷、钾肥很敏感，必须氮、磷、钾配合施用。

⑤ 防治杂草和病虫害。麦苗 2 叶 1 心期和 5 叶期分两次防除杂草。齐穗期农药防治赤霉病、蚜虫等病虫害。

⑥ 适时收获。5 月上旬，九成麦粒成熟时抢晴天及时收获，因其粒较大，应比千粒重 40 g 左右的品种多晒 1 d 为宜。

适宜区域： 上海和周边麦区推广应用。

三、花 30

审定编号： 沪品审 1999 第 012 号。

选育单位： 上海市农业科学院生物技术中心、嘉兴市农业科学研究所。

品种来源： 以 82－164 为母本、秀麦 1 号为父本，以杂交组合的 F_3 代材料，采用花药培养技术育成的矮秆多穗型二棱皮大麦品种。

特征特性：春性。全生育期174～184 d左右。幼苗直立，叶片短窄，叶色深绿，苗期生长繁茂，发苗快；株高较矮，80 cm左右；分蘖早且快，大小分蘖相当，拔节后两极分化明显，拔节抽穗整齐一致，苗脚清爽，后期灌浆快，熟相好。籽粒饱满，色淡。浙江省抗性鉴定结果：花30品种耐黄花叶病，高抗白粉病，中抗赤霉病，网斑病和条纹叶枯病轻，综合抗病性好。较耐肥抗倒，苗期耐寒性和后期耐湿性较好。

产量表现：1997—1998连续两年参加上海市区试鉴定，平均每667 m^2产229.5 kg和293.7 kg，比对照品种如东7号分别增产1.3％和3.0％；1998年上海市生产试验，平均每667 m^2产253.1 kg，比对照增产9.0％。该品种一般每667 m^2有效穗32万～38万，每穗实粒数22粒，千粒重40～43 g。

栽培技术要点：

① 种子处理。花30品种轻感散黑穗病、条纹病。播前采用药剂处理种子，并在抽穗期及时整株拔除病株。

② 适时播种，合理密植。适宜播期11月7日至15日，该品种分蘖力强，播种量应适当降低，每667 m^2播量10～12.5 kg，基本苗控制在每667 m^2 18万～20万株。

③ 合理施肥。花30较耐肥抗倒，在较高肥力水平下才能取得高产，但因茎秆较细软，要注意控制后期用肥量。施肥原则为“重施基肥，早施苗肥，适施穗肥”。一般每667 m^2施氮肥折合纯氮15～16 kg，分次施用，基肥∶苗肥∶穗肥为6∶1∶3。该品种对钾肥敏感，施钾肥与不施钾肥对产量的影响显著，因此要注重钾肥的使用。

适宜区域：上海和周边麦区推广应用。

四、空诱啤麦2号

审定编号：沪农品认大麦2012第001号。

选育单位：上海市农业科学院生物技术研究所、上海绿剑农业科技有限公司。

品种来源：以秀麦1号为母本、82164为父本，经搭载卫星后选育的二棱皮大麦品种。

特征特性：春性。全生育期185 d左右。叶色深绿，叶片细卷上举，分蘖力强；叶舌、叶耳淡黄色，株型紧凑；茎秆矮壮，株高76 cm左右；成穗率高，结实率高；纺锤形穗，长芒，穗长7.5 cm左右，粒形椭圆，皮色清白，皮壳薄。收获时，麦芒、麦粒易脱落。耐大麦黄花叶病，白粉病、赤霉病抗性较好，有轻微条纹叶枯病。耐寒性较强，冻害恢复力强，耐湿性较强，抗倒性强。

产量表现：上海市跃进农场品比试验平均每667 m^2产340.2 kg，生产试验平均每667 m^2产401.3 kg。该品种为多穗型品种，每667 m^2有效穗40万～45万，每穗实粒数25粒左右，千粒重43 g左右。

栽培技术要点：

① 种子处理防病害。该品种轻度感染条纹病，播种前需注意种子药剂处理。

② 适期、适量播种。在本地区以11月上旬播种为宜，保证每667 m^2基本苗在18万株左右，随播期的延迟适当增加播种量。

③ 合理用肥。施肥原则是“施足基肥，早施苗肥，增施穗肥”。

④ 加强田间管理。开好腰沟、横沟和主排水沟，防止水渍，达到雨停田面干标准。做好田间杂草防治工作，在苗期和灌浆期防治好蚜虫。

⑤ 及时收获入库。蜡熟末期，抢晴好天气及时收获。如遇后期连接阴雨天气，应适当提前收获。

适宜区域：上海和周边麦区推广应用。

五、海花1号

审定编号：沪农品认大麦2010第001号。

选育单位：上海市海丰农场良种发展中心、上海市农业科学院生物技术研究所。

品种来源：以花 30 为母本、99050 为父本，以杂交组合的 F_1 代经花药培养后系统选育的二棱皮大麦品种。

特征特性：春性。苏北种植，全生育期 210 d 左右，比花 11、花 22 迟熟 1 d。株高相对较矮，历年平均 80 cm 左右，基部节间短，茎秆壁厚，弹性好；穗棒形，穗长 7 cm 左右，穗部性状优良，籽粒淡黄色、椭圆形，皮壳薄。田间未见黄花叶病、白粉病和赤霉病发生。

产量表现：自 2006 年起在上海海丰农场试种，4 年小区平均每 667 m^2 产量 484.72 kg，较对照品种单二增产 25.9%，较当地江苏沿海地区主栽品种扬农啤 5 号增产 8.8%，较苏啤 3 号增产 7.5%，较苏啤 4 号增产 3.5%，较花 11 减产 0.9%。2006 年小区平均产量位于 15 个品种（系）中的第四位；2007 年位于 13 个啤酒大麦之首，较对照单二增产 41.4%；2008—2009 年度产量居第六位，较花 11 降产 4.8%，较单二增产 20.4%；2009—2010 年度产量居第六位，较花 11 减产 3.4%，较单二增产 5.8%。属于穗粒并重型的品种，每 667 m^2 有效穗 45 万左右，每穗实粒数约 26.55 粒，千粒重 45 g 左右。

栽培技术要点：

① 适期、适量播种。11 月上旬播种。因其粒大穗重，因此大田播种量要较常规适当减少，保证每 667 m^2 基本苗在 18 万株左右，随播期的延迟，适当增加播种量。

② 合理用肥。增肥是海花 1 号高产的保证。海花 1 号矮秆、根系发达，耐肥性强，施肥时氮、磷、钾肥配套，每 667 m^2 施纯氮 25 kg、过磷酸钙 30 kg，其中氮肥 70%作为基、蘖肥，30%作为二次穗肥，磷肥全部作为基肥一次施入。施肥原则是“施足基肥，早施苗肥，增施穗肥”。具体可根据土壤类型、肥力水平和苗情发展动态适当调整，以达到初期壮苗不猛发、中期促大穗、后期不早衰的高产目标。

③ 加强田间管理。开好腰沟、横沟和主排水沟，清理好田外沟，以降低地下水位，防止水渍，达到雨停田面干标准。做好田间杂草防治工作，播种后 3 d 内采用药剂除草；在苗期和灌浆期防治好蚜虫。

④ 及时收获入库。蜡熟末期，抢晴好天气及时收获。如遇后期连接阴雨天气，应适当提前收获。

适宜区域：上海和周边麦区推广应用。

六、空诱啤麦 1 号

审定编号：沪农品认大麦 2010 第 002 号。

选育单位：上海市农业科学院生物技术研究所。

品种来源：采用花 03－2 品系，经搭载卫星后选育的二棱皮大麦品种。

特征特性：春性。全生育期 180 d 左右。叶色深绿，叶片 11 张，茎秆矮壮，株高 75 cm 左右；分蘖力偏强，成穗率高，结实率高；穗大，穗长 7 cm 左右，穗棒形，粒形椭圆，籽粒淡黄色，皮壳薄；收获时，麦芒、麦粒易脱落。耐大麦黄花叶病，抗白粉病、赤霉病，有轻微条纹叶枯病。耐寒性较强，冻害恢复力强，耐湿性较强。

产量性状：平均每 667 m^2 产 405 kg，比对照花 30 增产 15.7%，达极显著水平。该品种一般每 667 m^2 有效穗 40 万左右，每穗实粒数 25 粒左右，千粒重 42 g 左右。

栽培技术要点：

① 种子处理。该品种轻度感染条纹病，播种前需注意种子药剂处理。

② 适期播种。该品系耐寒性较强，播种期弹性大，但任何品种都有一个最佳播种期，以 10 月底至 11 月初为宜。

③ 适量播种。该品种分蘖力强，成穗率高。每 667 m^2 播种量 10 kg 左右，基本苗掌握在每 667 m^2 15 万～16 万株。

④ 肥料运筹。一般每 667 m^2 施纯氮 20 kg 左右，基蘖肥与拔节孕穗肥以 5∶5 为宜。同时每 667 m^2 配施过磷酸钙 25 kg 左右、氯化钾 10 kg 左右。施好穗肥，提高结实率，增加千粒重。8 叶期前后，每 667 m^2 施尿素 5 kg＋氯化钾 5 kg。该品系叶色浓绿，不要误认为肥料足而减少施用量。

适宜区域：上海和周边麦区推广应用。

第九章 麦子标准化栽培技术规程

一、扬麦系列品种标准化栽培技术规程

（一）适用范围

本规程以近年审定通过的优质小麦品种扬麦 11 号和罗麦 16 号为对象，规定了扬麦 11 号和扬麦 16 号的播种和栽培管理等基本要求。

本规程适用于上海郊区水稻茬和旱地茬浅耕、免耕和套种方式的小麦扬麦 11 号和扬麦 16 号栽培。

（二）产量目标

每 667 m^2 产 400～450 kg。产量结构：每 667 m^2 有效穗 30 万左右，每穗实粒数 38～40 粒，千粒重 40～42 g。

（三）基本要求

1. 生产用种　生产用种必须符合国家规定的种子质量标准，如表 9－1 所示。

表 9－1　麦种质量标准

种子类别	纯度不低于	净度不低于	发芽率不低于	水分不高于
原种	99.9%	99.0%	85.0%	13.0%
大田用种	99.0%			

2. 肥料运筹　一生氮肥施用量折合纯氮 16～18 kg，年前与年

后之比为（6.0～6.5）∶（3.5～4.0）。氮、磷、钾配比1∶（0.3～0.4）∶（0.3～0.4）。

（四）栽培技术

1. 培育壮苗 扬麦系列品种春发势强，分蘖较多，大穗、大粒，抗倒性一般，生育期适中。壮苗标准：小寒节气单株绿叶5叶左右，单株带蘖1～1.5个。

（1）适期播种 11月5日至15日。

（2）适量播种 每667 m^2 用种量稻茬麦10 kg，旱茬麦8 kg左右。均匀播种。每667 m^2 基本苗稻茬15万～18万株，旱茬12万～15万株。

（3）施足基肥 每667 m^2 复合肥30 kg。

（4）配套沟系 浅耕或耕翻播种方式播种时开沟，压板方式播种结束后结合覆土及时开沟，配套沟系，确保田内沟系和外围沟通畅。天旱灌“跑马水”造墒，田湿降湿消除渍害。沟深：竖沟30 cm，当家沟40 cm。

（5）追施苗肥 麦苗2～4叶期，每667 m^2 尿素7.5 kg。

（6）化学除草 田间杂草基数高、草龄大的田块，播前3 d，每667 m^2 用41％草甘膦水剂100 mL，对水50 kg喷雾；杂草基数中等，或草龄较小田块，播后苗前或麦苗2叶1心期，每667 m^2 用50％异丙隆可湿性粉剂150 g，对水50 kg均匀喷雾。前期封杀化除后（或冬前未用药田块）田间杂草仍然较多的田块，待杂草出齐后，于晴暖天气，选择药剂每667 m^2 对水30～40 kg用药。以禾本科杂草为主的田块，每667 m^2 用15％炔草酯可湿性粉剂20～30 g，或69 g/L精噁唑禾草灵水乳剂80～100 mL，或5％唑啉·炔草酯乳油60～80 mL；黑麦草、棒头草、硬草、菵草等禾本科杂草发生重的地区，可选择50 g/L唑啉草酯乳油。以阔叶杂草为主的田块，每667 m^2 用58 g/L双氟·唑嘧胺悬浮剂（麦喜）10～13.6 mL，或75％苯磺隆干燥悬浮剂1.0～1.5 g，也可用20％氯氟吡氧乙酸乳油每667 m^2 50～60 mL；禾本科杂草和阔叶杂草混生的田块，每 667 m^2 用 3.6%二磺·甲碘隆水分散粒剂（阔世玛）15～25 g。

（7）物理、化学调控 播种早、绿叶偏多（大雪节气绿叶达到 5 张以上）田块，12 月中旬至翌年 1 月上旬喷多效唑 50～70 g 或镇压控苗（5 叶期轻压，6、7 叶期重压），防止麦苗蹿长，减轻冻害发生。

（8）防渍抗旱 天旱及时浇水或灌“跑马水”抗旱，但应快灌快排，不留“宿”水；持续降雨，开通清理“脑头沟”，排涝防渍。

2. 重视冬管

（1）施好蜡肥 小寒节气前后看苗施好冬蜡肥，每 667 m^2 复合肥 20 kg 或尿素 5～7.5 kg 保证春前氮肥施用量占一生施用量的 60%左右。

（2）清理沟系 小麦生长期间，经常清理沟系，保持“三沟”（横沟、竖沟、脑头沟）和外围沟畅通，排涝防渍。

3. 春发稳长

（1）巧施春肥 长势差、分蘖少、立春节气总苗数不足 30 万株的麦田，每 667 m^2 追施尿素 7.5 kg。

（2）施足穗肥 已施用春肥的麦田，剑叶露尖至完全抽出施一次穗肥，每 667 m^2 复合肥 10 kg，尿素 5 kg。生长正常麦田，拔节孕穗肥分 2 次施，第一次在基部第一节间定长、叶色正常褪淡时，每 667 m^2 复合肥 10 kg、尿素 5 kg；间隔 7～10 d 施第二次肥料，每 667 m^2 施尿素 5～7.5 kg。播种早、群体偏大的麦田，拔节孕穗肥在剑叶露尖时一次施用，每 667 m^2 尿素 7.5 kg 左右。

4. 防治“四害”

（1）清沟防渍 沟系清理，确保沟系通畅，保证根系活力。

（2）消灭草害 立春节气后，根据草相、草龄，选准药剂，对水 30～40 kg，及时补除杂草。以禾本科杂草为主的田块，每 667 m^2 用 15%炔草酯可湿性粉剂 30～40 g，或 69 g/L 精噁唑禾草灵水乳剂 100～120 mL，或 5%唑啉·炔草酯乳油 80～100 mL；以阔叶杂草为主的田块，每 667 m^2 用 58 g/L 双氟·唑嘧胺悬浮剂

10～13.6 mL；或75%苯磺隆干燥悬浮剂1.0～1.5 g，也可用20%氯氟吡氧乙酸乳油50～60 mL。春季补除杂草应选择冷尾暖头，严禁寒潮来临时用药，以免产生药害。

(3) 防治病虫害　防治赤霉病，小麦齐穗至扬花初期，每667 m^2用25%赤霉清可湿性粉剂100～150 g加25%吡蚜酮可湿性粉剂20 g。防治黏虫每667 m^2用25%氰戊·辛硫磷乳油100 mL或48%毒死蜱乳油100 mL。白粉病发生较重麦田加三唑酮。防治适期遇连续阴雨天气，在防治时添加一定量的黏着剂。

5. 适时收割　收割适期在小麦茎秆全部黄色，尚有弹性；叶片枯黄；籽粒含水率22%左右，且较为坚硬的蜡熟末期。做到颗粒归仓。

二、罗麦系列品种标准化栽培技术规程

（一）适用范围

本规程以近年审定通过的优质小麦品种罗麦8号和罗麦10号为对象，规定了罗麦8号和罗麦10号的播种和栽培管理等基本要求。

本规程适用于上海郊区水稻茬和旱地茬浅耕、免耕和套种方式的小麦罗麦8号和罗麦10号栽培。

（二）产量目标

每667 m^2产400～450 kg。产量结构：每667 m^2有效穗25万左右，每穗实粒数40～42粒，千粒重42～45 g。

（三）基本要求

1. 生产用种　生产用种必须符合国家规定的种子质量标准，如表9-1所示。

2. 肥料运筹　一生纯氮施用量折合纯氮20 kg，年前与年后之比为（6～6.5）∶（3.5～4）。氮、磷、钾配比1∶（0.3～0.4）∶

(0.3～0.4)。

(四) 栽培技术

1. 培育壮苗　罗麦系列品种春发势弱，分蘖较少，大穗、大粒，耐肥抗倒和生育期长。壮苗标准：小寒节气单株绿叶5叶左右，单株带蘖1个左右。

(1) 适期播种　11月上旬。

(2) 适量播种　每667 m^2 用种量稻茬麦10 kg，旱茬麦8 kg左右。均匀播种。每667 m^2 基本苗稻茬15万～18万株，旱茬12万～15万株。

(3) 施足基肥　每667 m^2 复合肥40 kg。

(4) 配套沟系　浅耕或耕翻播种方式播种时开沟，压板方式播种结束后结合覆土及时开沟，配套沟系，确保田内沟系和外围沟通畅。天旱灌“跑马水”造墒，田湿降湿消除渍害。沟深：竖沟30 cm，当家沟40 cm。

(5) 化学除草　田间杂草基数高、草龄大的田块，播前3 d，每667 m^2 用41%草甘膦水剂100 mL，对水50 kg喷雾；杂草基数中等或草龄较小田块，播后苗前或麦苗2叶1心期，每667 m^2 用50%异丙隆可湿性粉剂150 g，对水50 kg均匀喷雾。前期封杀化除后（或冬前未用药田块）田间杂草仍然较多的田块，待杂草出齐后，于晴暖天气，选择药剂每667 m^2 对水30～40 kg用药。以禾本科杂草为主的田块，每667 m^2 用15%炔草酯可湿性粉剂20～30 g，或69 g/L精噁唑禾草灵水乳剂80～100 mL，或5%唑啉·炔草酯乳油60～80 mL；黑麦草、棒头草、硬草、茵草等禾本科杂草发生重的地区，每667 m^2 可选择50 g/L唑啉草酯乳油80～100 mL。以阔叶杂草为主的田块，每667 m^2 用58 g/L双氟·唑嘧胺悬浮剂10～13.6 mL，或75%苯磺隆干燥悬浮剂1.0～1.5 g，也可用20%氯氟吡氧乙酸乳油每667 m^2 50～60 mL；禾本科杂草和阔叶杂草混生的田块，每667 m^2 用3.6%二磺·甲碘隆水分散粒剂15～25 g。

（6）追施苗肥　麦苗 2～4 叶期，每 667 m^2 尿素 7.5～10 kg。

（7）物理、化学调控　播种早，绿叶偏多（大雪节气绿叶达到 5 张以上）田块，12 月中旬至 1 月上旬喷多效唑 50～70 g 或镇压控苗（5 叶期轻压，6、7 叶期重压），防止麦苗蹿长，减轻冻害发生。

（8）防渍抗旱　天旱及时浇水或灌“跑马水”抗旱，但应快灌快排，不留“宿”水；持续降雨，开通清理“脑头沟”，排涝防渍。

2. 重视冬管

（1）施好蜡肥　小寒节气前后看苗施好冬蜡肥，每 667 m^2 复合肥 10 kg、尿素 7.5 kg 或复合肥 25 kg，保证春前氮肥施用量占一生施用量的 60%～65%。

（2）清理沟系　小麦生长期间，经常清理沟系，保持“三沟”（横沟、竖沟、脑头沟）和外围沟畅通，排涝防渍。

3. 春发稳长

（1）巧施春肥　长势差、分蘖少、立春节气总苗数不足 28 万株的麦田，每 667 m^2 追施尿素 7.5 kg。

（2）施足穗肥　已施用春肥麦田，至剑叶露尖至完全抽出施一次穗肥，每 667 m^2 复合肥 10 kg、尿素 5 kg。生长正常麦田，拔节孕穗肥分 2 次施，第一次在基部第一节间定长，叶色正常褪淡时，每 667 m^2 复合肥 15 kg、尿素 5 kg；间隔 7～10 d 再施第二次肥料，每 667 m^2 施尿素 7.5 kg。播种早、群体偏大的麦田，拔节孕穗肥在剑叶露尖时一次施用，每 667 m^2 尿素 7.5 kg 左右。

4. 防治“四害”

（1）清沟防渍　沟系清理，确保沟系通畅，保证根系活力。

（2）消灭草害　立春节气后，根据草相、草龄，选准药剂，对水 30～40 kg，及时补除杂草。以禾本科杂草为主的田块，每 667 m^2 用 15%炔草酯可湿性粉剂 30～40 g，或 69 g/L 精噁唑禾草灵水乳剂 100～120 mL，或 5%唑啉·炔草酯乳油 80～100 mL；以阔叶杂草为主的田块，每 667 m^2 用 58 g/L 双氟·唑嘧胺悬浮剂 10～13.6 mL；或 75%苯磺隆干燥悬浮剂 1.0～1.5 g，也可用 20%

氯氟吡氧乙酸乳油 50～60 mL。春季补除杂草应选择冷尾暖头，严禁寒潮来临时用药，以免产生药害。

（3）防治病虫害　防治赤霉病，小麦齐穗至扬花初期，每 667 m^2用 25%赤霉清可湿性粉剂 100～150 g 加 25%吡蚜酮可湿性粉剂 20 g。防治黏虫每 667 m^2 用 25%氰戊·辛硫磷乳油 100 mL 或 48%毒死蜱乳油 100 mL。白粉病发生较重麦田加三唑酮。防治适期遇连续阴雨天气，在防治时添加“901”黏着剂。

5. 适时收割　收割适期在小麦茎秆全部黄色，尚有弹性；叶片枯黄；籽粒含水率 22%左右，且较为坚硬的蜡熟末期。做到颗粒归仓。

第十章 麦子苗情考查和田间试验记载项目试行标准

一、物候期

1. 播种期 实际播种的日期，以月/日表示（下同）。

2. 出苗期 田间50%以上幼苗第一片真叶露出地表2～3 cm时为出苗期。

3. 分蘖期 田间50%以上植株开始出现分蘖时，为分蘖期。

4. 拔节期 田间50%植株茎基部第一伸长节间露出地面1.5～2 cm，节间长出地面2 cm左右为拔节期。

5. 剑叶期（挑旗期） 田间50%植株剑（旗）叶全部伸出叶鞘时，为剑叶期（挑旗期）。

6. 抽穗期 田间50%植株的麦穗顶部（不含芒）露出叶鞘时为抽穗期。

7. 开花期 田间50%植株麦穗开花的日期。

8. 灌浆期 籽粒开始沉积淀粉的时期，一般时间在开花后10 d左右。

9. 成熟期 大多数麦穗的籽粒变硬，胚乳呈蜡状，籽粒大小及颜色接近品种正常状态，用指甲不易划破记载。

10. 全生育期 从播种到成熟的日期。

二、苗情

分别于大雪、冬至、小寒、大寒、立春、雨水、惊蛰、春分、清明节气考察麦苗的基本苗（仅大雪、冬至节气考察）、总苗数、株高、绿叶、叶龄。

1. 基本苗　麦子齐苗后2～3叶期，采取5点取样法，取有代表性的点，每个点选1 m^2 或0.11 m^2 记录麦苗数，5点平均，折算每667 m^2 麦苗数。

2. 总苗数　在原选取基本苗点的定点框内计算总茎蘖数，折算到667 m^2。

3. 株高　从地面至麦子最长叶叶尖处，以"cm"表示。

4. 绿叶　着生在主茎的绿叶，以"张"表示。

5. 叶龄　着生在主茎的总叶片数，以"叶"表示。

三、抗逆性调查记载

1. 抗寒性　冻害发生3 d后，每块田采用3点取样，每个点连续调查50株植株，分别记载冻害发生情况。

一般冻害：叶片受冻，不及时管理减产一成以上。

中度冻害：部分主茎和大分蘖冻伤或冻死，不及时管理减产三成以上。

严重冻害：主茎、大分蘖和中小分蘖严重冻死，不及时管理减产七成以上。

$$冻害指数=\frac{1\times S_1+2\times S_2+3\times S_3}{调查总株数\times 3}\times 100$$

注：S_1、S_2、S_3 分别为一般冻害、中度冻害和严重冻害的株数。

2. 抗病性　成熟前连续调查50株植株，分别记载发病率和病害指数。

(1) 赤霉病

0级：无病。

Ⅰ级：感病小穗占全部小穗的1/4及以下。

Ⅱ级：感病小穗占全部小穗的1/4～1/2（含1/2）。

Ⅲ级：感病小穗占全部小穗的1/2～3/4（含3/4）。

Ⅳ级：感病小穗占全部小穗的 3/4 以上。

$$赤霉病害指数=\frac{1\times S_1+2\times S_2+3\times S_3+4\times S_4}{调查总株数\times 4}\times 100$$

注：S_1、S_2、S_3、S_4 分别为Ⅰ至Ⅳ级的发生病害株数。

（2）白粉病

0 级：叶片无肉眼可见症状。

Ⅰ级：基部叶片发病。

Ⅱ级：病斑蔓延至中部叶片。

Ⅲ级：病斑蔓延至剑叶。

Ⅳ级：病斑蔓延至穗及芒。

白粉病害指数计算方式同赤霉病。

四、考种和实收产量

1. 株高 从地面至穗的顶端，不连芒，以“cm”表示。

2. 基部第一节间长度 以“cm”表示。

3. 基部第二节间长度 以“cm”表示。

4. 茎粗 茎基部第二节间的最大直径，以“cm”表示。

5. 穗长 从穗颈节至麦穗顶部的长度，以“cm”表示。

6. 每 667 m² 有效穗 麦子成熟前数取有效穗数，方法与要求同基本苗。

7. 穗粒数 随机选取 50 穗混合脱粒，数其总粒数，计算平均每穗粒数。

8. 千粒重 随机取干净的种子 1 kg 左右，混合均匀，用对分法分 2 份，取其中一份数 1 000 粒，再取一份数 1 000 粒，如误差不超过 0.5 g，即以两次平均值作为千粒重，超过 0.5 g，必须重复一次，取 2 个相近的数的平均值称重，折算到 14.5%的标准水分。

9. 理论产量 $理论产量=\frac{每\ 667\ m^2\ 有效穗数\times 每穗实粒数\times 千粒重}{1000}$

10. 实收产量 实际收获产量，折合成每 667 m² 产量。

油菜篇

Youcai pian

第十一章 油菜基础知识

第一节 油菜概述

在我国，油菜是列在水稻、小麦、玉米、大豆之后，是第五大农作物，也是我国的主要油料作物，播种面积约占油料作物总面积的50%左右，总产约占油料总产量的43%左右（仅次于花生），菜油消费量约占植物油消费总量的23%左右。

油菜籽粒中含有丰富的脂肪酸和多种维生素，是很好的食用植物油；其副产品菜籽饼蛋白质含量高达35%以上，营养价值与大豆接近，是优质的动物饲料和人造蛋白来源；同时，油菜还是一种用地和养地结合的作物，在工农业生产中用途极其广泛。

油菜种植遍及全国，其中长江流域是我国油菜的主产区，也是世界上油菜规模最大、分布最为集中的油菜产区，占全国油菜总面积的70%左右。油菜对土壤要求不十分严格，在沙土、黏土、红黄壤土等各种土质上，采用正确的耕作方法和合理的栽培技术，可获得高产。随着人们生活水平的提高、先进科技的广泛应用、尤其是优质杂交油菜新品种的育成和推广以及菜籽饼的综合利用、栽培技术进一步优化与发展，我国油菜生产形成了“南进北移”的发展趋势。油菜生产劳动力成本高且油菜生产效益不高，近年来我国油菜生产面积下降较为显著。必须通过优质良种和高产栽培技术的应用推广，挖掘油菜增产潜力，提高油菜单位面积产量；同时，研究开发和示范应用油菜轻简化栽培技术，降低油菜劳动强度和生产成本，提高油菜生产的比较效益，提高农民种植油菜的积极性。

一、油菜的起源和分类

（一）油菜的起源

十字花科（Cruciferae）植物有许多不同的物种，约有 375 属 3 200种，中国有 96 属，约 411 种，其中芸薹属和萝卜属植物是我国主要蔬菜。一般通常说的油菜属于十字花科芸薹属（*Brassica*），由多个变种组成。

（二）油菜的分类

根据油菜的起源和进化以及形态学和细胞学的相互关系，分为基本种（basic species）和复合种（synthetic species）两大类。按农艺性状分为白菜型、芥菜型和甘蓝型三类，按生产类别分为常规（普通）油菜、杂交油菜和优质油菜。

1. 农艺性状分类

（1）白菜型　白菜型油菜也称为田油菜、小油菜或土油菜，原产于我国，是普通小白菜的一个变种。在我国已有千余年栽培历史，主要分布于长江流域。植株矮，分枝性能强，生育期短，成熟期短，成熟早，耐晚霜冻，耐旱性、抗倒性和抗病性差，产量低。

（2）芥菜型　芥菜型油菜也称为高油菜、苦油菜或辣油菜，是芥菜的变种，我国是原产地之一。主要分布在新疆、云南、四川和贵州等省份。植株高大，分枝性强，生育期中等，大多为中熟品种。耐寒、耐瘠、抗病性强，但产量不高。

（3）甘蓝型　甘蓝型油菜原产于欧洲，是我国长江流域的主要栽培种，目前我国推广的优质品种大多属于这一类型。植株较高，分枝性中等，生育期长，属中晚熟品种，耐寒、耐湿、耐肥及抗霜霉病能力均较强，耐菌核病能力优于白菜型和芥菜型油菜。产量高，稳产性好。

2. 生产上的类别

（1）常规油菜　按常规方法培育的油菜品种，如上海地区在推广优质双低油菜前种植的汇油 50 品种。

（2）杂交油菜　利用两个遗传基础不同的油菜品种或品系配置的第一代杂交种。目前采取的杂交制种技术主要有核质互作的三系杂交油菜、核不育两系杂交油菜、化学杀雄、自交不亲和等，如沪油杂 1 号品种。

（3）优质油菜　按常规育种方法培育的具有优质性状的油菜品种。主要指目前大面积推广种植的双低油菜（低芥酸、低硫苷），包括单低（低芥酸）油菜品种，如上海地区种植的沪油 15、沪油 17 等。

二、油菜生产与分布

（一）世界油菜生产概况

油菜是当今世界上最主要的油料作物之一，种植面积和总产量仅次于大豆，位居第二，在世界油料作物中占有举足轻重的地位。据 2012 年 FAO 粮农年鉴统计，2010 年大豆面积和总产量居世界油料作物的第一位，分别为 1.03 亿 hm^2 和 2.65 亿 t；油菜第二位，面积和总产量分别为 0.32 亿 hm^2 和 0.59 亿 t。

油菜的种植地域分布很广，自北纬 60°至南纬 40°均种植油菜。自 20 世纪 80 年代以来，世界油菜生产发展迅猛，2000 年与 1990 年相比，世界油菜产量增产率达 100.45%，面积增长 57.86%，单产增长 27.02%；2010 年与 2000 年相比，世界油菜产量增长率达 46.97%，面积增长率 18.06%，单产增长率达 24.48%。据 2010 年资料，世界上油菜种植面积最大的国家是中国、印度和加拿大，其次是澳大利亚、法国和德国，这 6 个国家油菜种植面积之和约占世界油菜总面积的 76.07%；总产 3 675 万 t，占 74.58%；单产1 863.9 kg/hm^2。我国油菜的种植面积、总产分别位居世界第一。

世界油菜的迅猛发展主要得益于油菜品种的改良和机械化程度的提高。20 世纪 50 年代，国外科学家发现普通油菜籽加工成的菜油中含有45%左右对人体健康无益的芥酸，制油后的油菜籽饼粕中含有超过100 μmol/g 的硫代葡萄糖苷，不宜用作饲料。为提高食用菜油营养价值和提升菜籽饼粕的饲用价值，国外发达国家相继开展了“双低”油菜育种研究。加拿大是世界上最早的单双低油菜育种国和生产国，1982年已全部实现双低化（除极少的高芥酸品种作工业用途）。60～90年代，加拿大油菜面积由不足30万 hm^2 猛增至500万 hm^2，产量由25万 t 增加至600万～700万 t。短短十几年中世界主产油菜籽的国家，如波兰、法国、瑞典以及澳大利亚等也迅速育成并普及了双低品种。此后，美、英等国也大力发展双低甚至双零的优质油菜。低芥酸油已成为这些国家居民的主要优质食用油，并在食品加工业中广泛利用。迄今，世界上发达国家油菜生产都实现了双低化。

（二）中国油菜生产概况

自2000年以来，我国油菜种植面积已突破733.3万 hm^2，总产量居世界第一位。据FAO粮农年鉴资料，2010年我国油菜种植面积737.3万 hm^2，占世界种植面积的23.29%；总产1 380.2万 t，占22.15%；单产1 775.1 kg/hm^2。

1. 我国油菜生产变迁 中国农业科学院油料作物研究所王汉中撰文（2010），我国的油菜产业经历了三次革命性的飞跃。

（1）甘蓝型油菜替代白菜型油菜的物种变革推动了我国油菜生产的第一次飞跃（1964—1979年） 新中国成立前后，我国长江流域等油菜主产区以白菜型油菜为主，病害重，产量很低。据统计，从1950—1963年的15年间，我国油菜平均单产仅4 27.5 kg/hm^2，平均年种植面积仅172.3 hm^2，总产73.7万 t。甘蓝型油菜由欧洲经日本引进而来，与白菜型油菜相比，产量更高，抗病性更强。在此后的近15年间，我国长江流域等油菜主产区基本完成以甘蓝型油菜替代白菜型油菜的物种更替，实现了油菜生产由低产向中产的第一次飞跃。至1979年，油菜单产、种植面积和总产迅速发展到870.0 kg/hm^2、271.0万 hm^2 和240.2万 t，与1950—1963年15

年间的平均数相比，单产、面积和总产分别增长 103%、60%和 226%，在国际社会对我国实施经济封锁和闭关锁国的情况下为维护国家食用油供给安全做出了重大贡献。

（2）高产抗病甘蓝型油菜品种的应用推动了我国油菜生产的第二次飞跃（1979—2000 年）　菌核病发病严重和品种产量潜力低一度是制约我国油菜单产提高的主要因素。随着波里马不育细胞质的发现与油菜杂种优势利用获得突破，以及以中油 821、秦油 2 号为代表的抗病高产品种的育成和大面积推广应用，推动了我国油菜生产的第二次飞跃，亦使我国油菜抗菌核病育种和杂种优势利用跃居国际领先地位。同时，与抗病高产品种相配套的育苗移栽技术、花而不实和菌核病综合防治技术等也为单产的提高和面积的扩大发挥重要作用。经过近 20 年的努力，至 2000 年全国油菜单产、种植面积和总产分别达到了 1 518.0 kg/hm^2、760.0 万 hm^2 和 1 138.1 万 t，比 1979 年分别增长了 74.5%、171% 和 374%。

（3）双低高产油菜品种的育成普及推动了我国油菜生产的第三次飞跃（2000 至今）　我国传统油菜的品质差，主要表现在油的脂肪酸组成不合理，芥酸含量达 45%左右，不利于人体消化利用与营养健康，且菜饼中含较多的可致毒物质硫苷，使得富含蛋白质的菜籽饼只能作肥料，不能作饲料。虽然我国从 1978 年就开始了优质油菜（低芥酸、低硫苷）育种，但优质与高产、优质与抗病的矛盾严重制约了优质油菜的推广应用。直到 20 世纪末 21 世纪初才有效克服了这两大矛盾，培育出一大批既优质（符合国际双低标准）又高产抗病的油菜新品种，显著促进我国油菜的双低化进程。经过近 10 年的努力，到 2010 年我国油菜的双低率达到 90%以上，与 2000 年相比单产增长了 20%左右，基本实现油菜生产由高产到优质高产、由单纯注重产量向产量与质量并重的第三次飞跃，使传统的劣质高芥酸油变革成了在大宗植物油中营养品质最好的低芥酸菜油，菜饼中的硫苷含量也降到可安全饲用的水平，菜饼也由原来的肥料变革为高价值的高蛋白饲料，菜籽的价值显著提升。

2. 上海市油菜生产的近况

（1）面积和产量水平　油菜是上海市唯一的油料作物，20世纪80年代以来种植面积在6.67万hm^2左右，1992年高峰时达到9.44万hm^2；单产1 950 kg/hm^2左右，高产年份单产可达2 310 kg/hm^2，低产年份仅1 620 kg/hm^2；总产14万～20万t。21世纪初，随着农村劳动力的大量转移和土地流转、规模化种植的迅速发展，劳动强度大、费时费工的油菜生产面积由2000年夏收时的7.00万hm^2锐减至2013年的0.60万hm^2（近3年维持在0.48万～0.73万hm^2），年均递减0.49万hm^2（图11-1）；种植区域也由原来的覆盖全市郊的10个区县缩减为远郊的崇明、金山、青浦、浦东（原南汇）、奉贤等5个区县。由于双低油菜新品种的推广，近10年来年油菜籽平均单产稳定在2 100～2 250 kg/hm^2（图11-2），近3年总产3.2万～3.3万t。

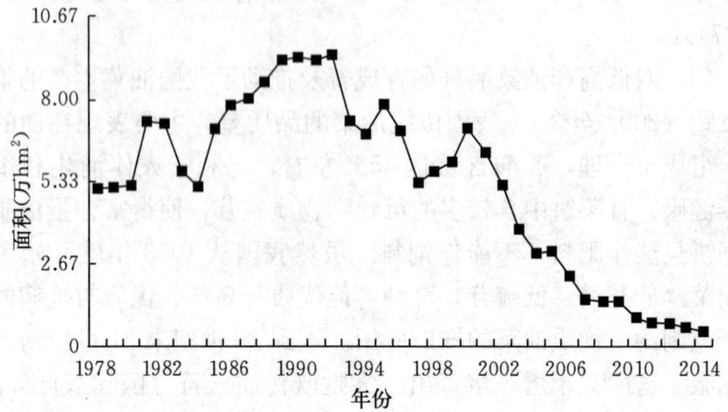

图11-1　1978—2014年上海油菜面积消长变化

（2）油菜育种研究及品种　20世纪80年代初，上海市农业科学院作物研究所与加拿大等国合作，开展单低油菜的育种研究，并于80年代末90年代初育成单低油菜品种申优青。1993年，市郊示范推广面积达6 000余hm^2。由于该年气候异常，加之该品种耐菌核病能力较弱，造成大幅度减产优质油菜推广进入低谷。此后，上海市加强油菜新品种的引育和鉴定工作，至 1997 年筛选鉴定出与常规当家油菜品种产量相当的沪油 12（上海市农业科学院）和中油 220（中国农业科学院油料作物研究所）2 个新品种，在市郊示范试种 433.3 hm²，1998 年扩展到2 226.7hm²；2000 年底筛选鉴定出优质高产，耐病性较强的双低油菜新品种沪油 15。1999 年秋播，上海市以沪油 12 和沪油 15 新品种（系）为主的优质双低油菜示范应用面积共计 6 093.3 万 hm²，占全市总面积的 8.81%；受种子价格影响，双低油菜沪油 15 等品种自育成至推广以来种植比例维持在 50%左右（种植的非双低油菜品种主要为汇油 50），油菜优质化程度位居全国低水平行列。2009 年秋种，上海市通过双低油菜种子补贴政策，全面实现油菜品种的双低化，推广品种以沪油 15 为主，还有少量的沪油 17。2012 年秋种，上海市以抗逆性更优的沪油杂 1 号为主的杂交双低油菜品种和沪油 17 为主的常规双低油菜品种取代了种植长达 10 年之久的沪油 15，奠定了市郊油菜丰年夺高产、灾年保稳产的较高产量水平。

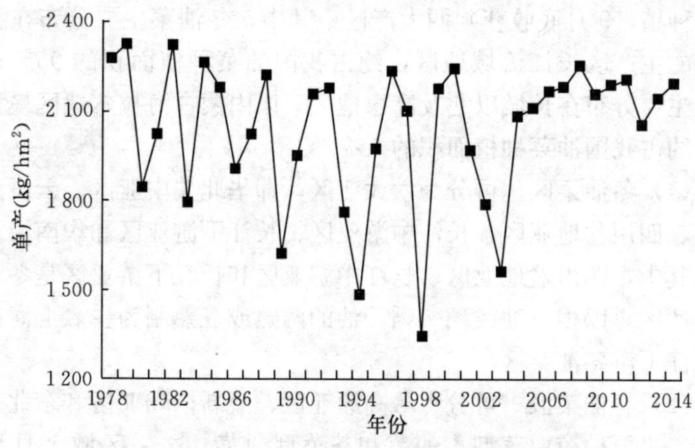

图 11－2　1978—2014 年上海油菜单产变化情况

（3）栽培技术　20 世纪 70～80 年代，推广“冬壮、春发、稳长、活熟”的油菜高产栽培技术及具体生育指标。育秧技术在留足油菜秧田的基础上，提出了“三六一多”（即 6 张平展绿叶、6 寸自然高度、根颈粗 6 mm、须根多）的系统经验；施肥技术上推广了“施足基肥、增施磷肥、早施苗肥、重施腊肥、用好春后追肥”的一整套科学施肥技术。1985 年以后，随着农村产业结构的变化，农业劳动力大量转移，油菜种植方式从原来的以耕翻种植油菜为主，改为以免耕（生板）种植为主。在生产实践中，逐步形成汇油 50 等高产品种、生板移栽、化学除草等配套的高产模式栽培技术，使市郊油菜产量基本保持了稳中有增的态势。21 世纪推广优质油菜以来，经过大量试验研究和示范调查，形成双低油菜保优栽培配套技术，其核心技术是“防杂、冬壮（发）、春稳，轻病，活熟”，通过相对应的集中种植，适期播种，化学调控，培育矮壮秧苗；适期移栽，提高移栽质量，狠抓冬前管理；见薹早施稳施薹肥、狠抓菌核病防治、防渍防涝等综合技术的配套组合应用达到保优栽培、高产稳产的目的。

3. 油菜分布 油菜在我国各地均有种植，按照农业区划和生长特点，可以分为冬油菜（9 月底种植，5 月底收获）和春油菜（4 月底种植，9 月底收获）两大产区。其中，冬油菜主要分布在我国油菜的主产区长江流域地区，约占我国油菜种植面积的 95%；春油菜主要分布在长城以北及高寒地区，以内蒙古海拉尔地区最为集中，约占我国油菜种植面积的 5%。

（1）冬油菜区 可分为六大亚区，即华北关中亚区、云贵高原亚区、四川盆地亚区、长江中游亚区、长江下游亚区和华南沿海亚区。其中，四川盆地亚区、长江中游亚区和长江下游亚区是冬油菜的主产区，以稻—油或稻—稻—油的两熟或三熟制为主。上海市属于长江下游冬油菜区。

（2）春油菜区 可分青藏高原亚区、蒙新内陆亚区和东北平原亚区。主要种植白菜型小油菜和芥菜型油菜。这一区域 1 月平均温度为−20～−10 ℃，降雨少，日照长，且光照强，昼夜温差大，生长季节短，对种子发育有利。由于冬季天气寒冷，一年只能种植一熟。

（三）油菜的利用价值

油菜的主要产品是油和饼粕。此外，它还是蜜源作物、青饲作物等。

1. 菜籽油　油菜种子含油率高，目前种植的品种的含油率多在40%以上，高的甚至可达50%以上。菜籽油是优质的植物油，内含丰富的脂肪酸和多种维生素，尤其是双低菜籽油，油分中芥酸含量极低，不超过5%；饱和脂肪酸仅7%，是普通食用油中最低的；单不饱和脂肪酸中的油酸（C18∶1）含量特别高，具有极高的营养价值。油酸含量及饱和脂肪酸含量高低是衡量食用油脂肪酸组成品质的重要指标。油酸能降低血液内总胆固醇，降低对人体有害的低密度脂蛋白胆固醇含量，不降低对人体有益的高密度脂蛋白胆固醇，减少心血管疾病的发生率。目前双低油菜的油酸含量平均为61%，仅次于橄榄油（75%）和茶油（74%～87%），被誉为中国的橄榄油。食品工业中用于制造人造奶油，不含胆固醇，价格低廉，深受欢迎。

2. 菜籽饼　菜籽的副产品饼粕中，蛋白质含量高，一般可达35%以上，与豆饼相近；氨基酸中赖氨酸、组氨酸和谷氨酸含量接近豆饼；含硫的蛋氨酸高于豆饼；胱氨酸和脯氨酸显著高于豆饼，是优质的精饲料。一般菜饼中含有硫代葡萄糖苷（简称硫苷），其本身虽然无毒，但通过芥子酶的水解作用产生异硫氰酸盐和噁唑烷硫酮等有害物质，若直接用作饲料，会使动物甲状腺肿大，新陈代谢紊乱，甚至死亡。目前，我国培育和推广种植的双低油菜品种，硫苷含量在30 mol/g以下，低的不超过14 mol/g，可直接作为动物的精饲料，大大提高了饼粕的利用价值。常规非双低菜籽饼富含各种营养元素，可作为优质的有机肥料。

3. 蜜源（景观）**作物**　油菜花期长，可达1个月左右，是很好的优质蜜源作物。近年来，各地都纷纷开设了以油菜为主题的景观旅游，既增加了农民收入，又丰富了旅游项目，不会影响油菜收成。

此外，油菜根系能分泌有机酸，可溶解土壤中难溶的磷素，增加有效磷含量，提高磷的利用率，促进后茬作物增产。油菜的根、茎、叶、花、角果等器官含有丰富的氮、磷、钾等元素，开花结角阶段脱落的大量花蕾、叶片以及收获后的根、茎等秸秆还田，可显著提高土壤肥力。因此，油菜是一种用地和养地结合的作物。

第二节　油菜栽培的生物学基础

一、油菜的生长发育

（一）油菜的一生

油菜的一生生长时间较长，上海地区种植的甘蓝型双低油菜全生育期约 230 d，需经历发芽出苗期、苗期、蕾薹期、花期和角果成熟期共 5 个生长发育阶段。

1. 发芽出苗期　指播种至出苗阶段。

2. 苗期　指油菜出苗后子叶平展至现蕾的阶段。可分为苗前期（幼苗期）和苗后期（开盘期）。上海地区一般分为秧苗期和大田苗期。

3. 蕾薹期　指现蕾至初花阶段。

4. 花期　指初花至终花阶段。可分为初花期、盛花期和终花期。

5. 角果成熟期　指终花至籽粒成熟阶段。可分为绿熟期、黄熟期和完熟期。

根据油菜的栽培特点和生长特性，油菜可划分不同的生育时期，即播种期、出苗期、移栽期、五叶期、现蕾期、抽薹期、初花期、盛花期、终花期、成熟期和收获期。

（二）油菜的生长阶段

油菜和所有田间作物一样，一生中有营养生长、营养生长和生殖生长并进以及生殖生长 3 个阶段。

1. 营养生长阶段　上海地区种植的半冬性甘蓝型油菜品种的营养生长阶段指从种子发芽至苗前期（短柄叶出现前），主要生长根、缩茎和长柄叶等营养器官。本地区大面积种植的移栽油菜在这一阶段主要秧田期，5 叶期前油菜体内以氮素代谢为主，生长迅速，是培育壮秧的关键时期。

2. 营养生长与生殖生长并进阶段　指苗后期开始花芽分化（短柄叶开始出生）直至终花期。包括苗后期、蕾薹期和开花期。一方面根、叶继续生长，到蕾薹期薹茎迅速伸长，分枝逐渐生长；另一方面花蕾不断生长，为开花做准备。是营养生长和生殖生长的两旺时期，但营养生长仍占据优势。油菜 5 叶期后进入体内的充实阶段，生长放缓。越冬阶段当日平均气温低于 0 ℃时，地上部分基本停止生长。开春后旬平均温度达 5 ℃时，油菜开始抽薹。蕾薹期油菜生长迅速，对养分的需求最多，施肥不当，易激化营养生长和生殖生长的矛盾。养分过多，营养生长过旺，植株高大，叶片肥厚疯长；养分不足，植株生长瘦弱。两者均导致花、角果、籽粒少，产量低下。双低油菜春性较强，植株高大，长势旺盛，这一矛盾更易激化。协调营养生长和生殖生长的关系，以良好的营养生长（根系发达，叶面积合理，薹粗枝壮）促进正常的生殖生长，达到花多、角多、粒多、籽重、高产的目的。进入开花结角期，分枝不断伸长，大量开花结角，生殖生长逐渐占据优势，营养生长逐渐减弱，直至停止，营养生长和生殖生长的矛盾逐渐趋缓。

3. 生殖生长阶段　指终花后角果发育至种子成熟阶段。这一时期油菜营养生长基本停止，叶片脱落和茎的光合作用显著削弱，根系逐渐走向衰亡。油菜角果发育和籽粒成熟所需的光合养分70%以上来自角果层。提高角果的光合效能、防止早衰是油菜增产的重要途径。

二、油菜的温、光特性

油菜播种出苗到抽薹、开花，直至籽粒成熟的生长过程中，形成了对一定温度和光周期的敏感度，称为油菜的感温性和感光性。一般油菜花芽的出现标志着春化阶段的结束或感光阶段的开始，开花则是光照阶段结束的标志。

1. 感温性 油菜不同品种对低温的感应性不同，根据不同品种的感温特点，可将油菜品种划分为冬性、半冬性和春性3种类型。

（1）冬性型 对低温的要求较为严格，通过春化阶段需要0～5℃的低温30～40 d，开始花芽分化，大多为冬油菜的晚熟或中晚熟品种。

（2）半冬性型 对低温的要求不很严格，介于冬性型和春性型之间。通过春化阶段需要5～15℃的低温20～30 d，即开始花芽分化，大多为冬油菜的中熟或中晚熟品种。大多数甘蓝型油菜的中熟或中晚熟品种，包括上海市郊种植的油菜品种都属于这一类型。

（3）春性型 对低温的要求不严格，通过春化阶段需15～20℃的温度15～20 d，即开始花芽分化，大多为极早熟、早熟、晚熟和部分早中熟油菜品种。

2. 感光性 油菜通过低温春化后，须经历感光阶段才能开花结实。油菜是长日照作物，每天日照时数12～20 h，油菜开花期随日照时数的增加提前；12 h以下，不能正常开花。根据感光性的强弱将油菜分为强感光型和弱感光型。

（1）强感光型 来源于北美加拿大、欧洲北部和我国北部的春油菜均属这种类型，开花前经历的平均日长为16 h，每日日长不低于14 h。

（2）弱感光型 所有的冬油菜和极早熟春油菜均属这一类型。

3. 阶段发育在栽培中的应用 上海地区种植的是半冬性油菜品种，目前全面推广种植的双低油菜，其部分基因来源于国外春油菜区，表现出春性较强的特点，栽培上不宜过早播种，防止过早通过春化阶段，出现早薹早花。

三、油菜器官的建成及功能

（一）种子

1. 种子的形态构造 油菜种子形状为球形或近似球形，由种皮、胚和胚乳遗迹3部分构成。

（1）皮层　包括表皮细胞、亚表皮细胞、栅状细胞层和色素层。种皮的颜色有黄、金黄、淡黄、淡褐、红褐、暗褐和黑等色。在正常成熟的种子中，黄色种子种皮最薄、皮壳率最低、油分和蛋白质含量高、品质优良。

（2）胚　由胚根、胚芽、胚茎和子叶组成，2片子叶占种子比例最大，紧抱幼胚，内含丰富油分。

（3）胚乳遗迹　油菜的种子胚乳退化，仅留一层胚乳细胞组织。

2. 种子的萌发和出苗

（1）吸胀阶段　种子吸收的水分达自身质量的60%时，种子膨大约1倍，即完成了吸胀。

（2）萌动阶段　种子吸足水分后，胚根伸长突破种皮，即进入萌动阶段。

（3）发芽阶段　种子萌动后，幼根深入土壤约2 cm时，根尖露出白色根毛、胚茎向上延长呈弯曲状，即为发芽。

（4）子叶平展阶段　幼茎由弯曲至直立于地面，种皮脱落，子叶逐渐展开直至平展，叶色由淡黄转为绿色，进行光合作用，即为子叶平展阶段，亦称为出苗。此时，油菜由异养阶段进入自养阶段。

3. 影响种子萌发和出苗的条件　影响种子萌发和出苗的主要因素是水分、温度和氧气。

（1）水分　水分是种子萌发的首要条件。油菜种子含油量高，吸收一定量的水分，使种子中的贮藏的油分、蛋白质等营养物质变为可供吸收转化的溶胶。据测定，油菜籽萌发时的最低含水量为48.3%，土壤含水量25%～30%，种子吸收自身干重60%的水分，迅速出苗。播种时遇干旱天气不及时抗旱，出苗期延长，出苗不齐。

（2）温度　温度是种子萌发的主要条件之一。种子萌发过程中，需要酶的催化。酶的活性与温度密切相关，即种子的发芽速度取决于温度的高低。种子发芽的最低温度是3℃，最高温度41℃，最适温度16～20℃。当日平均温度低于5℃，出苗需20 d以上；日平均温度6～8℃，出苗10 d以上；日平均温度12℃左右，7～8 d出苗；日平均温度16～20℃，3～4 d即可出苗。

(3) 氧气　氧气是种子萌发出苗的必要条件。种子萌动过程中呼吸作用明显增强，酶的活动也需要氧气。土壤中氧气不足，种子的呼吸作用受阻碍，酶活性受抑制，种子内部的营养物质转化放缓，出苗速度减慢。严重缺氧，遇持续阴雨等不利气候条件，种子缺氧呼吸，产生有害物质，胚芽丧失发芽能力，严重的甚至烂种。

(二) 根

1. 根的生长　油菜的根为直根系，由主根、支根和细根共同组成。

(1) 主根　主根由胚根发育形成。甘蓝型油菜的主根为肉质根，上部膨大，下部细长，呈圆锥形。种子萌发时出生，主根纵向土壤伸展，一般可达30～50 cm。深耕条件下或干旱地区，主根深入土壤长度可达1 m以上。目前，大面积种植的移栽油菜，秧田取苗时主根折断，入土相对较浅，支、细根较为发达。

(2) 支根和细根　油菜第一片真叶出现，幼根（主根）的两侧生长侧根（支根），随着幼根伸长，侧根数量不断增加，形成直根系；支根上发生许多细根，油菜根颈上发生许多不定根，定根（主根和侧根）和不定根共同建成强大的圆锥形根系。

油菜一生生长中根系的生长分为扎根期、扩根期和衰老期。扎根期的根系生长主要从出苗期至越冬期，根系的纵向生长快于横向扩展。进入越冬期后地下部根系生长快于地上部生长，亦称长根期。扩根期指油菜返青期至盛花期，随着温度升高，根系生长加快，抽薹期达到生长速度的峰值，干重增加约40%；根系向外扩张，盛花期达到扩展的最大值，水平扩展达40～50 cm，是根系活力最强的时期。衰老期指盛花后，根系基本停止生长，主茎下部的叶片逐渐衰老，为根部提供的营养物质减少，根系活力逐渐下降，进入衰老期。

2. 根颈的生长　栽培学将子叶至发生侧根的这段幼茎称为根颈。根颈的生长包括伸长与增粗。伸长期在种子发芽至第一片真叶展开，此后根颈停止伸长，根颈进入增粗期；第一至第三片真叶生长阶段是根颈增粗最快的时期；第五片真叶后，增粗减慢，以内部充实为主。

根颈是油菜冬前养分贮藏的主要器官，根颈粗而直，养分中可溶性营养物质的贮藏多，抗寒性强，有利于油菜安全越冬。4～5叶期位于根颈根端的皮层破裂，产生不定根，根系扩大。5叶期根系是否产生不定根是衡量油菜是否生长健壮的指标之一。

3. 影响根系生长的因素　上海地区种植的油菜以移栽油菜为主，影响根系生长发育的主要因素是土壤湿度和施肥水平等。上海地区地下水位高，遇连阴雨天气，土壤湿度大，主根伸长缓慢，甚至停止生长，发生烂根、死苗。土壤含水量越高、持续时间越长，烂根、死苗率越高。据胡启山（1982）调查，当土壤含水量为34.8%，烂根、死苗率分别为36.6%和29.1%；当土壤含水量达42.8%，烂根、死苗率分别达96.1%和91.0%。反之，土壤含水量较低，根系向纵深伸展，根系发达，活力强。增施肥料，特别是有机肥料，可促进根系发育良好。苗期适施磷肥和硼肥有利于油菜的根系生长；中耕松土、增施有机肥，改善土壤水、肥、气、热状况，促进根系生长。

（三）茎

1. 主茎段的划分　油菜在冬前主茎一般不伸长，各节密集，翌年当旬平均气温达到5℃以上，除基部缩颈段的各节外，伸长茎段的各节间开始伸长。现蕾抽薹后节间明显伸长，至始花伸长基本停止。抽薹时，主茎柔嫩多汁，至盛花期主茎由下而上木质化，茎秆逐渐坚韧。主茎高度可达150～160 cm，高的可达175 cm以上。主茎伸长后可划分为缩茎段、伸长茎段和薹茎段。

（1）缩茎段　位于茎基部，节间短缩、密集，节上着生长柄叶。春油菜一般无明显的缩茎。

（2）伸长茎段　位于主茎中部，节间由下而上依次伸长，棱形逐渐显著，节上着生短柄叶。

（3）薹茎段　位于主茎上部，节间依次缩短，棱形更为显著，节上着生无柄叶。

2. 主茎的生长　油菜的主茎生长分为伸长期、充实期和物质分解转运期。

（1）伸长期　指始薹至始花的20多d，是主茎迅速生长和增粗的时期，薹茎每天伸长约3 cm，最快达5～6 cm。始花后薹茎生长基本停止，花序轴迅速伸长，株高继续增加。

（2）充实期　始花后，茎秆不断充实和贮藏营养物质，干重迅速增加，终花期达到峰值。

（3）物质分解转运期　油菜终花后，茎秆、分枝、花序轴内贮藏的营养物质经水解转运，供角果发育和籽粒充实。

3. 影响茎秆伸长的主要因素　影响油菜缩茎段的主要因素是栽培条件。油菜的缩茎段一般不伸长，但在密度高、秧龄长、肥水充足的条件下，春性偏强的品种较易伸长，形成高脚苗。伸长的缩茎段容易受冻，发生纵向开裂，甚至折断。这是双低油菜容易发生高脚苗的主要原因。

油菜的伸长茎段和薹茎段的生长与栽培因子密切相关。抽薹初期薹茎与叶片生长的高度关系是薹低叶高，表现“缩头”状；薹茎伸长至30 cm时，薹茎与叶片生长的高度处于同一水平线，表现“平头”状；以后薹茎继续伸长，薹茎与短柄叶片生长的高度关系是薹高叶低，表现“冒尖”状。正常健壮生长的油菜，薹高30 cm左右时，薹茎与叶片的“平头”高度时间较长；生长瘦弱的油菜此期则呈“冒尖”状；旺长油菜呈“缩头”状。因此，“平头”高度是油菜春发稳长的重要标志。

（四）分枝

1. 分枝的发生与生长　油菜叶片的叶腋内均生有腋芽，腋芽延伸形成分枝，主茎叶片内发生的分枝为一次分枝，一次分枝叶腋内发生的分枝为二次分枝。以此类推，形成三次分枝，一般三次分枝较少。上海地区种植的油菜主茎一般着生 25 张左右叶片，叶腋内的腋芽仅有 8～10 个发育形成分枝。由于营养供给不足、光照条件差等原因，其他大部分的腋芽自行退化，少部分形成无效分枝。油菜分枝的伸长速度为慢—快—慢。以一次分枝生长为例，开始伸长较慢，始花期进入迅速伸长期，其中下部分枝伸长最快，快速伸长期较长；上部分枝出生迟，停止伸长早。始花期有效分枝和无效分枝向两极分化。主茎的伸长快于分枝，快速伸长比分枝早，持续时间长，一般与上部分枝同时停止生长。

2. 影响分枝生长的条件　农谚有“年前一片叶，年后一个枝；年前多一叶，年后多一枝”的说法，可见植株的营养状况与分枝关系密切。适期早播、早栽的油菜，营养生长期较长，植株体内积累的养分较多，苗体也较为健壮，主茎叶片多，腋芽抽生多，分枝节位低，有效分枝多；反之，分枝部位高，有效分枝少。种植密度低，肥水充足，植株个体的温光条件充裕，营养体生长健壮，下部抽生的腋芽也可发育形成分枝，有效分枝多；反之，种植密度高，个体生长相对较弱，分枝少。此外，肥料对分枝的生长发育也有一定的影响。据江苏农学院（1975）研究，抽薹期（薹高 17～20 cm 时）追肥可显著增加一次分枝数，始花期追肥可显著增加二次分枝数。抽薹期、始花期均追肥，可显著增加一、二次分枝数，其中二次分枝增加尤多。

3. 分枝与产量　油菜分枝的分化、有效花芽的分化在苗期，分枝抽出、胚珠分化形成期在薹期，存在着同伸关系。分枝形成能力弱，角、粒数少。一般位于主茎中部的一次分枝有效角果数最多，其次为上部分枝，下部分枝最少；经济系数上部分枝大，下部分枝小。在密度较高的情况下，过多的分枝和叶片是营养生长过于旺盛的表现，田间生长过于茂密会抑制植株的生殖生长。因此，油菜单株的一次分枝数应控制在一定的范围内。一般南方的秋播油菜以倒 4 叶分枝的产量最高，加上下相对应节位的分枝数，即为适宜的分枝数。秋播油菜 8 个左右一次分枝、春油菜 3～4 个一次分枝为宜。长势强、密度低的田块，分枝节位下移，分枝数相对较多；反之，长势弱，密度高的田块，分枝节位上移，分枝数相对较少。

（五）叶

油菜的叶片有子叶和真叶之分。子叶存在于种子中，含有丰富的营养物质，贮藏有较多的油分和蛋白质。种子发芽出苗时蛋白质和油脂先后相继被消耗。出苗后，子叶的颜色由黄白转为绿色，面积逐渐增大，成为油菜幼苗的主要光合器官，为幼苗生长提供营养物质。至幼苗长出 3～4 片真叶后，子叶逐渐枯萎脱落。子叶平展后 3～4 d 生长出第一片真叶。根据油菜不同发育阶段出生的叶片形态，叶片分为长柄叶、短柄叶和无柄叶。

1. 叶层的形态与功能

（1）长柄叶　着生于缩茎段，也称为缩茎叶。叶片有明显的长叶柄，叶柄基部两侧无叶翅，叶身短小。长柄叶冬前出生，约占总叶片数的 1/2。油菜叶片数变化大，20～40 叶范围内，少的甚至不足 20 叶。长柄叶数量多，短柄叶和无柄叶也相对较多。苗期是长柄叶的主要功能期，虽然其功能至抽薹期基本结束，但对根系的发育、根颈养分的贮藏以及争取分枝、角、粒数和产量具有十分重要的作用和意义。

（2）短柄叶　着生于伸长茎段，故也称为伸长茎叶。叶柄较短，叶柄基部两侧有明显的叶翅。冬后至抽薹前出生，约占总叶片数的 1/4，短柄叶的出生标志着花芽分化的开始和感温阶段的结束。抽薹至初花是短柄叶的主要功能期，至盛花期基本结束。短柄叶虽然功能期较短，但对油菜的产量意义重大，是一组承上启下的叶片。向上促进叶片、分枝的生长，以及花芽分化，对角果和籽粒的生长和发育具有重要作用；向下促进根系的发育和生长。

（3）无柄叶　着生于薹茎段和分枝，故又称为薹茎叶。无叶柄，叶片基部两侧向下方延伸，半抱茎。于抽薹期出生，约占总叶片数的 1/4。其功能期主要在初花后，对粒重影响最大。制造的光合物质输送给本节位分枝，满足角果发育和籽粒充实的需要。

2. 影响叶片生长和功能期的主要因素　影响油菜叶片生长的主要因素是温度。3组叶片中无柄叶的生长快于长柄叶和短柄叶。温度高，叶片生长快。苗期，日平均气温16℃以上，约3 d即可长出1片真叶；10～16℃，4～5 d可长出1片真叶；6～9℃，需7～8 d。此外，充足的肥水条件能促进幼苗叶片的生长。

（六）花

油菜的花是总状无限花序，着生于主茎顶端的称为主花序，着生于分枝顶端的称为分枝花序。油菜的花由花柄、花萼、花冠、雄蕊、雌蕊和蜜腺等部分组成。

1. 花芽分化　油菜的花芽分化主要分为花蕾原始体形成期、花萼形成期、雌雄蕊形成期、花瓣形成期和花药、胚珠形成期等5个时期。

（1）花蕾原始体形成期　生长锥伸长，下部周围出现微小的花蕾原始体突起，即为花蕾原始体形成期。

（2）花萼形成期　花蕾原始体膨大，侧面长出花萼突起，花蕾柄伸长，花蕾膨大，花萼突起随着增长逐渐分开。

（3）雌雄蕊形成期　花萼伸长至顶部包裹分化体，花蕾原始体上重新出现突起，中间的是雌蕊突起，四周是4个雄蕊突起。其中2个相对的雄蕊从顶端纵裂，一分为二，发育为4个长的雄蕊，形成4长2短共6个雄蕊。

（4）花瓣形成期　雌雄蕊突起略伸长，靠近雄蕊突起下方，出现舌状花瓣突起，当雌雄蕊迅速伸长膨大时，花瓣突起伸长。

（5）花药、胚珠形成期　雌蕊子房膨大形成假隔膜，胚珠出生；雄蕊花药和花粉逐渐形成，花瓣、花萼、花柄陆续伸长，分化完成。

2. 油菜开花的特点　油菜开花顺序是主花序先开放，以后依次是第一、第二、第三分枝花序自上而下渐次开放。同一花序，下部花朵先开，渐次向上开放。开花时间在6～19时，一般集中于

7～12时，其中9～11时是花朵开放的高峰期。1朵花开放大约30 h，从花开放到凋谢需3～5 d时间；上海地区花期约25 d。一棵油菜开花的顺序有先后之分，先开放的花朵优先获得养分，瘪粒极少发生；后开放的花朵获得的养分相对较少，瘪粒发生概率相对较高。生产上一是要保证花期养分的充足供给；二是争取花期比较集中，保证养分的均衡供给，提高油菜结实率。

3. 影响油菜开花和花芽分化的主要因素

（1）温度　油菜开花适宜温度12～20 ℃，最适温度14～18 ℃。开花数量与开花当日的温度关系较小，与开花前1 d的温度关系较大，温度高，开花数量多。气温降至10 ℃左右，开花量减少，5 ℃以下，大多不开花；遇0 ℃低温，正在开放的花大量脱落；日平均温度25 ℃左右仍能正常开花；高于30 ℃，虽可正常开花，但结实不良。

（2）水分　开花期是油菜一生中耗水量最大的时期，此阶段干旱少雨，对角果和籽粒的生长发育不利。花期是油菜开花、授粉、受精的关键时期，开花阶段天气晴好，湿度75%～85%，对开花最为有利；此阶段雨水过多，影响角果和籽粒发育。上海地区花期降雨常伴随低温和寡照同时出现，影响油菜授粉，导致阴角率增加、实粒数下降，严重时造成减产。

（七）角果和籽粒

角果由果喙（不脱落的花柱发育形成）、果身和果柄组成。油菜开花后3～4 d，受精子房发育膨大，与花柱和花柄形成角果。

1. 角果和籽粒的生长特点　油菜开花后的前半个月角果的生长快于籽粒胚胎的发育，其中角果长度的伸长快于宽度的增加，开花后17～20 d角果定长，进入干物质迅速积累阶段，22～25 d宽度、厚度长足。籽粒胚胎的发育在受精约5 d后进入发育阶段，约在始花至终花的20 d内形成具有生命力的胚珠，是决定粒数的关键时期。开花后约30 d，籽粒发育完善，进入干物质积累期。

2. 角果层的特点　角果是油菜后期的源、库、流集中于一体的器官。油菜的产量载体和产量来源的一致性，为油菜高产确定了一个明确的目标即角果，主要体现在结角层的质量方面。结角层是油菜角果和果序轴组成的一个群体冠层结构，包含了油菜所有的产量构成因素，也是油菜主攻目标即角果的载体。常以结角层厚度、角果着生密度、整齐度等来衡量。油菜的结角层厚度 50～60 cm。据李凤阳等（2011）研究，油菜角果集中在 10～60 cm，占总果数的 90%，并以 10～30 cm 层内的角果最多，占角果总数的 65%，属于高效结角层。这一层大、中角果比例高，每角粒数多、千粒重高，单位角果皮面积指数高。朱耕如等（1987）通过对冬油菜结角层的整体研究认为，结角层以“华盖”形结构比较合理，油菜一次枝序较长，各枝序结角起止点较高且整齐，有利于提高光合效率。建立良好的角果层结构是油菜提高光合作用、解决“库”“源”矛盾、提高产量的重要方法。

3. 籽粒中油分的形成特点　伴随着角果发育成熟，干物质和油分逐渐积累，种子开始形成。一般油分约占种子的 40%。研究表明，油菜籽粒中的油分有 3 个来源。一是茎叶制造贮存的营养物质；二是茎皮制造的营养物质；三是通过角果皮光合作用制造的营养物质。这些营养物质都需要经过一系列内部生理和生物化学的复杂的物质转化过程，最主要的过程是由碳水化合物转化成单糖，运输到种子，在脂肪酶的作用下形成脂肪，也就是油分。

4. 影响角果和籽粒生长发育的主要因素

（1）温度　油菜角果和种子生长发育的适宜温度是 20～25 ℃，日平均温度低于 15 ℃，种子不能正常成熟；若高于 30 ℃，易导致高温逼熟，影响千粒重提高和含油率的下降。昼夜温差大，有利于籽粒营养物质和油分的积累。

（2）日照　油菜角果和籽粒的生长发育所需营养物质主要来源于光合作用。随着角果的生长发育，油菜后期的光合系统几乎由角果皮取代，籽粒干物质积累中，近 70%的物质来源于角果皮的光合作用，20%来源于叶片和茎秆的光合作用，10%以上来源于茎秆贮存的营养物质。若这一阶段光照不足，油菜千粒重将大大下降，阴角率大幅度增加。

（3）水分　油菜生长后期的适宜田间持水量为60%～80%。天气干旱，田间持水量过低，根部吸收的营养物质和光合作用制造的养分无法正常运转，瘪粒阴角增加、粒重和油分下降；持续阴雨，土壤水分过高，根系活力下降，出现早衰，病害发生严重，粒重下降，影响产量。

此外，油菜的千粒重和含油量还受品种及栽培条件的影响。一般磷肥足的田块，千粒重和含油率高；氮肥施用过多（氮是有机体中蛋白质的组成部分），碳水化合物消耗用于蛋白质形成上，种子中蛋白质含量增加，油分相对减少。病虫危害、叶片受损、土壤过干或过湿、植株提早衰老，光合作用减弱，千粒重和含油量下降。种植在中性和微酸性土壤中的油菜，种子含油量较高，酸性土壤次之，碱性土壤最低。栽培上应注重氮、磷、钾肥的配合施用，控制氮肥投入，注重土壤改良；做好沟系配套和病虫害防治，防止早衰等。

第三节　油菜产量构成

油菜产量由单位面积有效角果数、每角粒数和千粒重构成。这3个因素在油菜的生长过程中依次逐步形成，由于油菜的生长发育过程存在前后互相关联的关系，这些因素与根、颈、叶、薹茎、蕾、花、分枝等器官的生长以及养分的制造、吸收、运转、分配和积累等关系密切。角果数是每角粒数的基础，角果数、每角粒数是千粒重的基础。大面积生产中，每667 m^2 角果数的变幅最大，对油菜产量起关键性作用。据我们对上海市近10年的油菜产量结构统计资料，油菜每667 m^2 角果数的变幅31.07%，每角粒数变幅6.46%，千粒重变幅8.20%。生产上协调好各器官间的生长关系、营养生长与生殖生长关系、个体生长与群体生长关系，在保证群体内温、光、气、水达到最佳的条件下，在力争单位面积角果数最优化的前提下，争取粒数和粒重，实现产量的提高。按照上海市推广的双低油菜品种，达到 200 kg 的产量结构是：每 667 m^2 的有效角果 230 万～250 万角，每角粒数 20～22 粒，千粒重 4 g 左右。

一、角果数

单位面积角数由密度和单株角果数决定，单株角果数由单株主花序角果和分枝角果组成。单位面积角果数有以下几个特点：一是变化幅度很大，不同年际间达 30%以上；二是角数的补偿能力强，油菜的花序具有无限生长的特性，自我调节和补偿能力强；三是角果为“源”“库”结合的矛盾统一体，“源”指角果光合作用的生产能力和输出能力，“库”指角果的容积与积累能力，达到高产必须保持产量容积和产量来源的一致性。

油菜的单株角数形成始于花芽分化，花芽分化期花芽数量不断增加，边分化，边发育，直至始花，一生最多分化 1 000 朵以上的花芽，单株分化的花芽仅 50%左右可以形成有效角果，始花前有效花蕾和无效花蕾向两极分化，进入角果期可基本确定角果数量。一般现蕾抽薹前分化的花芽可形成有效角果，冬季小苗和春季晚发的油菜虽然花芽分化数量也较多，但能形成有效角果的较少。因此，培育壮苗越冬是油菜争取冬前花芽数量、提高有效角果的关键。影响单位面积角果数的因素主要是栽培条件。

1. 种植密度　密度是单位面积角果数的构成因素之一，中等栽培水平条件下，密度过高，群体与个体矛盾突出，不利于个体发育，影响单位面积角果数量；密度过稀，群体不足，仅依靠个体发育获得较多的单位面积角果数量难度较大。

2. 播栽时间　适期播栽可争取冬前有效温光资源，培育壮苗安全越冬。播种过早，虽冬前生长期长，可获得较多的冬前花芽分化数量，但上海地区种植的是半冬性双低油菜品种，春性偏强，对低温的要求不很严格，过早播种冬前通过感温阶段，提前抽薹开花，导致减产；播种过迟，冬前生长期短，无法培育壮苗安全越冬。

3. 养分条件　施用基肥（底肥），早施苗肥，可促进花芽分化。氮肥施用量过多，个体生长过旺，影响生殖生长，花芽分化推迟；施用过少，幼苗生长瘦弱，同样不利于花芽分化。油菜对磷的需求以苗期最为重要，苗期缺磷严重影响花芽分化数量。

4. 水分 花芽分化阶段缺水，植株生长缓慢、花芽分化显著延缓，干旱严重，甚至导致花芽分化停止；水分过多，根系生长不良，根系的呼吸作用受到抑制，同样影响油菜的生长，不利于花芽分化。

5. 温度 适宜的温度有利于油菜幼苗的生长和植株体内的花芽分化。温度高，油菜生长进程过快，花芽分化数量多；温度过低，生育进程迟缓，冬前花芽分化数量减少，将导致有效角果数量的下降。

6. 品种自身的遗传特性 指品种的自身的花芽分化能力和协调群体、个体矛盾的能力，即成角率与角果多少的关系。

二、粒数

油菜的籽粒分化期始于越冬阶段花芽内雌雄蕊分化期到终花后的 20 d 内。其中，始花至终花阶段决定籽粒数量。影响粒数的主要因素是光照、温度、水分和营养状况以及栽培技术等。

1. 光照 油菜种子发育需要充足的光照条件，长日照可促进油菜籽粒的胚胎生长和发育，加速胚胎发育进程。充足的光照可以促使油菜角果合成更多的光合物质，满足籽粒干物质积累的需求；光照不足，影响籽粒的充实和干物质积累，籽粒发育不良，导致空瘪率增加。

2. 温度 油菜籽粒的发育需要 20 ℃以上的温度。温度过高，将导致高温逼熟；温度过低，籽粒不能正常成熟。昼夜温差大，有利于干物质的积累。

3. 土壤水分 水分不足，养分运转和积累受阻，籽粒发育不良，空瘪率增加；水分过多，根系提前衰亡，光合作用也会受到影响。

4. 栽培技术　充足的氮肥，可促进籽粒中蛋白质的合成和积累。适当增加油菜后期营养，如追施叶面肥等，有利于籽粒的形成。生长健壮的油菜一般籽粒胚胎发育良好，成熟后籽粒饱满；瘦弱苗籽粒胚胎发育往往较差，空瘪率多。因此，适期播栽、合理密植、科学施肥等栽培技术对籽粒的生长发育均会产生较大的影响。

5. 品种的遗传特性　品种自身的花蕾数量和固有粒数。

三、千粒重

油菜的粒重形成始于开花受精后，此时子房内胚珠发育长大，粒重不断增加，直至成熟。此阶段角果皮不断生长增大，油菜籽粒的生长发育主要依赖于其光合作用制造的光合产物的充实和积累，这一阶段是粒重的决定阶段。也是油菜籽粒中油分的形成期。影响油菜粒重和油分的主要因素除光照、温度、水分和养分以及栽培技术外，还受倒伏、病虫危害和品种自身遗传特性的影响。

1. 温度　籽粒成熟的最适温度是 16.5 ℃，光合作用的适宜温度是 20～25 ℃。油菜籽粒重量的 70％和油分的 90％决定于成熟前的 25 d 内，较低的温度比较高的温度有利于籽粒的灌浆和干物质的积累以及油分的形成。较低的气温可使籽粒的灌浆时间延长，提高充实度和饱满度；昼夜温差大，有利于营养物质的积累，粒重和含油率可显著提高。但温度过低或过高，导致光合强度不足，或灌浆时间缩短，均影响干物质积累，造成粒重和油分降低。

2. 肥料　油菜在籽粒形成及灌浆期，仍然需要一定数量的氮、磷、钾供应，这是防止油菜早衰、保持角果生长发育、扩大角果皮面积、提高光合效能的重要环节，对增加粒重意义重大。但氮肥使用过多、过晚，则增强氮的合成作用，导致油菜贪青迟熟，粒重下降；氮肥不足，引发早衰，抑制养分的水解作用，造成油菜贪青影响角果皮和茎秆的光合作用，籽粒充实物质减少，粒重也会降低。

3. 倒伏　油菜倒伏后，茎秆的输导组织受损，光合作用制造的养分和根系吸收的水分无法正常输送至结实器官，粒重明显下降。倒伏后角果重叠，大大削弱了角果皮的光合作用，对粒重的增加产生极大的影响。

4. 病虫危害 菌核病和蚜虫等病虫害的发生，均会造成千粒重的下降。

5. 品种的遗传特性 品种自身的千粒重高低及变异幅度。

第四节 油菜的需肥、需水特性

养分和水分是植物生长的基础条件，缺少养分和水分植株无法正常生长，了解和掌握油菜的需肥需水特性，对于科学运筹肥水，提高油菜单位面积产量意义重大。

一、需肥特性

油菜是需肥量较大的作物，按照油菜对各营养元素的需求量，可分为大量元素和微量元素。大量元素包括氮、磷、钾、硫、钙、硅、镁等，微量元素包括铜、硼、锰、锌、铁等。

（一）营养生理特点

油菜与其他作物比，在营养生理上有五大特点。

1. 氮、磷、钾吸收量大 生产同等数量的籽粒产量，对氮、磷、钾的吸收分别是水稻的 2.6、1.4 和 2.6 倍，是小麦的 2.3、1.0 和 2.5 倍。

2. 对硼、磷敏感 土壤速效磷低于 5 mg/L，即表现出明显的缺磷症状。2 叶期是油菜需磷敏感期，此期缺磷，即使以后增施也无法弥补。对土壤有效硼的吸收是其他作物的 5 倍。

3. 对磷矿粉的吸收率高 油菜根系能分泌大量有机酸，使矿物态磷释放，对磷矿粉的吸收是水稻的 30～50 倍。

4. 营养元素向籽粒运转率高 吸收的氮、磷、钾、钙、锰、硅等元素向籽粒运转率高。

5. 具有较高的养分还田率　油菜植株中养分含量高，其主产品油脂是由碳、氢、氧组成，植株的主要营养元素可通过菜饼、落叶、秸秆、角果等返还土壤，被称为“用养结合”的作物。

（二）氮、磷、钾的作用

1. 氮的作用　氮是植株体内蛋白质的组成成分。植株体的新陈代谢必须有酶，没有氮无法形成酶。氮还是叶绿素和部分维生素合成的重要元素。氮是油菜一生中需求量最大的营养元素。缺氮条件下，油菜生长瘦弱，叶片少、叶面积小、叶色黄，表现植株营养不良，分枝发生少、角果少、粒数少、千粒重低，严重影响产量。

2. 磷的作用　磷是形成核蛋白的重要物质，是植株生长发育的重要元素之一；磷可增加细胞质的黏性和弹性，促进根系的发育，增强植株抗逆能力；磷是碳水化合物转化为脂肪中间产物所必需的物质，对种子中脂肪的转化和贮存起到极大的作用，可以提高籽粒含油率。缺磷将导致油菜根系发育不良、角果数和粒重下降，造成减产。油菜对磷的利用率和增产效果以 2 叶期前施磷效果最佳，因此，2 叶期前是油菜磷素营养利用的高效期。缺磷越早，对油菜植株的生长损害越大，真叶期后缺磷，仅能抽薹，不能结实；5 叶期后缺磷，仅能收到极少量种子；10 叶期后缺磷，产量仅为正常产量的 20%～30%。磷对油菜的生长意义重大。

3. 钾的作用　钾可增加碳水化合物的形成和细胞浓度，增强光合效能，提高植株抗寒性；钾还能促进维管束的发育，增强植株的抗病、抗倒能力。钾在油菜植株各个生长时期移动性较大，主要存在于茎秆和角果壳中。油菜对钾的吸收量虽然较大，但在非缺钾地区，施用钾肥对增产意义不大；增施钾肥仅在缺钾田块中表现出较好的增产效应。

（三）微量元素硼的作用

硼元素对油菜生长具有特殊意义。油菜缺硼，根系发育不良，表现为根部肿大、叶片畸形、叶小且厚、叶缘外卷、皱缩脱落、抽薹后生长点萎缩或死亡、胚茎开裂、开花缓慢、花而不实、籽粒饱满度差、成熟时角果呈萝卜角。对产量影响极大，甚至颗粒无收。

（四）油菜吸收氮、磷、钾的特点

1. 吸收量 每生产 100 kg 油菜籽需吸收纯氮 8.8～11.3 kg，P_2O_5 3.0～3.9 kg，K_2O 8.5～10.1 kg。在一定范围内，随着产量水平的提高，油菜吸收肥料数量增加，施肥数量也应相应提高；生产一定量的油菜籽，需要且只需要施用一定量的肥料，过多或过少均对提高产量不利。

2. 吸收高峰 油菜不同的生长时期对氮、磷、钾的需求量不同。双低油菜对氮的吸收能力较弱，同时对氮又非常敏感，越冬前为了迅速扩大营养体，对养分的需求量较大，必须供给充足的肥料，促进油菜壮苗的形成，培育冬壮（发）苗安全越冬；进入越冬期，地上部生长趋于停止，对养分的吸收相对较少；翌年开春后，油菜进入抽薹至开花阶段，随着植株株高、分枝等营养体的迅速扩大，以及花芽分化等生殖生长的孕育，对养分的需求也快速增加，此阶段养分的供给直接决定了产量架子的建成，是养分需求量最大的时期；开花后养分需求逐渐下降，即吸收量与生长量基本保持一致。油菜对氮、磷、钾的吸收有两个高峰：一是苗前期（越冬期前），吸收氮量约占总量的35%，吸收磷、钾分别占总量的45%和50%左右。返青后对氮、磷、钾的吸收量有所增加。二是抽薹至开花阶段，吸收氮量占 50%左右，吸收磷、钾量分别占 40%。角果成熟阶段对氮、磷、钾的吸收分别占 15%、10%和 15%左右。

油菜一生中对磷的吸收以抽薹至开花期为最高，但 2 叶期是油菜需磷肥的临界期，此时肥料不足，将对产量造成极大的影响。油菜缺磷越早对产量的影响越大。

（五）肥料运筹原则

双低油菜的亲本中具有国外春油菜的血统，表现春性偏强，植株高大，易出现营养生长过于旺盛的特点，肥料运筹上应趋利避害，科学掌控。苗期至越冬初期，提供充足的养分，提高幼苗体内氮素含量，促使幼苗多长叶、早发根，培育大壮苗越冬，争取较多临冬绿叶数；越冬阶段虽然养分的吸收减少，但仍应施用一部分有机肥料，促进根系生长和养分积累，为翌年春季早发奠定基础；至抽薹初期追施氮素化肥，满足油菜抽薹期植株迅速生长，及角果生长对肥料的大量需求，可防止肥料施用过晚造成的植株生长过于高大；角果成熟期，油菜对养分的需求量减少，适当控制肥料的使用，防止营养生长过旺抑制生殖生长，开花后仍应保持良好的氮、磷营养，促进光合产物的转化和运转，增加粒重。

根据油菜高产需肥规律，采用控氮（每 667 m^2 纯氮 18～20 kg）、增磷、补硼、钾的施肥技术。据我们针对上海地区种植的沪油系列双低油菜品种的氮、磷、钾肥料配比试验结果表明，氮、磷、钾肥的养分比例为 $N:P_2O_5:K_2O=1:0.5:0.7$。施肥上把握“施足（移栽）底肥，早施苗肥，普施腊肥，早施、重施薹肥，补施花角肥”的施肥原则，围绕“冬壮（发）、春发、稳长、轻病、活熟”的生长目标，适当提前薹肥施用时间，控制后期肥料用量，要求基、苗、薹肥的比例保持在 5：3：2 左右。增施有机肥、BB 肥、复合肥等肥料，提高肥料利用率。

二、需水特性

油菜植株主要由水分构成，不同生育期的植株体内含水量占鲜重的 90%左右，水既是油菜的组成成分，是根部吸收养分和光合作用制造养分的溶剂，还是养分运输的载体，是油菜正常生长发育和获得高产的重要基础。

（一）需水量

每生产 1 kg 油菜籽耗水量为 337～912 kg，一生耗水总量 300～500 mm，相当于 200～300 m^3，其中叶面蒸腾约占总耗水量 60%。油菜各个生育阶段耗水量不同，播种至 5 叶期生长量小，叶片和叶面积少，耗水量相对少；移栽至春发前，苗小，气温低，蒸发量小，耗水量仍然较少；返青后生长加快，需水量增加；至抽薹、开花阶段油菜进入旺盛生长阶段，营养体迅速扩增，温度逐渐上升，蒸腾作用增强，带来耗水量的剧增；花期是油菜的需水临界期，缺水将导致大量花蕾的脱落，开花至角果成熟阶段不仅生长极为旺盛，温度上升，角果皮的光合作用增强，蒸腾量仍然较大；角果成熟后期，随着角果的脱水成熟，蒸腾量和耗水量大大减少。上海地区地势低洼、地下水位高，突出矛盾是土壤持水量过高，少数年份的个别阶段存在表层土壤水分偏低的问题。

1. 播种至出苗阶段　一般要求田间持水量60%～70%。种子萌发阶段消耗的水分虽不多，但对表层土壤的水分有一定的要求。播种出苗阶段表层土壤水分不足，持水量低于60%，出苗推迟，出苗少、出苗不齐；干旱天气，土壤持水量低于70%，种子萌发受阻或不出苗。水分过多，持水量高于80%，易导致烂种烂芽和苗数不足。

2. 出苗至越冬阶段　油菜苗期田间持水量70%～80%较为适宜，持水量低于70%，出现红叶现象，严重的导致出现早花；持水量高于80%，支根和细根的发生和生长受阻，发根量降低，不利于油菜扎根，甚至出现烂根；地上部表现叶片少、叶面积小、叶色发黄。

3. 抽薹阶段　田间持水量70%～80%，有利于油菜的抽薹。低于60%，抽薹速度缓慢，分枝减少；高于80%，植株地上部水发旺长，对油菜根的发生和扩根期根系的生长不利。

4. 开花阶段　是油菜一生中的需水敏感期，是花器与花发育的关键时期，适宜的田间持水量为70%～80%。低于60%，花蕾大量脱落，花序短；高于80%，根系呼吸作用受阻，不利于养分的吸收、运转，对籽粒孕育产生极大影响，且有利于病害发生、发展和蔓延。

5. 角果成熟期　是油菜籽粒灌浆和养分积累的重要时期，田间持水量宜在70%左右。低于60%，不利于角果、籽粒的发育和生长，阴角率增加；高于80%，油菜贪青迟熟，病害加重。

（二）水分管理技术

上海地区地势低洼，雨水较为充沛，油菜生长期间的雨量590 mm左右，雨日82 d左右。其中，雨水、雨日春季最多，其次是花角期，12月雨水相对偏少。油菜的主要问题是解决渍涝危害。开沟排水防止渍害，建成沟沟相通的排水系统，降低地表水、浅层水、地下水的危害，是提高油菜单产水平的重要基础。开沟做到畦沟（竖沟）、当家沟（横沟）、外围沟沟沟相通，要求畦沟深30 cm，当家沟深40 cm，外围沟深60 cm。在油菜一生生长过程中，加强墒沟管理，清理沟系，做到雨止沟内无积水，畦沟（竖沟）、当家沟（横沟）内浅外深呈轻度倾斜状，保证排水通畅。

第十二章 油菜栽培技术

第一节 移栽油菜高产栽培技术

双低油菜具有国外春油菜的血统，春性较强，育苗阶段温度较高生长较快，越冬阶段生长较为缓慢，春后春发势强，植株组织柔嫩，易感菌核病，硫苷含量低，易受蚜虫侵害的品种特点和生长发育特性，结合上海郊区以生板移栽油菜为主的生产条件，借鉴常规油菜高产栽培经验，按照“冬壮（发），春发，稳长，轻病，活熟”的技术要求进行大田管理，实现高产优质的同步发展。

一、育秧技术

培育足量适龄壮秧是移栽油菜高产稳产的基础。农谚有“秧好三分收，秧差一半丢”“矮脚六叶齐、丰收有根基”等，生动说明了培育油菜壮秧的重要性。油菜壮秧形态指标是：苗高 20 cm，绿叶 6 张，根颈粗 0.6 cm，叶面积 300 cm^2。主要特征：秧苗矮壮，叶柄与叶片长度接近 1：1；秧龄 40～45 d；叶片厚，叶色青绿，基部叶片叶缘微紫；根颈粗壮，缩茎节间不伸长；主根发达，支根、细根、幼嫩根多；个体生长健壮，抗逆性强，无病虫害发生。壮秧移栽后活棵早，叶片多，营养体大，光合作用强，积累的光合产物多，为以后的生长发育创造良好的物质基础。

1. 留足苗床 留足秧田是培育壮秧、保证大田种植密度的先决条件。秧田不足，秧苗密度过高，生长拥挤，互相争水、肥、光，形成弱苗或高脚苗，移栽后活棵返青慢，冬不壮春不发，难以夺取高产。壮秧要求：按照 1 hm^2 秧田移栽 5～6 hm^2 大田的比例留足秧田。

2. 苗床基肥施用技术　油菜幼苗“离乳”期很早，为保证幼苗刚出土即能及时得到充足的养分，满足其生长的需求，必须在油菜播种前培肥床土。一般每 667 m^2 苗床施复合肥 25 kg，有条件的地区可施用商品有机肥 150～200 kg。2 叶期是油菜需磷的临界期，2 叶期前施用磷肥，其利用率和增产效果最佳，2 叶期缺磷对油菜中后期的营养、生育及产量影响很大，即使中后期补磷也无法弥补苗期缺磷的损失。针对油菜苗期对磷素的特别需求，在施用单一氮素肥料的同时，每 667 m^2 大田还应施过磷酸钙 25 kg 左右。

3. 适时播种技术　适时播种是培育壮秧的一项重要技术。播种过早，秧田生长期过长，秧苗营养体过大，易形成“高脚苗”，尤其是双低油菜，双低基因大多由国外春油菜品种转育而来，春性较强，播种过早，遇暖冬天气，气温尚未下降即通过春化阶段，诱发早薹早花，抗寒能力降低，影响产量。反之，播种过迟，秧苗生长期短，养分积累不足，形成弱小苗，达不到壮秧的标准。只有适时播种，使油菜抗寒能力最强的花芽分化始期与低温严寒相一致，才能保证油菜安全越冬。

油菜种子发芽的适宜温度是 16～20 ℃，上海地区 9 月下旬至 10 月上旬的日平均气温分别为 22.0 ℃和 20.6 ℃，在此温度条件下出苗仅需 3～5 d，当第一片子叶平展后，3～4 d 即出生一片真叶，以后每生长一片真叶需 6～7 d 时间。据此推算，播种至足龄移栽播种期一般掌握在 9 月 25 日至 10 月 3 日。

严格控制播种量，按畦定量称种下田，每 667 m^2 秧田播量 0.5～0.75 kg，每 667 m^2（大田）播种量 0.1～0.15 kg。播种时做到稀播、匀播，防止播量过大，苗床密度过高发生高脚苗。

4. 苗肥施用技术　油菜幼苗生育阶段中有两个转折期，第一个转折期是出苗期，标志着油菜从母体提供养分进行生命活动的异养阶段，进入依靠光合作用制造养料供幼苗自体生长的自养阶段；第二个转折期是 5 叶期，是苗体内碳氮代谢的转折期。5 叶期前为开叶发棵期，由于温度高，出叶速度快，光合面积迅速扩大，氮素吸收多，是氮代谢的旺盛期。5叶期后为幼苗充实期，植株体内糖含量上升，出叶速度变慢，根颈增粗快，干物质积累明显增加。所以在施足苗床基肥基础上，秧苗期追肥时掌握前促、中控、后补的原则。即3叶期结合定苗追肥，促苗发棵和平衡生长，每667 m^2秧田追施尿素5～7.5 kg；4～5叶期后以控为主，帮助幼苗顺利进入5叶期后的壮苗充实阶段，增强幼苗的碳素代谢能力，增加物质积累，促使幼苗健壮生长。

5. 化学调控技术 多效唑是一种广谱性的植物生长调节剂，对多种作物具有控制纵向生长，促进横向生长的效应。试验结果表明，油菜3～4叶期使用多效唑具有十分显著的矮化株型、增叶壮根作用。具体表现为：叶色转深，叶缘增厚，绿叶和叶面积增加，叶间距缩短，根颈增粗，根系发达，增加秧龄弹性，有效控制株型，防止“高脚苗”发生；移栽后缓苗期短，活棵早，抗逆性强，是培育油菜壮秧，尤其是培育双低油菜壮秧，防止“高脚苗”发生的一项有效技术。

多效唑的使用方法是，油菜幼苗3叶1心期每667 m^2 秧田用15％多效唑可湿性粉剂50 g对水50 kg，叶面喷雾，切忌重复喷洒，天气干旱对水量增至75 kg。多效唑处理的油菜秧苗叶色较深，田间管理上必须防止因叶色深绿忽视肥料的施用。

6. 秧田管理技术

（1）间、定苗技术 油菜秧苗生长过密，容易造成幼苗争水、争温、争光，削弱幼苗长势，发生瘦弱苗或“高脚苗”，因此，齐苗后应进行第一次间苗，长出真叶后第二次间苗，3叶期定苗，每667 m^2 秧田留苗7万～8万株。间、定苗掌握间密留稀、去小留大、去弱留壮、去病留健、去杂留纯的原则，保证每棵秧苗具备一定的生长空间，生长健壮。

（2）虫害防治技术 近年来，油菜秧田期蚜虫危害严重，已成为秧田期的最主要虫害。蚜虫是病毒病的主要传播媒介，防治不理想易造成病毒病的发生。蚜虫防治以农药为主，每667 m^2 选择

25%吡呀酮可湿性粉剂 20 g，对水 40～50 kg 均匀喷雾。发生菜青虫的田块，每 667 m^2 选用 5%甲氨基阿维菌素苯甲酸盐水分散粒剂 15～18 g，或 1%甲氨基阿维菌素苯甲酸盐水分散粒剂 60～80 g，对水 30 kg，均匀喷雾。

（3）栽前准备技术　油菜秧苗移栽前经历拔秧、运苗和移栽 3 个过程，根系和叶片均受到损伤，移栽后根的吸收功能下降，部分叶片萎蔫枯死，生长受到暂时性抑制，我们称为“落难”（缓苗）。为了缩短这一过程，使幼苗移栽后迅速恢复生长，早活棵、早返青，防止幼苗将秧田中的病虫害带入大田，油菜移栽前秧田管理上做到“四带”。一带肥。油菜移栽前 1 周施好以速效氮肥为主的起身肥，增加幼苗体内的氮素水平，缩短缓苗期。二带药。油菜移栽前 1 周喷 1 次起身药，防止将秧田病虫带入大田。三带水。油菜移栽前 1 d 晚上，秧田浇 1 次透水，既有利于拔秧，减少断根，又可减轻栽后的落难程度。四带泥。拔秧时根部多带泥土，保证油菜移栽后尽早活棵。

7. “高脚苗”防御技术

（1）什么是“高脚苗”　“高脚苗”是指油菜的缩茎段在秧苗期节间明显伸长的一种非正常生长现象。

（2）造成“高脚苗”的原因　主要有播种密度过高或秧龄过大 2 个原因。播种过早、气温较高、密度过高或间定苗不及时易引起幼苗互相拥挤，阳光不足，秧苗生长细长，缩茎段加快生长，产生“高脚”现象。双低油菜春性偏强，缩茎段弹性大，在播种过早、气温偏高、肥水充足的情况下，更易导致“高脚苗”的发生。

（3）“高脚苗”的缺点与防御技术　缩茎伸长段大多空心，遇冻害易发生纵裂，甚至折断。移栽后大叶易脱落；缩茎段暴露于地表，遇寒流开裂导致死苗。“高脚苗”缩茎伸长段空心，根系的吸收能力差，仅为壮苗的 40%左右，易导致后期早衰和低产。

防止“高脚苗”的方法是：适时适量播种，控制氮肥施用数量，及时间苗、定苗，适龄壮秧移栽。

二、移栽及苗期田间管理技术

油菜的苗期生长占据油菜一生的50%以上的时间，是油菜为产量奠定基础的关键时期，冬壮的油菜营养生长良好，绿叶较多，叶面积较大，光合作用强，制造养分多；根系发达，吸收能力强，贮存养分多，抗寒能力强，可保证油菜安全越冬，为春季早发稳长奠定物质基础。这一阶段生长的好坏直接关系油菜最终产量的高低。油菜的壮苗指标是，小寒节气绿叶 6 张，根颈粗 1.0 cm，叶面积 500 cm^2 以上。

1. 适时移栽技术 在培育壮秧的基础上，必须适时移栽，争取冬前的较高气温条件，促使油菜秧苗返青、发根、长叶，积累较多的营养物质，增强抗寒和抗逆能力。油菜每出生 1 片叶，气温 16 ℃以上约需 3 d，10～16 ℃需 4～5 d，6～9 ℃需 7～8 d，低于 5 ℃需 10～15 d，低于 3 ℃叶片基本停止生长。近年来，上海地区 11 月日平均温度 13～14 ℃，12 月日平均气温 8～10 ℃，1 月气温显著下降，低于 5 ℃，油菜地上部生长缓慢。

适期早栽（11 月中旬移栽），冬前有效生长期 45 d 左右，可较好的利用冬前积温促进生长。但是，移栽过早，气温高，茎叶生长过快，易发生徒长，遭受冻害；叶片过早封行，田间郁蔽严重，病多虫多。春性偏强的双低油菜还易出现早薹早花现象。因此，适期移栽对于双低油菜培育大壮苗越冬尤为重要。

2. 合理密植技术 合理密植是一项充分利用光能和地力的最为经济有效的增产措施，可以协调个体和群体生长矛盾，协调营养生长和生殖生长矛盾，协调单位面积株数、单株角数、每角粒数、千粒重等产量构成因子之间的矛盾，协调主茎结角和分枝结角之间的矛盾。合理密植可增加主花序和大分枝的数量，获得较多的角、粒数和较高的粒重，达到提高单位面积产量的目的。目前的移栽密度一般为每 667 m^2 7 500～8 000 株。土壤肥力高，培管水平高，熟期偏晚或移栽较早，秧苗素质好，以及大苗，可适当稀植。移栽做到分级分批，大苗先栽，小苗后栽，便于因苗管理和促平衡生长。

3. 移栽底肥施用技术　施足油菜移栽底肥，增施硼肥。一般每 667 m^2 施复合肥 40～50 kg，土壤有效硼含量低于 0.6 mg/kg，每 667 m^2 施硼砂 200 g。施肥方法以油菜行间开沟施入较为适宜。既可防止肥料挥发造成的浪费，提高肥料利用率；又可防止穴施造成的局部肥料浓度过高，导致根系不能均匀吸收，甚至造成烧根等现象的发生，影响生长等。

针对双低油菜对硼敏感、后期不耐高肥和病害重、光合作用弱的特点，肥料施用以前期为主。由于磷能在油菜体内反复利用，施得愈早，吸收愈早，效率愈大。因此，宜采取基施的方法。钾肥可提高油菜的抗逆性，缺钾地区，钾肥也应作移栽底肥一次性施入土壤。

4. 沟系配套技术　“配套沟系，适墒移栽”是针对生板油菜移栽后易产生渍害提出的。据测定，当土壤含水量 16%～22%时，油菜生长正常；大于 25%，持续时间超过 5 d，对油菜生长不利；达到 35%，持续时间 8～15 d，烂根率达到 37%～40%，死苗率达 30%～33%；大于 42%，持续时间 10 d 左右，烂根株率和死苗率均达到 90%以上。可见，土壤含水量越大、持续时间越长，烂根株、死苗率越高。

上海地区油菜前茬以水稻田为主，土壤潮湿黏重，秋冬交替季节雨水多，对油菜影响较大。土壤含水量越高，持续时间越长，烂根死苗率越高，也就失去了早播的意义。油菜田应强调开深沟，沟系太浅，只能排除地面水和土壤表层水，不能真正排除居于地下水之上的浅层水，由于浅层水随水旱情况变化，雨水多时浅层水水位高，对油菜根系的生长不利。此外，干旱情况下，开好深沟还能为沟灌抗旱、快灌快排创造条件。因此，“开好油菜田一套沟，从种管到收”，对丰收起到重要作用。

油菜田开沟应根据天气情况，一般采取以下两种方式：移栽季节遇多雨天气，应先开沟，排除地面水，降低浅层水，再移栽油菜，防止因烂耕烂种导致油菜烂根，死苗缺棵，或不发苗，缓苗期延长。移栽季节天气正常少雨，可先移栽抢季节，然后开沟。沟系配套一般要求每畦开小方沟，沟深 30 cm 左右；田块中间开当家沟，沟深 40 cm 左右，并做好“脑头沟”和外围沟的开通，确保沟系畅通。

5. 化学除草技术 上海郊区油菜种植方式以生板油菜为主，前茬为稻田，油菜直接在稻田中栽种。田块未经耕翻，土壤湿度大，草籽入土浅，杂草种子的发芽率和成苗率很高，生长快，与油菜争水、争肥、争光，严重影响油菜正常生长发育。化学除草剂具有效果好、见效快、省工、省时、省力、经济效益高等优点，随着现代农业的发展，已成为生板移栽油菜高产栽培技术体系中的一个十分重要的组成部分。

多年来，随着油菜生产上化学除草剂的广泛推广应用，草害的发生发展得到了一定的控制。近年生产中大多使用防治单子叶杂草的除草剂，油菜田杂草草相发生了较大的变化，由单子叶占据优势群落变为单子叶杂草与阔叶草混生的局面。免耕栽培的长期大面积推广，也加重这一现象的发生和发展。禾本科的日本看麦娘、网草、硬草、早熟禾、棒头草、看麦娘等和阔叶类草的大巢菜、猪殃殃、牛繁缕等已成为上海郊区油菜田的主要草害。

杂草防治一般以农药为主。对禾本科和阔叶杂草并发的移栽油菜田块，在油菜移栽前或移栽后 2 d 内土壤湿润时，每 667 m^2 用 20%敌草胺乳油 200 mL，对水 40～50 kg 均匀喷雾。移栽前后未除草或除草效果不理想的田块，在晚秋前或早春冷尾暖头时段，对于禾本科杂草多的田块，每 667 m^2 用 108 g/L 高效氟吡甲禾灵乳油30 mL；对于阔叶杂草多的田块，每 667 m^2 用 50%草除灵悬浮剂 30～40 mL，对水 40～50 kg 针对杂草茎叶喷雾。

三、冬前和越冬期管理技术

油菜从移栽到现蕾的冬前及越冬期生长阶段属大田苗期。生长中心为发根长叶。此期，腋芽和花芽开始分化，由于腋芽抽生早，易形成有效分枝，对产量影响较为重要。稻茬生板移栽油菜具有冬前有效生长期长，有利于争取较多临冬绿叶数的优点。据研究，主茎叶片数与一次分枝呈高度正相关关系。临冬绿叶数多，光合作用强，可以合成充足的养分促进地下部生长。越冬期间，随着温度降低，油菜地上部营养生长和生殖生长十分缓慢，生长中心转向根部，进入扎根期。光合产物在根颈和叶柄中大量积累和贮藏，达到一生中营养物质积累的第一个高峰，是壮苗越冬为春发奠定基础的重要时期。

1. 苗、腊肥施用技术　油菜拔秧时主根被拔断，支细根和叶片受到损伤，移栽后有一个“落难”过程。早施苗肥，可使根系及时吸收肥料，帮助油菜尽快恢复生长，争取较多的临冬绿叶数，贮存充足养分，培育大壮苗安全越冬。苗肥以速效氮化肥为主，施肥时间宜早不宜迟，但因秧苗刚移栽，根系尚未完全恢复吸收能力，数量上不宜太多，一般移栽后7～10 d，每667 m^2 尿素5 kg左右。

腊肥是油菜冬前或越冬期施用的肥料。上海地区油菜越冬阶段，根、茎、叶等营养器官继续生长，主花序已开始花芽分化，第一次分枝也相继分化叶片和花芽，其量虽小，却是营养物质分配的中心，至抽薹前分枝和花芽已大部分发育成形。这一阶段的营养条件对第一次大分枝和花蕾的数量产生较大的影响。越冬阶段重施腊肥，保证油菜营养生长和生殖生长对养分的需求。腊肥应以有机肥为主，一般每667 m^2 施商品有机肥300 kg或复合肥25～30 kg。基肥施用不足，植株体小的油菜多次轻施；反之，苗体大的油菜少施。施肥时间掌握在小寒至大寒期间。

2. 清理沟系和中耕培土技术　生板油菜虽具有移栽早、冬前有效生长期长的优点，但由于土壤板结、通透性差，不利于油菜根系的生长。因此，十分强调粗种细管。清理沟系，中耕培土，是其中十分重要的一项田间管理技术。

油菜是旱田作物，既怕水，又需水。沟系的畅通与否，与油菜的生长尤其是根系生长密切相关。油菜移栽、栽后管理以及冬季土壤的风化过程中，沟系中往往掉入大小不等的泥块或发生沟壁坍塌等，造成沟系堵塞，既不利于排水，又不利于抗旱。必须对沟系做好经常性的清理工作，保证沟系畅通。

3. 冻害防御技术 油菜越冬或早春阶段遭受低温侵袭，常常发生冻害。一般来说，氮肥施用量多，植株生长偏旺、嫩绿的冻害发生重。试验表明，日平均气温－5～－2 ℃，叶片即发生冻害；－8～－7 ℃，心叶出现冻害。上海地区越冬期冻害主要以叶片发生冻害为主，较少发生蕾薹冻害，甚少发生根拔（根抬）。

（1）冻害类型

① 叶片受冻。是油菜遭受低温侵袭后发生最为普遍的冻害。根据叶片受冻的程度可分为以下3类。

叶片发紫：受低温影响，油菜根系吸收能力下降，产生生理性缺肥，叶绿素合成少，导致叶片发紫。这类油菜加强肥水管理，一般可恢复生长。

叶片皱缩：叶片背部表皮细胞受冻后，气温回升叶片继续生长时，表皮细胞的生长跟不上叶片细胞的增长所产生的现象。

叶片僵化：叶片细胞内或细胞间隙结冰，细胞失水，叶片僵化。气温回升后叶片变软复原。若气温－5～－3 ℃的时间持续较长，则会因失水导致全叶萎蔫。

② 蕾薹受冻。一般较易发生在春性偏强的品种上。早播或秋冬季节气温偏高，花芽分化提前，出现早蕾、早薹，当气温降至0 ℃即发生冻害。

③根拔（根抬）。日平均气温低于－5 ℃，土壤中的水分结冰，体积膨胀，油菜根部耸起，白天气温上升，冰土融化，下沉，导致根系外露受冻。上海地区较少发生。

（2）防御技术 油菜冻害可通过栽培技术减轻其发生程度。一是选择抗寒性强的品种。二是适期播种移栽，双低移栽油菜适期晚播，防止越冬阶段气温偏高造成早薹早花。三是合理施肥，避免氮肥过量导致的营养生长过旺，或肥料不足导致营养体过小生育进程提前。肥料施用做到增施磷、钾肥，促使油菜生长健壮。四是沟系配套，抗旱排涝，结合开沟做好培土壅根工作，促进油菜根系生长，提高油菜抗寒抗逆能力。

4. 化学调控技术　播栽早或冬前气温高、肥料施用量大的油菜营养生长旺盛，表现绿叶多，叶面积大，植株生长嫩绿，或生育进程提前，提前通过春化阶段，出现早薹、早花等。对于这类油菜，可在12月油菜越冬前喷施多效唑控制旺长。此阶段喷施多效唑优势主要表现为：有效抑制地上部叶片旺长和花蕾分化，延缓生育进程，植株矮壮，根系发达，叶柄变短，叶色浓绿，光合作用增强，积累增加，根颈增粗，细胞液浓度增高，稳定性好，细胞内不易结冰，植株的抗寒抗逆能力增强。对于播种迟、长势差的油菜田块，严禁使用多效唑。

四、春季田间管理技术

双低油菜早发指标：立春至初花主茎绿叶11～13张，叶面积900 cm^2，单株干重7 g左右。这一时期地上部生长表现为薹茎的迅速伸长，地下部根系数量的大量增加。管理的重点以“促春发有力，保花期稳长”为重点，以正常稳健的营养生长促进旺盛的生殖生长，建成丰产架子。

1. 春薹肥施用技术　油菜越冬阶段可形成冬发苗、冬壮苗和冬养苗3种类型的苗情，生产上针对不同的苗情特点采取相对应的技术措施，增加有效花芽分化数量，延长有效花芽分化时间，争取较多的有效分枝数量，为丰产奠定基础。

冬发苗：长势旺盛，营养体大，消耗相对较大，春后施肥过早或过量，易造成“发而不稳”。在施足腊肥的基础上，应适当推迟春薹肥的施用时间，达到冬春双发目的。一般春薹肥在油菜见薹后，每667 m^2 施尿素7.5～10 kg。

冬壮苗：指生长健壮的油菜苗。一般油菜见薹期，每667 m^2 施尿素10 kg左右。双低油菜春性较强，薹肥施用偏迟，易导致营养生长过于旺盛，存在植株高大、易发生倒伏、田间郁蔽、通风透光差、病害发生严重的风险。据本地2004年设置的双低油菜春薹肥施用时期试验表明，双低油菜见薹期施用春薹肥，可以很好地协调油菜营养生长和生殖生长的关系，既获得春季早发的效果，又达到控制株高的目的；有效分枝和单株结角数增加，比薹期（薹高10 cm）施肥每667 m^2 增产11.14%。

冬养苗：这类苗基础相对较差，必须借助充足的肥水促使油菜在开春后的生长高峰期发足发好，弥补冬季生长的不足。施肥上采取少量多餐的方法，开春后即施春肥，每667 m^2 尿素5～7.5 kg，隔7～10 d施尿素5 kg。

2. 水分管理技术 开春后油菜进入抽薹和开花期，是一生中生长最为旺盛的时期，也是对水分最为敏感的时期，上海地区这一阶段冷暖空气频繁交替，雨水较多，土壤水分多，甚至达到饱和状态，一方面肥料流失量大，一方面根系活力降低，吸收力下降，叶片发黄，花蕾脱落。土壤水分多，田间湿度大，有利于病菌尤其是菌核病菌的发生、发展和蔓延，严重影响产量的提高。因此，农谚有“春水是油菜的病”的说法。田间管理做好沟系的清理和清淤工作，确保沟系畅通，雨停田间无积水，天旱灌“跑马水”，以水调肥，保证根系活力，满足油菜生长的需求。

3. 花蕾、角果脱落及阴角的发生原因和防御技术 油菜具有无限生长花序，花蕾众多，每株约可分化1 000朵的花蕾，其中能发育形成角果的花蕾仅占40%～60%，脱落的占20%～40%，无效角果（阴角）的占10%～20%。

（1）发生原因 油菜花蕾脱落和阴角的发生率与当年的气候条件、养分供应和病虫发生等密切相关。其中，温度对油菜开花、结角影响最大。日平均温度在5 ℃以下，多数花蕾不能开花，出现分段结实现象；日平均温度低于0 ℃或高于30 ℃，对开花结角不利。低温造成花粉活力降低，受精不能正常进行，花器发生冻害；花器发育不良，下部分枝发生的花蕾呈黄白色，枯萎脱落。湿度也是影响油菜开花、结角的一个十分重要的因子。湿度达到95%左右，不利于油菜的开花受精，结角率大大下降。开花结角期养分不足或氮肥施用过量，造成营养生长与生殖生长失调，结实器官得不到足够的养分满足开花、结角的需求，也会导致花蕾脱落数量的增加和阴角的发生。另外，病虫危害、密度过高、倒伏、贪青迟熟等都是引起花蕾脱落和阴角率上升的原因。

（2）防御技术　减少花蕾脱落和阴角发生首先应从发生原因着手，采取针对性措施，做好配套沟系，合理密植、科学施肥，防治病虫害等综合预防措施，培育冬季壮苗，保证春季早发稳长，减少花蕾脱落和阴角发生。

4. 油菜“花而不实”的发生原因和防御技术

（1）发生原因　“花而不实”是指油菜从植株发病到成熟陆续不断开花，但不能正常结实的一种现象，是缺硼土壤种植油菜引起的一种生理性病害。

（2）防御技术　增施硼肥是防止油菜“花而不实”现象发生的有效措施。尤其是双低油菜对硼极其敏感，增施硼肥可避免“花而不实”现象发生，提高产量。据本地 2000 年试验，双低油菜基施硼肥，苗期生长较为旺盛，绿叶多，叶面积增长势强，养分积累多，根颈粗壮，后期茎秆粗壮，有效分枝和单株有效角果多，产量提高 5.86%。一般在缺硼地区种植双低油菜，采取施硼措施，可增产 10%～20%。

5. 春季冻害的发生原因和防御技术

（1）发生原因　3 月下旬油菜抽薹后，植株体内的可溶性糖含量迅速下降，抗寒能力大大降低，一旦出现倒春寒天气，气温降至 0 ℃以下，蕾薹即发生冻害，轻者花蕾变红脱落，重者薹茎冻死。上海地区早春冻害主要有叶片、花蕾和薹茎受冻。双低油菜因春性偏强，硫苷含量低，植株生长相对较为柔嫩，更易发生冻害。

（2）防御及补救技术　冻害的预防以综合措施为主，如适时播种，防止早播早栽；科学施肥，增施磷、钾肥，防止偏施氮肥；合理密植，防止密度过稀等。油菜一旦在春季发生蕾薹冻害，可割除受冻薹茎，并追施速效氮肥，通过促进分枝生长发育，提高角果数量，减轻产量损失。

6. 病害防治技术　上海地区油菜花角期病害主要是菌核病和病毒病。

（1）菌核病　菌核病是世界范围的油菜主要病害，对产量影响较大，是造成油菜后期减产的最主要因素之一。菌核病的发生主要取决于菌核数量、气候条件、发生时间和发病条件。菌核病在油菜的苗期至接近成熟的阶段都有发生，但以花期感病对油菜的产量影响最大。上海地区油菜开花期一般在 3 月中下旬至 4 月上中旬，菌核子囊盘的开盘盛期在 3 月下旬至 4 月上中旬，这一时期降水量多、沟系不通畅、田间湿度高、郁蔽严重，将有利于菌核病的发生。连作的油菜田一般菌核数量高，发病也相对较重。

油菜一生都会受到菌核病的感染，但以终花期发病为主，茎、叶、花、角果各器官都会受到危害，其中以茎部危害最为严重。茎部受害，初始时表现为淡褐色水渍状病斑，以后逐渐变为灰白色。如湿度大，病部软腐，则出现白色絮状霉层（即病原菌的菌丝体）。病茎内部空心，干燥后开裂，纤维外露。开裂处以及病茎解剖可见黑色鼠粪状的菌核；潮湿时，茎秆表面也会形成菌核。叶片发病，开始时出现圆形水渍状病斑，以后逐渐变为青褐色。湿度大时，也会产生霉层，病斑中央为黄褐色，常常开裂穿孔。花器受害，花瓣变色容易散落；角果受害，颜色变白，种子干瘪。

菌核病的防治应采取农业综合防治与药剂防治相结合的方法，才能获得较好的效果。农业综合防治主要包括：轮作换茬，减少田间菌核数量；选择耐病品种，减轻菌核病为害；种子处理，清除种子中的菌核；沟系配套，降低菌核病的发生程度；控制氮肥，增施磷、钾肥料，提高植株的抗倒耐病能力等。药剂防治掌握药剂选择、用药时间、用药浓度和用药方法 4 项。目前，防治效果较好且高效、低毒的农药主要为多·酮；用药时间以花期的始盛期为佳；用药浓度为每 667 m^2 用 25％多·酮可湿性粉剂 100 g。田间灰飞虱和蚜虫发生较重田块，施药时每 667 m^2 可加入 25％吡蚜酮可湿性粉剂 20 g，对水 50 kg 喷雾；用药应选择无雨天气；喷药时注重对植株中、下部的防治；感病品种、重茬田在第一次用药后 7～10 d 进行第二次防治，提高防治效果。

（2）病毒病　油菜感染病毒病初期，叶片出现散生黄色斑点，以后黄斑逐渐变深，病斑中心呈黑褐色枯点；病斑先从下部叶片发生，以后发展到上部叶片和心叶，有的出现花叶。甘蓝型油菜一般发病较迟，大多能抽薹，但茎部会出现黑褐色枯死条纹或黑褐色梭型斑点，形成同心圆。感病植株茎秆细瘦，花梗短小，部分花而不实。病害发生轻的虽能结角，但角果扭曲，籽粒不饱满。

蚜虫危害是油菜感染病毒病的主要原因。一般认为早播的油菜冬前生长期长，特别是上海地区，育苗阶段气温较高，有利于有翅蚜虫的发生、繁殖和迁飞，播种越早，蚜虫侵染的机会越多；而直播油菜由于播种迟，所以发病轻。前茬为旱地靠近蔬菜地的田块，蚜虫发生也相对较重。

病毒病的防治也应采取农业综合防治与药剂防治相结合的方法。由于病毒病以苗期受感染后油菜产量损失最大，且苗期发病又是大田发病的最主要因素，因此，首先要特别重视和加强对苗期蚜虫的防治；其次要做到适时播种、适时移栽，减少病毒病的感染几率；最后增施磷、钾肥料，提高植株的抗病能力。

五、油菜成熟期田间管理技术

油菜盛花期后根系活力逐渐下降，叶片的光合作用优势逐渐被日益增大增厚的角果层所取代。因此，这一时期的栽培管理应围绕保持根系活力，防止早衰和防止贪青迟熟为重点，保持花角期有一个较大的光合势，延长开花结角的时间，达到降低阴角率、提高有效角、粒数和粒重的目的。

1. 水分管理技术　角果成熟期生长正常的油菜虽已建成产量架子，但由于根系活力下降，多雨年份易发生根系早衰。这一时期的栽培管理应围绕保持根系活力，以防止早衰和防止贪青迟熟为重点，保持花角期结角层有一个较大的光合势，延长开花结角的时间，降低阴角率、提高有效角、粒数和粒重。栽培管理的重点是保持沟系通畅，保证根系活力，防止根系提早衰亡。

2. 角粒肥施用技术　在施用春薹肥的基础上，长势正常的田块，后期不再需要肥料。前期肥料施用不足、长势差、有脱力早衰趋势的田块，可于终花期每667 m^2 施尿素2.5～5 kg。保证茎秆和角果的光合作用，防止角果和籽粒因得不到足够的养分发育不良，瘪粒、脱落和阴角增加，影响产量。农谚"老来穷"和"冬壮春发一场空"指的就是油菜苗期冬壮、春季早发、后期因养分不足造成早衰引起的减产。

3. 倒伏预防技术

（1）引起倒伏的因素　油菜倒伏的原因除遇大风吹倒外，肥水管理不当，春后氮肥过量，油菜薹茎抽生过快，上粗下细，茎秆柔嫩，抗倒能力减弱；密度过高，田间郁蔽，茎秆不粗壮，分枝部位高，结角层集中于植株上部，造成"头重脚轻"；沟系配套不到位，排水不畅，田间湿度高，根系扎根浅；移栽时栽种过浅，又没有做到培土壅根，根系集中在表土层等。遇到不利气候条件，极易发生倒伏。此外，后期菌核病的严重发生，茎秆早枯，也较易引起倒伏。

（2）倒伏的危害　油菜倒伏后对产量的影响较大。倒伏后压在下面的角果得不到光照，或光照减弱，影响营养物质的积累；倒伏后茎秆折断，植株的输导组织受到破坏，根系吸收的养分、水分以及植株体内积累的营养物质无法输送到角果；倒伏后一部分"休眠芽"重新生长，形成二次分枝并开花，但无法正常结角，消耗大量养分，不利于正常角果的生长发育；倒伏后田间通风透光条件差，相对湿度增高，造成已倒伏的植株发生霉烂，有利于菌核病蔓延；倒伏后植株角果成熟度差异大，收割费工，脱粒浪费增加。

（3）防御技术　油菜倒伏的原因有很多，对产量的影响较大，必须采取综合措施，防止和减轻倒伏发生。一是合理密植，协调好群体和个体的生长关系；二是栽深壅实，移栽时深栽，越冬期培土壅根，促使油菜发根；三是配套沟系，建成强大根系群；四是科学施肥，氮、磷、钾肥配合施用，控制氮肥投入量，防止营养生长过旺，提高茎秆韧性；五是防治病虫害，采用农药防控技术，防止和减轻病虫害，尤其是菌核病的发生。

4. 高温逼熟防御技术

（1）引起高温逼熟的原因　“高温逼熟”指油菜在成熟过程中遇到高温、干热西南风天气，导致油菜非正常的提早枯熟。油菜从终花到角果成熟需要 30～40 d 时间。上海郊区种植的油菜一般 4 月中旬终花，5 月下旬成熟。油菜结角的适宜温度是20 ℃以上，土壤相对湿度 70%以上。如角果成熟阶段出现高温、干热天气，油菜根系的吸收无法满足地上部蒸腾作用大量水分蒸发的需求，导致植株提高枯熟、根系提早衰亡、角果无光泽、籽粒不饱满、瘪粒增加，影响油菜产量和质量。

（2）防御技术　“高温逼熟”虽然是由高温、干热引起的，但与油菜根系生长的好坏，植株生长的健壮与否密切相关。“高温逼熟”是植株大量失水引起的，沟系配套好、根系扎得深、分布广，能扩大吸收的范围；同时，植株生长健壮、根系发育良好，角果成熟期根系的活力衰退慢，能维持一定的吸收能力，大大增强植株抗高温、干热的能力，可减轻“高温逼熟”对油菜籽粒产量的影响。因此，加强田间沟系配套、促使根系生长发育良好是油菜抵御“高温逼熟”的关键技术措施。

5. 适期收获技术　适时收割是油菜达到高产优质的一个十分重要的技术环节。油菜为无限花序，从初花至终花约需 25 d 时间，角果的成熟时间是根据开花的早晚决定的，所以，全田的角果成熟期很不一致。收获太早，大部分角果太青、籽粒过嫩，千粒重和含油率均不高；收获太迟，早熟的角果已经开裂，损失严重。农谚有“八成熟，十成收”的说法。

油菜适宜的收获期可以根据角果和种皮在成熟过程中颜色的变化来确定。生产上将这一过程划分为 3 个时期。首先是绿熟期，油菜主花序角果呈黄绿色，大部分分枝角果仍为深绿色，种皮绿色。此时，种子尚不饱满，晒干后种皮皱缩发红，含油率只有正常成熟种子的 70%。其次是黄熟期，主花序角果呈枇杷黄色，中上部分枝角果呈黄绿色，下部分枝角果也已开始转色，籽粒转为故有颜色，粒重和含油率都较高，是油菜最适宜收获期。最后是完熟期，大部分角果呈黄色，失去光泽，角果极易开裂，此期角果已完全成熟，但收获时浪费大，损失重，而且粒重和含油率也呈下降趋势。

第二节　直播油菜生育特点和栽培技术

直播油菜指油菜种子直接由人工或机械播种、无育秧过程的栽培技术。直播油菜在国外应用广泛，我国也有部分地区采用直播栽培油菜。我国南方冬油菜区以水田油菜为主，与稻、麦轮作复种，为适应水稻土的生产特点、克服季节矛盾，历史上大多采用育苗移栽的栽培方式，直播油菜仅在少数地区种植。20 世纪 80 年代中后期，随着二熟制的发展，沿海地区开始了新一轮种植直播油菜的尝试。90 年代末，采用直播油菜的种植方式开始增多，长江流域直播油菜面积约占油菜种植面积的 10%。沿海一些工副业发达地区已成功研制出油菜播种机和收割机，并应用于生产。

一、直播油菜的优势和生长发育特点

（一）直播油菜的优势

1. 节省秧田　直播油菜直接播种于大田，省去了育苗过程，因此也节省了育秧用地。按照 1 hm^2 秧田移栽 6 hm^2 油菜计算，每公顷油菜可节省秧田 0.17 hm^2，大大提高了土地的利用率。

2. 节约劳力　直播油菜与移栽油菜比，省去了育苗与移栽 2 个过程，因此也减少了劳动力，据 2000—2002 年（夏收）调查资料，移栽油菜从播种到收割平均每 667 m^2 投入劳力 10.98 工，直播油菜仅需投入劳力 7.33 工，比移栽油菜减少 3.65 工；如直播油菜采用机械收割，仅需投入劳力 5.20 工，比移栽油菜减少 5.78 工。另据姚全甫等（2002）在浙江省嘉兴市秀洲区调查表明，直播油菜每 667 m^2 花工数分别为播种 0.20 工、间苗 1.50 工、施肥 1.50 工、除草防病治虫 2.00 工、收割脱粒 3.00 工、晒干 1.00 工，合计 9.20 工；移栽油菜每 667 m^2 花工数分别为苗床育秧 1.50

工、拔秧移栽 5.00 工、施肥 1.50 工、除草防病治虫 2.00 工、清沟培土 1.0 工、收割脱粒 3.0 工、晒干 1.0 工，合计 15.0 工。直播油菜比移栽油菜每 667 m^2 减少 5.80 工。

3. 增加效益 据调查，直播油菜比移栽油菜每 667 m^2 省工 3.65 工，按每工 120.00 元计算，节省活化成本投入 438.00 元；机械收割的油菜比移栽油菜省 5.20 工，扣除每 667 m^2 机械收割费用 80.00 元，仍可比移栽油菜节省活化成本投入 544.00 元。据姚全甫等调查，每 667 m^2 直播油菜比移栽油菜省 5.80 工，以每工 120.00 元计算，每 667 m^2 节支 696.00 元。

4. 改善环境 机械收割的油菜，秸秆粉碎后还于田中，避免了农民焚烧秸秆造成的环境污染问题，秸秆还田有利于改善土壤理化性状，增强后茬作物的肥料利用率，减少氮化肥施用量，是一项一举多得的技术措施。

5. 病害较轻 直播油菜播种较迟，相对开花也较迟，而且花期短而集中，所以在一定程度上可以避开菌核病的感染高峰期。双低油菜的耐病性大多差于非双低油菜品种，采用直播栽培方式可以达到一定的减轻发病程度的效果。

（二）直播油菜的生育特性

1. 主根入土深 直播油菜未经过移苗这一过程，根系入土深，但侧根生长发育的能力相对较弱。据江苏省昆山市作栽站谢正荣等（2002）报道，直播油菜主根入土可达 50 cm 左右，侧根与细根集中在 20 cm 左右的耕作层内，水平扩展 40 cm 左右。稻田套播的直播油菜主根在越冬前入土深度可达 15 cm 左右，有利于吸收土壤深层的水分和养料，其耐旱和抗倒伏能力都较强。但须根数量较少，平均长度仅为 3～5 cm，吸收耕作层内土壤营养物质的能力较弱，冬前营养体小，苗期素质较差。因此，直播油菜更应重视开沟、覆土、降湿等项工作，促进冬前根系的生长。

2. 个体发育较差

（1）冬前有效生长期短，营养体小 直播油菜受前茬成熟期的影响，播种迟，全生育期短（如沪油 15 品种作直播栽培，全生育期 208 d，比移栽油菜短 30 d)，尤其是冬前生长期短、营养生长期也相对较短（如“沪油 15”品种作直播栽培，苗期 110 d，比移栽油菜少 25 d)，个体发育较差，单株生产力低。据江苏省昆山市作栽站谢正荣等（2001）对稻田套播的直播油菜调查，冬前营养体小，与 9 月 20 日的板田移栽油菜比，10 月 20 日播种的稻田套播直播油菜苗高降低 59.7%，叶龄减少 58.3%，单株绿叶数减少 50.0%，单株叶面积减少 91.2%，根颈粗减少 69.2%，叶面积系数减少 59.5%。另据我们对 1999—2002 年 3 年直播油菜的统计资料分析，10 月 25 日前后播种的直播油菜，至小寒节气叶龄仅 6.91，绿叶数 5.35 张，叶面积 213.29 cm^2，根颈粗 0.47 cm；与 9 月 25 日前后正常播种的移栽油菜相比，叶龄减少 4.99，绿叶减少 1.52，叶面积减 267.82 cm^2，根颈粗减 0.27 cm。所以，应合理密植，以群体优势弥补个体生长的不足，才能获取高产。

（2）蕾薹期、花期短，个体发育差　直播油菜进入春发阶段后，与移栽油菜一样，植株营养生长加速，并由开春前的营养生长为主，转入蕾薹期的营养生长与生殖生长并进，至开花期的生殖生长占据优势，一直到终花期的营养生长基本停止。虽增长迅猛，但受其越冬营养体的限制，个体仍然偏小。而且，蕾薹期和花期都较移栽油菜短。据 2000—2002 年沪油 15 苗情资料统计分析，立春至惊蛰直播油菜绿叶增长 1.86 倍，叶面积增长 1.85 倍；同阶段移栽油菜绿叶增长 1.54 倍，叶面积增长 1.66 倍。据惊蛰节气考察，2 年平均直播油菜叶龄 16.95，绿叶 12.74 张，叶面积682.30 cm^2，根颈粗 0.92 cm，分别比移栽油菜叶龄减 4.56，绿叶减 2.45 张，叶面积减 828.20 cm^2，根颈粗减 0.59 cm。蕾薹期平均 31 d，比移栽油菜少 5 d；花期 24 d，比移栽油菜少 4 d。

（3）一次分枝少　油菜个体与群体的矛盾，最终体现在角果数和角粒数上。一般密度高，单位面积总花序多，单株分枝数相对较少。直播油菜种植密度较高，应协调主花序与一次分枝这一对矛盾，使其达到相对的统一。提高不同部位枝序的结实粒数是直播油菜争取单位面积产量的关键之一。据江苏省太湖地区农业科学院姚月明等（2000）研究，主轴角果数随密度的增加所占比例增大，即由11.56％增加到42.30％；一次分枝角果数则随密度的增加所占比例下降，也就是由88.44％减少到57.70％。油菜各枝序的分枝结实数随定植密度的提高而减少，密度较低（本试验为1.0万株），结实粒数最多的分枝粒数可达493.89粒；密度较高（本试验为6.0万株），结实粒数最少的分枝仅56.57粒。若以一个分枝结实粒数达200粒以上作为衡量优势分枝的设定标准，则优势分枝随密度的增加而减少。如密度1万株时，优势分枝多达5个；当密度高达5万株及以上时，无优势分枝。栽培上，只有让个体有一定的生长空间，使群体得以充分发展，提高油菜分枝结实数量，通过适宜的密度调控结实数量，获得较高的单位面积产量。

二、直播油菜产量的决定因素

直播油菜的籽粒产量同样是由密度、单株有效角果数、每角实粒数和千粒重构成。不同的是，直播油菜单株生产力低，分枝数和单株角果数少，决定产量的关键因子主要受控于主茎和一次分枝的有效角果，所以，要获得高产，密度是一个主要的决定因素。

双低直播油菜每667 m^2 150 kg的产量结构是：密度每667 m^2 2.5万～3.5万株以上，单株有效角果数80～110角，每角实粒数15.5～16.5粒，千粒重3.5～3.7 g。据上海市产量结构统计资料（沪油15品种），每667 m^2 角果数的变幅为25.82％，粒数变幅17.89％，粒重变幅6.37％。据此可见，提高直播油菜单位面积产量的途径首先应从合理密植着手，提高单位面积有效角果数，在此基础上争取较多的角粒数和千粒重，实现单位面积上油菜籽产量的进一步提高。

三、直播油菜栽培技术

（一）播种育苗技术

培育壮苗不仅是移栽油菜苗期要达到的目标，同样也是直播油菜获得高产的重要基础。试验研究和生产实践表明，直播油菜培育壮苗具有十分显著的增产作用，据 1998—2002 年（夏收）调查资料表明，双低油菜沪油 15 和沪油 12 品种作直播栽培，小寒节气时，绿叶 5 张左右，叶面积 200 cm^2 以上，根颈粗 0.4 cm 以上的壮苗油菜，比同期绿叶 3 张左右、叶面积 100 cm^2 左右、根颈粗 0.3 cm 以下的弱苗油菜每 667 m^2 增产 7.3～41.7 kg，增幅达 6.17%～45.52%。壮苗类型的直播油菜积累的养分较多，苗体健壮，抗逆性佳，抵御冻害的能力较强，冬季遇低温侵袭不易发生死苗，为直播油菜争取高产构建了良好的群体条件。

1. 前茬准备 油菜前茬大多以水稻为主，直播油菜受其成熟收获期的限制，播种较迟，营养生长期短，生产力降低，影响产量的提高。所以，直播油菜应适期播种，前茬的品种选择十分重要。一般应选择既高产优质、又符合直播油菜对播种期要求的早熟或早中熟水稻品种。油菜为旱田作物，不耐渍水，前茬水稻应适当提早搁田，防止搁田过迟，田脚过烂，影响机械播种和油菜根系的生长。

2. 选择品种 采用机械收割的油菜，品种选择较为重要。机械收割的油菜，在机械收获过程中，要经过分禾、割台等过程，极易造成油菜角果开裂、籽粒脱落，影响产量。宜选择角果耐开裂性强的品种种植。

3. 适期播种技术 适期播种是直播油菜壮苗越冬的一项重要技术措施。播种至出苗阶段的栽培要求是：一次播种一次齐苗，实现以全苗为中心的早、全、齐、匀的目标。

（1）播种方式 目前较常用的播种方式是水稻收割后采用机械或人工播种，将油菜种子均匀撒在稻田中。稻后播种适应于经济发达、规模化生产的农场和种植大户以及机械化程度较高、季节矛盾不突出的地区。前茬水稻采用机械收获，留茬高度 10 cm 左右，不超过 15 cm。半量还田，油菜播种采用集浅耕翻、开沟、播种几种程序一次到位的播种机，大大节省了人工投入，减轻了劳动强度。据岑竹青（2002）撰文介绍，油菜直播机械化技术（条播、穴播、撒播），一是耕整地，播种机将种子直接播入土壤；二是在未耕地上采用多功能播种机（灭茬、碎土、播种、覆土、镇压）将种子直接播入土壤；三是在整好地的基础上，采取铺膜播种机（播种、铺膜、打孔，主要指西部地区）；四是用先进的精密播种技术。播种一般分段进行，首先精选种子，用专用精密播种设备将种子按株距播入专用纸绳内，再用机械将种子绳按农艺要求置入土壤内，这种技术设备一次性投入较大，适用于土地规模经营或规模服务地区。稻田套播较适宜于季节紧张、前茬收获偏迟的田块。此外，少数地区也有采用稻田套播播种，即水稻收获前 3～5 d 油菜种子撒播至田块中，套播播种与水稻有 3～5 d 的共生期，能抓紧季节，抢早播种，充分利用冬前的有效积温，培育健壮秧苗；另外，也适用于田脚烂的田块，但不适宜于机械播种的田块。

（2）播种期　适期抢早播种是直播油菜利用冬前的有效生长期、争取临冬绿叶数的有效途径。据 1998 年秋和 2000 年秋，上海市松江区佘山镇和奉贤区洪庙镇直播油菜不同播种期试验分析，主茎叶片数与一次分枝呈高度正相关。临冬绿叶数多，可合成充足养分，在以根系生长为中心的越冬时期，促使油菜根系不断向下深扎生长，增粗发根，形成强健根系，为增枝增角奠定良好基础。播种迟，气温低，油菜根、叶生长缓慢，冬季营养体小，抗寒性差，生长势弱，不利于油菜形成壮苗。双低油菜作直播栽培，播种期不是越早越好。双低油菜春性较强，遇暖冬年份过早通过春化阶段，冬季或早春易出现抽薹和开花现象，影响产量提高。试验结果和生产实践表明，直播油菜的安全播种期是 10 月 17 日至 10 月 26 日。

（3）播种量　直播油菜单株生产力较低，应适当加大种植密度，增加群体密度弥补个体生长不足，达到增加单位面积产量的目的。油菜播种数量应根据千粒重的高低决定，千粒重高的品种，可适当加大播种数量；反之，千粒重小的品种，适当降低播种量。一般每 667 m^2 播种量 0.3 kg。套播油菜因水稻收割和机开沟时的机械损失，播量 0.35～0.4 kg。油菜籽粒细小，稀播匀播难度较大，播种时，每 667 m^2 加 3～4 kg 尿素拌匀，有利于稀播匀播；油菜幼苗“离乳”期早，播种时加入尿素，幼苗出土即可吸收足够养分，满足生长发育需求。

套播油菜水稻和油菜共生期 3～5 d 为佳。适宜的共生期油菜苗期生长健壮，分枝部位低，分枝数多，单株角果、每角粒数多；共生期过长，苗期生长细弱，不利于高产；共生期过短，失去套播的意义。适宜的共生期，可避免冬播期间因不良气候影响造成的油菜迟播，保证油菜适期播种，有利于延长苗期这一生育阶段，解决季节与气候的矛盾。

（二）合理密植技术

1. 合理密度的确定 油菜个体生长与群体生长的矛盾，产量结构上主要表现为单株角果数与单位面积角果数和每角粒数的矛盾。一般来说，群体大，个体生长相对较弱，角果数和角粒数少，千粒重较低；反之，群体小，个体生长较强，角果数和角粒数较多，千粒重相对较高。直播油菜播种迟，个体生长势弱，单株分枝数少，角果数少，结角层薄，需要一定的个体数量，通过合理密植获得高产。较高的密度有利于油菜收获时保持较为一致的整齐度，适宜于机械收割。但合理密植不是越密越好，生长过密，植株个体发育不良，根颈细瘦，制约地上部生长，营养生长的削弱，果枝数减少，角果数降低，导致减产。所以，合理密植应有一定的度值。

据江苏省太湖地区农业科学院姚月明等（2000）研究，密度每 667 m^2 1.0 万株，个体发育最好，单株角果数最多，达 127.90 个，因群体小，没有充分应用光能和土地资源，单位面积有效角果数最低，导致产量下降。密度从每 667 m^2 1.0 万株增加至 6.0 万株，单株角果数依次递减，每 667 m^2 6.0 万株的仅 36.38 角，密度过高、个体发育较差，每角粒数和粒重均处于最低水平，导致减产。所以，只有在适当扩大群体的基础上，争取最为合理的单位面积角果数，达到最适个体与群体的统一，才能获得高产的目的。该项研究还表明，种植密度是决定直播油菜产量的关键因素，每角粒数和千粒重也具有一定的作用。种植密度达到每 667 m^2 3.0 万～6.0 万株的范围内，虽单位面积角果数处于较低水平，但因具有较多的角粒数和较高的千粒重，单位面积产量仍达到最高水平。可见，在一定种植密度范围内，产量随密度的上升而提高（本试验为每 667 m^2 1.0 万～3.0 万株）；当密度达到一定量值时，产量徘徊；密度继续提高，产量有下降可能。另据 2000 年秋奉贤区洪庙镇直播油菜密度试验（沪油 15 品种）资料表明，每 667 m^2 2.0 万～3.5 万株种植密度的范围内，单株角果数和产量随密度的增加而增加；密度为每 667 m^2 2.5 万株，每角粒数最高，高于或低于这一密度角粒数下降，因每角粒数的降低，产量随密度上升而递增的趋势也逐渐趋缓。密度为每 667 m^2 3.5 万株时角果数最多，在每角粒数减少不多和千粒重持平的情况下，产量最高，但与每 667 m^2 3.0 万株间产量差异甚微。因此，直播油菜的适宜密度为每 667 m^2 2.5 万～3.0 万株。

2. 间、定苗的适宜时期　直播油菜播种量大、密度较高，不及时间、定苗，幼苗互相拥挤，争夺养分，产生细、弱、瘦苗。如定苗过早，因营养体小，遇寒流袭击，又易因死苗造成苗数不足，影响产量。直播油菜及时间苗、适时定苗尤为重要。齐苗后，第一次间苗；2 叶期第二次间苗。针对直播油菜冻害较重的特点，定苗适当推迟至 4 片真叶后。间、定苗把握“删密留稀，去病留健，弃小留大”的原则，拔除弱苗、病苗和杂株，选留无病壮苗、大苗。及时查苗补苗，缺苗断垄处移取高密度处的菜苗补缺。

（三）化学除草技术

直播油菜采用种子直接播种于大田的方法，油菜种子和杂草种子处于同一“起跑线”，油菜种子的出苗和秧苗生长与杂草基本同步，管理不善，极易发生杂草危害。据上海市嘉定区和奉贤区植保部门 2000 年定点观察，直播油菜播种时，禾本科杂草即开始出生，播种后 7 d，双子叶杂草开始出生。11～12 月杂草即进入发生高峰。根据这一规律，直播油菜播种后，应化学防除，消灭草害，这也是直播油菜争取一播全苗的关键性技术措施之一。

1. 化学除草的意义和主要草相

（1）化学除草的意义　直播油菜因直接在稻田中栽种，田块未经耕翻或耕翻很浅，土壤湿度大，草籽入土浅，杂草种子的发芽率和成苗率很高，与直播油菜处于同步生长阶段，易出现争水、争肥、争光现象，严重影响直播油菜的正常生长发育，这是造成直播油菜产量下降的关键因素之一。化学除草剂具有效果好、见效快，省工、省时、省力、经济效益高等优点，随着现代农业的发展和直播油菜的推广，已成为直播油菜高产栽培技术体系中十分重要的组成部分。

（2）主要草相　多年来，随着油菜生产上化学除草剂的广泛推广应用，草害的发生发展得到了一定的控制。但由于生产中大多使用的是防治单子叶杂草的绿麦隆、精稳杀得和高效盖草能等除草剂，油菜田杂草草相发生了较大的变化，由单子叶占据优势种群落变为单子叶杂草与阔叶草混生的局面。免耕栽培的大面积推广，也加重这一现象的发生和发展。据宁国云等（2001）报道，浙北丘陵地区直播油菜杂草发生，1986 年时调查以看麦娘为绝对优势种群，雀舌草、野老鹳草为次优势生长种群，由于长期使用精稳杀得和高效盖草能等除草剂，看麦娘已不再是油菜田的绝对优势种群，雀舌草、牛繁缕、碎米荠、辣蓼、猪秧秧等阔叶杂草及恶性杂草䓂草的危害大幅度上升。另据上海市植保部门 2000—2001 年度调查，直播油菜田杂草危害以日本看麦娘、牛繁缕、早熟禾、大巢菜、棒头草、猪殃殃、䓂草和看麦娘为主，分别占总草量的 25%、20%、15%、15%、5%、5%、4%和 4%，其他禾本科杂草和双子叶杂草分别占 5%和 2%。由于禾本科杂草较易杀灭，牛繁缕、大巢菜和猪秧秧等阔叶杂草及恶性杂草䓂草成为直播油菜田间对产量构成威胁最大的草害。

（3）杂草出草时间和数量　直播油菜田间杂草的出生一般在油菜播种后的半个月内出生，主要集中在 11～12 月。据宁国云等（2001）调查，浙北丘陵地区直播油菜田在播种后 15 d 左右开始出草，杂草的主要出草期在 11 月初至 12 月下旬这 2 个月内，出草高峰在 11 月中旬（播后 30～50 d），占总草量的 75.16%。至翌年 1 月杂草基本出齐。单子叶杂草中，恶性杂草茵草从叶龄上看，比看麦娘出草时间迟。双子叶杂草比单子叶杂草出草时间迟 7 d 左右，且在 12 月中旬有一个小的生长高峰。从杂草高度和鲜重的增加情况分析，杂草生长速度有 2 个峰，第一峰在 11 月中旬至 12 月底，第二峰在 3 月至 4 月上旬。另据上海市植保部门 2000—2001 年度调查，直播油菜播种，禾本科杂草即开始出生，播种后 7 d，双子叶杂草开始出生。不论是单子叶杂草，还是双子叶杂草发生高峰均在 11 月，出草量占总草量 49.4%，11 月底至 12 月底尚有大量杂草出土，出草量占总草量 27.5%，至翌年 1 月，随着温度的降低，出草量明显减少，3 月底出草量仅占总草量的 23.1%。

2. 化学除草剂的使用技术　直播油菜播种后与杂草生长同步，对直播油菜生长构成极大的威胁。双子叶杂草的大量滋生，增加了直播油菜田间的除草难度。生产中应针对田间杂草的发生规律、草情草相，采取相对应的除草技术。阔叶草和恶性杂草茵草发生严重的地区，选用有针对性的高效除草剂品种。据宁国云等（2001）研究表明，5%精禾草克乳油能有效防除禾本科杂草，适当提早使用时间和提高用量，能提高对茵草的防除效果；30%好实多乳油能有效防除阔叶杂草；上述 2 种药剂混用，可基本控制单、双子叶杂草混生的直播油菜田杂草危害。上海市植保部门 2000—2001 年度药剂筛选试验结果表明，根据直播油菜杂草的出草高峰、草相、腾茬时间等情况，化除方案采用“一封一杀”方法。腾茬早、杂草基数高、草龄大的田块，油菜播种前 3～4 d，每 667 m^2 用 20%百草枯水剂 150～200 mL，加水均匀喷雾，消灭现存杂草。油菜播后苗前，在土壤湿润条件下，每 667 m^2 20%敌草胺乳油200 mL，对水

40～50 kg 均匀喷雾。直播油菜秧苗长 5～6 叶，根据田间草相，采用与移栽油菜相同的方法进行化学除草。

（四）科学施肥技术

肥料是作物产量得以提高的最基本的物质要素，直播油菜同样也不例外。据 2000 年秋笔者等在金山区亭林镇设置的氮、磷、钾肥二次通用旋转组合试验数学模型分析，每 667 m^2 施氮肥折合纯氮 16 kg 可以获得高产，高于或低于这一水平，产量呈抛物线下降；在每 667 m^2 施一定水平的氮、钾肥的情况下，产量随磷肥施用量的增加而提高，每 667 m^2 过磷酸钙 40 kg 及以上时，增产趋势不显著；一定氮、磷肥水平下，产量与钾肥施用量成正比。氮、磷、钾肥都有显著的促进增产作用，其效应顺序为氮肥＞磷肥＞钾肥。氮肥与磷、钾肥互作均为正值，说明施用氮肥的同时还必须增施磷、钾肥才能促进作物增产。试验分析表明，氮、磷、钾肥的配比 1∶0.33∶0.39 可获得高产。

1. 施足基肥，追施苗肥　稻后直播油菜播种时，每667 m^2 施复合肥 45 kg 左右；稻田套播的直播油菜，水稻收割后即施用。双低油菜对硼肥较为敏感，还应施硼砂 200 g。多年试验研究和生产实践表明，磷是油菜苗期的必需元素，2 叶期前施用磷肥利用率和增产效果最佳。

直播油菜追肥，齐苗后追施 1～2 次尿素（2.5 kg 尿素溶于水中浇施）；3 叶期追施壮苗肥。这是因为直播油菜受前茬成熟期限制，播种较迟，应充分抓住 5 叶期前的较高气温，促使油菜在氮素代谢的旺盛期，吸收较多的氮素，加快细胞的增生速度和出叶速度，使光合面积迅速扩大，开叶发棵，保证油菜于冬季来临时，具有一定营养体，为翌年开春后的营养生长和生殖生长奠定基础。追肥数量可根据油菜品种春性的强弱，以及长势强弱确定，一般每 667 m^2 追施苗肥尿素 5～7.5 kg。春性强的品种和长势弱的油菜宜适当多施；反之，春性弱的品种和长势好的油菜适当少施。

2. 早施薹肥　双低油菜春性较强，春发期间易出现营养生长过旺，影响油菜产量的提高。此外，薹茎抽生过高，不利于机械收割。薹肥蕾施可以促使春发势较强的双低油菜品种在薹茎的伸长期和充实期，短柄叶合成较多的碳水化合物防止薹茎过分伸长，有效地控制油菜无限生长，适应机械收割对油菜个体生长的要求；薹肥蕾施使直播油菜在薹期分枝抽出时即能获得充足的养分，并为直播油菜一生中的第二个营养积累高峰积累有效养分奠定基础。促进一次有效分枝和大中角果的形成，以及单株有效角果数的增加（经成对数据统计分析，单株有效角果数的差异达极显著水平），保证直播油菜有较为合理的个体和群体生长环境，为夺取油菜高产奠定基础。据 1999—2000 年度在上海市郊设立的薹肥蕾施试验表明，薹肥提前至蕾期施用，株高下降 2.63 cm，茎粗增加 0.10 cm，分枝增加 0.29 个，单株有效角果数增加 7.46 角，千粒重提高 0.06 g，每 667 m^2 实收产量 163.19 kg，增产 5.09%。薹肥施用量每667 m^2 施用尿素10 kg左右。

（五）沟系配套技术

1. 配套沟系　直播油菜前茬以水稻田为主，土壤潮湿黏重，秋冬交替季节雨水多，对于喜湿润但不耐渍水的油菜，尤其是播种迟、苗体小的直播油菜影响较大。土壤含水量越高、持续时间越长，烂根死苗率越高。对于直播油菜来说，也就失去了早播的意义。直播油菜应强调开深沟，因为直播油菜扎根较深，沟系浅，仅排除地面水和土壤表层水，不能真正排除居于地下水之上的浅层水，浅层水随水旱情况变化，雨水多浅层水水位高，对直播油菜根系的深扎十分不利。此外，天气干旱，开好深沟能为沟灌抗旱、快灌快排创造条件。直播油菜一般要求隔 2～3 畦，开一条畦沟，沟深 30 cm 左右；田块当中开当家沟，沟深 40 cm 左右。机械播种的直播油菜，播种时每畦的畦沟虽已机械开好，但机械作业时需在田头田尾转向调头，畦头畦尾与外围沟的连接处还应人工开通。

2. 清沟降渍　土壤水分过多，对直播油菜机体的各器官都会造成损害，不利于根系的生长和保持根系的活力。上海地区春季雨水多，有的会导致水控不长，油菜僵、老、红、瘦，春季不发；有的则会造成水发疯长，因营养生长过旺，影响生殖生长。直播油菜密度较高，遇多雨年份，田间湿度过高，易造成菌核病的发生。所以，春季防涝渍是确保直播油菜春发稳长、保持根系活力、控制菌核病发生、不早衰的重要条件。防涝渍的主要措施是：经常清理田内外沟系，防止沟系坍塌等原因造成的沟系堵塞，保持沟系畅通无阻，防止雨后田间积水，确保沟系畅通。

（六）化学调控技术

多效唑是一种广谱性的植物生长调节剂，对多种作物具有控制纵向生长，促进横向生长的效应。据上海市农业技术推广服务中心1998年秋在奉贤区庄行镇、金山区亭西农场和青浦区莲盛镇的试验结果表明，油菜3～4叶期使用多效唑具有十分显著的矮化株型、增叶壮根作用。具体表现为：叶色转深，叶缘增厚，绿叶和叶面积增加，根颈增粗，叶间距缩短，抗逆性增强。这项技术措施对于双低直播油菜来说甚为重要。播种出苗后在较高温度条件下，生长较非双低油菜快，组织幼嫩，遇寒流袭击冻害较重。使用多效唑培育壮苗、增强油菜的抗逆能力是一项必不可缺的关键技术。多效唑和稀效唑的使用方法是：12月中旬，直播油菜达到4叶期时，每667 m^2 用15%多效唑可湿性粉剂50 g，对水50 kg，叶面均匀喷雾。

（七）冻害防御技术

直播油菜越冬或早春遭受寒流侵袭，常常发生冻害，因其苗体小、冬前根系不发达、地上部生长幼嫩，冻害往往比移栽油菜严重。水稻秸秆全量还田，稻草覆盖较厚，油菜出土后生长于一个相对较为温暖的环境之中，虽具有幼苗生长快、能够缓解季节矛盾的优点，但因未经历炼苗过程，长势旺、苗体幼嫩、抗逆性较弱，遇寒流袭击冻害严重，因叶片细胞内及细胞间隙内结冰，细胞失水，导致叶片僵化；严重的甚至出现失水全叶萎蔫死苗。据2002年1月初上海市奉贤区对移栽油菜和直播油菜冻害调查结果表明，在

2001年12月22日至30日，连续9 d最低气温在－2 ℃以下，其中23日最低气温为－3.9 ℃；日平均温度在－0.5～2.9 ℃的条件下，直播油菜冻害发生远高于移栽油菜，直播油菜中播种迟的冻害发生远高于播种早的。直播油菜冻害发生率80%以上，冻害指数22.5以上，死苗率3%以上，冻害最重的田块死苗率达18%。调查田块中，冻害严重的点片，冻害率达到100%，冻害指数达87.7，死苗率达75.6%，造成局部缺苗断垄。由此可见，预防冻害的一项十分重要的技术措施是适期早播，充分利用冬前的有效积温，培育大壮苗安全越冬。对于播种过早或氮肥施用过多、营养体生长过旺的直播油菜，可喷施多效唑减轻冻害发生程度。

（八）适时收获技术

目前，直播油菜的收获方式已由单一的人工收获，发展到机械收获。据岑竹青（2002）撰文，常见的有两种机械收获方式。一是分段收获，先由人工或割晒机切割铺放，利用作物后熟机理、晾晒后用联合收获机拣拾、输送、脱粒、秸秆还田。二是联合收获，利用国产的背负式或自走式稻麦联合收割机，稍加结构改进和调整，油菜可收获时，直接收获、秸秆还田作业。如上海市农业机械研究所和上海市农工商集团向明总公司2002年联合研制生产的4LZ（Y）-1.5A型履带式联合收割机，就是一种以收获油菜为主、兼收水稻、小麦的多功能联合收割机。据上海市农机具产品质量检测站2002年5月24日在上海市金山区兴塔镇洋泾农场对沪油15油菜进行现场机械收割测试，田间油菜条件为籽粒含水率22%、茎秆含水率66%、植株自然高度137 cm、草谷比3.4、植株轻度倒伏、成熟度九成左右时，最终收获产量为每公顷2 260.5 kg。收割机前进速度0.83 m/s、割幅1.9 m、喂入量1.5 kg/s、割茬高度32 cm时，测得的总损失率7.78%，其中，割台损失率为1.28%，脱粒机体损失率2.6%，清选损失率为3.9%，破损率为0%；油菜籽含杂率为0.9%；机具的工效为4 702.35 hm^2/h，耗油量为每667 m^2 0.67 kg。另据江苏省苏州市经济作物技术指导站吴玉珍等

(2001）报道，苏州市在桂林-3号联合收割机基础上改装的4LU2.5B油菜收割机，平均总损失率为9.07%，其中，1/3为割台损失，与人工收获相仿，籽粒清洁度大于70%，基本无破碎粒，杂质多为油菜荚壳，日晒2 d，人工略加清扬即可入库，实际作业效率1 334~2 668 m^2/h，日工效1.22 hm^2。人工收获和机械分段收获的油菜要求全田80%角果呈枇杷黄、主轴大部分角果籽粒呈黑褐色时收割；采用机械联合收获的油菜，由于收获时直接脱粒，为防止脱粒不净造成浪费，应适当推迟收割，一般要求全田85%以上的角果呈枇杷黄、主轴角果籽粒呈黑褐色时收割。油菜收割的时间还应取决于油菜品种角果的开裂性状，角果较耐开裂的品种可于90%的角果呈枇杷黄时收获，这类品种人工脱粒难度较大，采用机械收获可变被动为主动，大大降低割台损失率较适于机械收割；角果较易开裂的品种，适当提前至85%的角果呈枇杷黄时收割。

第十三章 油菜主栽品种简介

上海郊区近年推广种植的油菜主要有沪油 15、沪油 17、沪油杂 1 号、沪油 21、沪油杂 8 号和沪油 039 等品种。

一、沪油杂 1 号

审定编号：沪农品审油菜 2003 第 068 号，国审油 2005012。

选育单位：上海市农业科学院作物育种栽培研究所。

品种来源：以 20118A×M－6029 为母本、沪油 15 为父本，采用隐性核不育三系制种技术获得的我国第一个隐性核不育杂交双低油菜创新品种。

特征特性：甘蓝型半冬性杂交油菜品种。该品种属中熟品种，在长江中下游地区种植，全生育期 238 d，比汇油 50 早成熟 1～2 d。幼苗生长半直立，叶色淡绿，有琴状裂叶 2 对，缺刻较深，叶片中等大小，叶面平展，叶缘有波状缺刻，蜡粉较厚。株高较矮，为 150 cm 左右；分枝习性属中生分枝型，分枝部位约 40 cm；茎秆坚硬。根系发达，侧根粗壮。一次有效分枝 7.5 个左右，主花序长度约 60 cm。抗倒性强，较耐菌核病和病毒病。

产量表现：2001 年区试，平均每 667 m^2 产 167.90 kg，较对照汇油 50 增产 11.93%，比对照沪油 12 增产 16.16%，增产均达极显著水平。2001 年区试，平均每 667 m^2 产 131.21 kg，比对照沪油 15 增产 3.81%，增产不显著。2003 年生试平均每 667 m^2 产 148.43 kg，比对照汇油 50 增产 36.37%，增产达极显著水平；较沪油 15 增产 15.93%，增产达显著水平。

产量结构：平均单株有效角果数 360 个左右，每角粒数约 20 粒，千粒重 3.7 g 左右。每 667 m^2 产水平 160 kg 左右。

品质：平均芥酸含量 0.62%，平均硫苷含量低于 24.23 μmol/g，含油率 42.42%。

推广情况：是近 2 年市郊油菜的主栽品种，其中 2013 年夏收推广面积达 76.44%；2014 年达 48.94%。

栽培技术要点：

① 适时早播，培育壮秧。在长江下游地区育苗移栽，9 月 20 日左右播种，11 月上旬移栽，秧龄 40～45 d，苗床与大田比例 1∶6。3 叶期喷多效唑，每 667 m^2 秧田用 15%多效唑可湿性粉剂50 g。直播于 10 月 23 日之前播种，及时间苗、定苗。

② 合理密植。该品种株高较矮、株型较紧凑，适当密植有利于提高产量。移栽密度以每 667 m^2 8 000 株，直播密度以每 667 m^2 2 万株为宜。

③ 科学施肥。要求基肥足，苗肥早，薹肥腊施，花角肥少，增施硼肥。春前和春后用肥比例为 80%∶20%。

④ 适时收获。沪油杂 1 号落粒性强，充分成熟时角果会自然爆裂。适宜收获期为全田 85%左右角果呈现淡黄色，主轴角果籽粒转色呈黑色即收获。

二、沪油 17

审定编号：沪农品审油菜 2005 第 008 号，国审油 2006006。

选育单位：上海市农业科学院作物育种栽培研究所。

品种来源：以中双 4 号为母本、8902 为父本杂交，1994 年又以中双 4 号为母本采用回交方法，从其后代中经系统选育而成。

特征特性：甘蓝型半冬性常规油菜品种。该品种属中熟品种，在长江中下游地区种植，全生育期 238 d，比汇油 50 早成熟 1～2 d。幼苗生长半直立，叶色深绿，叶面平展，叶缘有波状缺刻，叶面披蜡粉。薹茎绿色，花瓣鲜黄色，椭圆形，平展，开花时侧选。分枝习性属中生分枝型，主花序较长，角果粗大，种子黑褐色。株型适中，株高 145 cm 左右；第一有效分枝着生部位中等，为 37 cm 左右；一次分枝偏少，二次分枝中等，分别约为 7 个和 3.7 个。有一定的耐病性，菌核病发病比对照非双低油菜品种汇油 50 轻，与对照品种沪油 15 相仿；病毒病抗性优于汇油 50，比沪油 15 重；抗倒性好，抗冻性较好。

产量表现：2002 年区试平均每 667 m^2 产 125.43 kg，与对照沪油 15 持平。2003 年区试平均每 667 m^2 产 100.48 kg，比对照汇油 50 增产 21.15%，增产达极显著水平；比对照沪油 15 减产 2.65%，产量差异不显著。2004 年生试平均每 667 m^2 产 199.79 kg，比对照汇油 50 增产 22.25%，增产达极显著水平；比对照沪油 15 增产 3.36%，产量差异不显著。

产量结构：单株有效角 320 角左右，每角粒数约 18 粒、千粒重 3.9 g 左右。产量水平每 667 m^2 150 kg 左右。

品质：芥酸含量小于 1%，硫苷约 20 μmol/g，含油率 42% 以上。

推广情况：2011 年推广面积达到最高峰，占市郊油菜面积的 45.82%；近 3 年推广面积所占比例在 15.10%～43.21%。

栽培技术要点：

① 适时播种、培育壮秧。播种期 9 月 20 日至 25 日，秧田与大田比为 1∶6，3 叶期喷施多效唑有利于秧苗矮壮，秧龄 40～45 d。

② 合理密植。11 月上中旬移栽，密度每 667 m^2 8 000 株左右，根据地力情况可适当增减。在移栽前将排水沟开好，待晴天移种，以利根系生长。

③ 科学运筹肥料。施足基肥，增施磷、钾肥，及时施苗肥、腊肥、春肥，巧施花粒肥，肥料的 75%在年前施用。

④ 加强病虫防治。生长期注意虫害的危害，尤其是蚜虫，应及时防治，减轻病毒病的发生。在花期需防治菌核病。

⑤ 适时收获。沪油 17 抗倒性较强，果壳较厚，不易落粒，可

等大部分角果充分黄熟后收获，更利于籽粒的增重，提高产量。另一方面，果壳厚，不易脱粒，如人工脱粒，需仔细敲打，减少浪费。由于耐落粒性强，特别适应机械收割。

三、核杂7号

审定编号：沪农品审油菜2003第067号，国审油2004019。

选育单位：上海市农业科学院作物育种栽培研究所。

品种来源：（48A×LB03）CA×HF02，是我国第一个通过国家品种审定的双低显性核不育三系杂交种。

特征特性：甘蓝型半冬性杂交油菜品种。该品种属中熟品种，在长江中下游地区种植，全生育期240 d左右。幼苗叶色较深，冬季匍匐型，缺刻浅，长柄叶裙边明显，叶面平展，蜡粉较厚。薹茎绿色。株型较高大，分枝节位低，主花序长，一、二次有效分枝多。株高155 cm，分枝节位35 cm，一次分枝8个以上，二次分枝5个左右，主花序长度约60 cm。菌核病和病毒病发病程度中等，抗倒性强。

产量表现：2000年区试平均每667 m^2 产193.60 kg，较对照汇油50增产15.93%，比对照沪油12增产17.83%，增产均达极显著水平；2001年区试平均每667 m^2 产180.32 kg，分别比对照增产20.21%和26.13%，增产均达极显著水平；2003年生试平均每667 m^2 产137.23 kg，比对照汇油50增产23.18%，增产达极显著水平；较沪油15增产4.63%，产量差异不显著。

产量结构：单株有效角400角，粒数19.4粒，千粒重3.6 g。每667 m^2 产水平160 kg以上。

品质：芥酸1.80%，硫苷低于26.5 μmol/g，含油率42.0%以上。

推广情况：该品种审定后未在上海市郊推广种植，但在安徽有一定的种植面积。

栽培技术要点：

① 适时早播，培育壮秧。9月底播种，3叶期喷洒多效唑，防

止生长过旺。

② 注意去杂。秧苗期去除杂株，主要是因隔离条件限制而出现的假杂种。

③ 适时移栽，适当稀植。该品种适宜的秧龄为40 d左右，不宜过长，11月上中旬抢晴适时移栽，密度以每667 m^2 8 000株为宜。

④ 科学施肥。腊肥要早而较重，抽薹后不宜多施肥，特别是氮肥。

⑤ 防病治虫。苗期做好蚜虫、青虫和小菜蛾的防治工作。盛花期做好菌核病防治工作，喷药防病1～2次。

四、沪油 21

审定编号：沪农品审油菜2010第003号，国审油2011023。

选育单位：上海市农业科学院作物育种栽培研究所。

品种来源：以9714×9711为母本、84004×8920为父本。

特征特性：甘蓝型半冬性常规油菜品种。该品种属中熟品种，在长江中下游地区种植，全生育期240 d左右，比汇油50推迟成熟约2 d。幼苗期叶色深绿，薹茎绿色，中生分支型，角果长度中等，植株呈纺锤形，种子褐色。株高适中，分枝节位高，主花序短，一次有效分枝中等，二次有效分枝少。株高155 cm，一次分枝节位45 cm左右；一次分枝7.5个左右，二次分枝3.5个左右。耐菌核病能力强，抗病毒病能力中等，抗寒性中等，抗倒性强，整齐度较好，生长势较强。

产量表现：2008年区试平均每667 m^2 产量208.56 kg，比对照沪油15增产13.10％；产油93.77 kg，增产18.17％。2009年区试，平均每667 m^2 产量167.89 kg，比对照沪油15增产4.53％；产油78.30 kg，增产9.99％。两年区试增产均达极显著水平。生试平均产量151.77 kg，比对照沪油15增产3.95％，增产不显著；产油69.18 kg，增产7.49％。

产量结构：单株有效角315角左右中等，每角粒数约19.5粒，千粒重4.5 g左右。每667 m^2 平均产量水平160 kg以上。

品质：平均芥酸含量0.32%，平均硫苷含量低于20.36 μmol/g，含油率45%以上。

推广情况：未全面推广，仅在部分区县种植。该品种具有产量和含油量高的特点，已于2011年作为上海市品种审定的对照品种。

栽培技术要点：

① 适时早播，培育壮秧。9月20日至25日播种，秧田与大田比为1∶6，3叶期喷洒多效唑，防止生长过旺。

② 适时移栽，适当稀植。秧龄40～45 d，10月下旬至11月上旬移栽，每667 m^2 移栽7 500株，直播以每667 m^2 2.5万株左右为宜。

③ 科学施肥。基肥足，苗肥早，薹肥腊施，花角肥少，增施硼肥，春前和春后用肥比例为80%∶20%。

④ 病虫害防治。苗期重点防治蚜虫、青虫和小菜蛾，盛花期防治菌核病。

⑤ 适时收获。全天85%左右角果呈现淡黄色，主轴转色呈黑色即可收获。

五、沪油杂8号

审定编号：沪农品审油菜2011第002号。

选育单位：上海市农业科学院作物育种栽培研究所。

品种来源：以228A（20228A×M－6477）为母本、浙油18为父本。

特征特性：甘蓝型半冬性杂交油菜品种。该品种属中熟品种，在长江中下游地区种植，全生育期240 d左右。幼苗叶色为绿色，叶片大小中等，叶缘有波状缺刻，蜡粉较厚，幼苗生长习性为半直立。薹茎绿色，花瓣鲜黄色，开花状态侧迭，分枝习性属中生分枝型。角果长度中等，植株呈纺锤形，种子颜色为黑色。株型较高大，分枝部位较高，主花序较长，一次有效分枝偏少，二次有效分枝较多。株高 165 cm，分枝位高 42 cm，一次有效分枝 8～9 个，二次有效分枝 6 个。耐菌核病能力和抗寒性略强，抗倒性和生长势强，整齐度好。

产量表现：2009 年区试平均每 667 m^2 产量 193.46 kg，比对照沪油 15 增产 20.45%；产油量 96.96 kg，增产 36.20%。2010 年区试，平均每 667 m^2 产量 219.51 kg，比对照沪油杂 4 号增产 19.79%；产油量 100.84 kg，增产 26.37%。两年区试增产均达极显著水平。生试平均每 667 m^2 产量 207.24 kg，居参试组合首位，比对照沪油杂 4 号增产 17.90%，增产达显著水平；产油量 95.21 kg，增产 22.88%。

产量结构：单株有效角果数 370 角左右，每角粒数约 18.5 粒，千粒重 4.1 g 左右。每 667 m^2 产量水平 180 kg 以上。

品质：平均芥酸含量 1.25%，平均硫苷含量低于 16.52 μmol/g，含油率 45%以上。

推广情况：由于未制种，所以未推广。

栽培技术要点：

① 适时播种。在长江下游地区育苗移栽，9 月 20 日左右播种（稻后移栽），10 月底至 11 月初移栽，秧龄 40～45 d，苗床与大田比例 1∶6；3 叶期喷多效唑。直播 10 月 25 日之前播种，及时间苗、定苗。

② 合理密植。该品种株型较紧凑，适当密植有利于提高产量。每 667 m^2 适宜移栽 7 500 株，直播以每 667 m^2 2.5 万株为宜。

③ 科学施肥。基肥足，苗肥早，薹肥腊施，花角肥少，增施硼肥。春前和春后用肥比例为 75%∶25%。

④ 适时收获。适宜收获期为全田 85%左右角果呈现淡黄色，主轴角果籽粒转色呈黑色即可收获。

六、沪油 039

审定编号：沪农品审油菜 2012 第 001 号。2014 年通过国家农作物品种审定委员会审定，目前正在公示中。

选育单位：上海市农业科学院作物育种栽培研究。

品种来源：是上海市农业科学院作物育种栽培研究所以高含油率的油菜品种（系）棚 048 和沪油 16 为亲本，采用品种间复合杂交和辐射诱变相结合的方法育成的双低油菜品种。

特征特性：甘蓝型半冬性常规油菜品种。该品种属中熟品种，在长江中下游地区种植，全生育期 244 d。幼苗生长习性为半直立，叶色淡绿，叶片大小中等，叶缘有波状缺刻，薹茎绿色，花瓣鲜黄色，分枝习性属中生分枝型。角果长度中等，植株呈纺锤形，种子颜色为黑褐色。株高偏矮，分枝部位较低，主花序长度中等，一次有效分枝略多，二次有效分枝多。株高 150 cm 左右，分枝部位约 30 cm；一次有效分枝 8～9 个，二次有效分枝 6 个左右。耐菌核病能力一般，抗寒性较强，抗倒性强，整齐度好，生长势强。

产量表现：2010 年区试平均每 667 m^2 产量 209.69 kg，比对照沪油杂 4 号增产 14.43%；产油量 91.34 kg，增产 14.46%。第二年区试，平均每 667 m^2 产量 214.53 kg，比对照沪油 21 增产 12.94%；产油量 96.34 kg，增产 17.24%。两年区试增产均达极显著水平。生试平均每 667 m^2 产量 202.96 kg，比对照沪油杂 4 号增产 1.85%，增产不显著；产油 88.37 kg，增产 1.83%。

产量结构：单株有效角 400 个角左右，每角粒数约 20 粒，千粒重 4.3 g 左右。每 667 m^2 产量水平 200 kg 左右。

品质：芥酸含量 0.62%，硫苷含量低于 24.23 μmol/g，含油率 42.42%。

栽培技术要点：

① 适时播种，培育壮秧。播种期 9 月 20 日至 25 日，秧田与大田比为 1∶6，3 叶期喷施多效唑，有利于秧苗矮壮，秧龄 40～45 d。

② 合理密植。10 月下旬至 11 月上旬移栽，每 667 m^2 移栽 7 500株，直播每 667 m^2 2.5 万株。

③ 科学施肥。要求基肥足，苗肥早，薹肥腊施，花角肥少，

增施硼肥。春前和春后用肥比例为80%：20%。

④ 加强病虫害的防治。生长期注意虫害，尤其是蚜虫，应及时防治，减轻病毒病的发生。花期防治菌核病。

⑤ 适时收获。适宜收获期为全田85%左右角果呈现淡黄色，主轴角果籽粒转色呈黑色即可收获，更利于籽粒的增重，提高产量。

第十四章 油菜标准化栽培技术规程

一、沪油系列品种防杂保优综合配套高产栽培技术规程

（一）适用范围

本规程以近年审定通过的双低油菜品种沪油系列品种为对象，规定了双低油菜的播种育苗、大田栽培管理等基本要求。

本规程适用于上海郊区水稻茬的免耕移栽种植方式的双低油菜栽培。

（二）产量目标

每 667 m^2 产 200 kg。产量结构：每 667 m^2 有效角数 240 万角，每角实粒数 20 粒，千粒重 4.0 g 左右。

（三）基本要求

1. 苗床 苗床应选择土质肥沃疏松、地势高爽平整、排水通畅、靠近水源的土地。

2. 大田 大田要求连片种植，周边邻近 400 m 范围内无其他油菜品种或同科作物（主要是大白菜和青菜），防止种间混杂。

3. 生产用种 生产用种必须符合国家规定的种子质量标准，如表 14－1 所示。

4. 播种期 9 月 25 日至 10 月 5 日。

5. 播种量 每 667 m^2 大田用种量 0.075～0.1 kg。

6. 肥料运筹 大田一生氮肥施用量折合纯氮 18～20 kg，年前与年后之比为 7∶3。氮、磷、钾配比 1∶(0.35～0.5)∶(0.35～0.6)。

表 14-1　油菜种子质量标准

项　目	要　求
芥　酸	≤2%
硫代葡萄糖苷	≤30 μmol/g
含　水　量	≤9%
净　度	≥98%
纯　度	≥95%
发　芽　率	≥90%

（四）栽培技术

1. 培育矮健壮秧　优质油菜春性较强，育苗阶段在温度较高条件下生长较快，越冬阶段生长较为缓慢，必须“早管”培育壮秧。壮秧标准（秧苗素质）：苗高 20 cm 左右，绿叶 6 张左右，根颈粗 0.6 cm 左右。

（1）秧田整地　秧田整地做到精耕细作、整细整平、低洼地加开围沟，保证灌排畅通。

（2）留好苗床　苗床按 1∶6 比例留足留好。每 667 m^2 施复合肥 25 kg。

（3）适期播种　播种期 9 月 25 日至 10 月 5 日。播种量每 667 m^2秧田 0.45～0.6 kg。均匀播种，秧龄 40 d 左右。

（4）追施苗肥　油菜 3 叶期前以促为主，每 667 m^2 施碳铵 10～15 kg。

（5）化学调控　油菜 4～5 叶期应用多效唑控上促下培育油菜矮壮秧苗。秧苗 3 叶 1 心时，每 667 m^2 15%多效唑可湿性粉剂50 g 对水 50 kg 均匀喷洒（150 mg/L），天旱，适当加大用水量。

（6）防治病虫害　秧田病虫害以蚜虫、菜青虫和霜霉病为主。防治方法：蚜虫，每 667 m^2 25%吡蚜酮可湿性粉剂20 g对水 30 kg 喷雾；菜青虫，每 667 m^2 2.2%甲氨基阿维菌素苯甲酸盐微乳剂

2 500～3 000倍；霜霉病，每 667 m^2 用 72.2％普立克水剂 15 mL，对水 30 kg 喷雾。

（7）栽前管理　移栽前 1 周施速效氮化肥，每 667 m^2 尿素 5 kg左右，针对苗床病虫害发生情况选择药剂喷起身药；移栽前 1 d秧田浇一次透水；拔秧时带土移栽。

2. 移栽和冬前管理　在培育壮秧基础上，抓移栽质量和冬前管理，培育冬壮苗，促进大分枝分化，减轻冻害影响，确保油菜秧苗安全越冬。冬壮苗标准：小寒节时，单株绿叶 7 张左右，根颈粗 1 cm 左右，叶面积 500 cm^2 左右。

（1）选用壮苗，精细移栽

① 防治杂草。油菜移栽前或移栽后 2 d，泥土湿润时，每 667 m^2 20％敌草胺乳油 200 mL，对水 40～50 kg 均匀喷雾。禾本科杂草较为严重的田块，于 12 月中下旬前或翌年开春后温度适宜时防除。禾本科杂草发生重的田块，每 667 m^2 10.8％右旋吡氟乙草灵乳油 30 mL；阔叶杂草发生重的田块，每 667 m^2 50％草除灵悬浮剂 30～40 mL，对水 40～50 kg，针对杂草茎叶喷雾。

② 适墒移栽。坚持先开沟后移栽，或边开沟边移栽；天旱，灌“跑马水”造墒；田湿，降湿消除渍害。沟深：竖沟 30 cm，当家沟 40 cm，理清外围沟，田内沟系和外围沟通畅，沟系配套。

③ 适期移栽。移栽期 11 月 10 日左右。适时抢早移栽，分利用冬前有效温度，早活早发。

④ 施足随根肥。每 667 m^2 施复合肥 40～50 kg。

⑤ 合理密植。每 667 m^2 移栽 7 500 株左右，瘦田宜密，肥田略稀。

（2）防渍抗旱，一种就管

① 防渍抗旱。天旱，及时浇水或灌“跑马水”抗旱，快灌快排，不留“宿”水；持续降雨天气，开通“脑头沟”，排涝防渍。

② 查苗补缺。移栽后及时查苗补缺，确保大田密度。

③ 早施苗肥。油菜活棵后浇施速效肥料，每 667 m^2 施尿素5～7.5 kg。

④ 碎土壅根。油菜活棵后，结合清沟，敲碎沟泥，碎土壅根。

⑤ 清理沟系。油菜生长期间经常清理沟系，保持“三沟”（横沟、竖沟、脑头沟）畅通，排涝防渍，促进根系生长。

3. 施用腊肥，重视冬管

（1）施用腊肥 小寒前后施冬腊肥，每 667 m^2 施复合肥30 kg或尿素 10 kg 左右。有条件的地区提倡施用长效有机肥料。

（2）培土壅根 越冬期间结合清沟或中耕松土进行培土壅根，保暖防冬，保护根颈。

4. 春发稳健，轻病活熟 双低油菜春发势强，栽培技术上既要促丰产架子形成，又要生长稳健，降低病害，确保活熟。春稳指标：油菜抽薹期绿叶 13～14 张，薹粗 1.3 cm 以上，叶面积 1 200 cm^2以上。

（1）早施稳施薹肥 现蕾见薹施薹肥，每 667 m^2 施尿素7.5～10 kg。

（2）防治菌核病 初花期抢晴，每 667 m^2 用 25％多·酮可湿性粉剂 100 g，灰飞虱和蚜虫发生较重田块，施药时每 667 m^2 加入 25％吡蚜酮可湿性粉剂 20 g，对水 50 kg 针对全株喷雾。重茬田、重病田防治 2 次，即第一次防治后 7～10 d 进行第二次防治。

（3）防渍防涝，清理沟系 清理田间沟系，防渍防涝，减轻菌核病发生，防病护根，青秆活熟。

（4）适时收割 主花序角果和植株中下部角果呈现黄色时收获。单打单收，颗粒归仓。

二、直播油菜高产高效配套农艺栽培技术规程

（一）适用范围

本规程以上海市郊近年审定通过的双低油菜品种沪油系列为对象，规定了直播油菜的栽培管理等基本要求。

本规程适用于上海郊区水稻茬的免耕套播或稻后直播种植方式的油菜栽培，并适用于机械收割的油菜。

（二）产量目标

每 667 m^2 产 150 kg。产量结构：每 667 m^2 2.5 万～3.5 万株，每 667 m^2 有效角数 250 万角，每角实粒数 18 粒，千粒重 4.0 g。

（三）基本要求

1. 田块 选择土质肥沃疏松、地势高爽平整、排水通畅、靠近水源的土地。双低油菜要求连片种植，周边邻近 400 m 范围内无其他油菜品种或同科作物（如大白菜和青菜），防止种间混杂。

2. 前茬 选择可于 10 月 20 日至 25 日收获的中早熟水稻品种。前茬水稻收割时控制墒情，防止田间湿度过高、影响油菜，争取一播齐苗。

3. 生产用种 生产用种必须符合国家规定的种子质量标准，双低油菜种子还必须达到国家规定的芥酸和硫代葡萄糖苷标准，如表 14－2 所示。

表 14－2 油菜种子质量标准

项 目	要 求
芥 酸	≤1%
硫代葡萄糖苷	≤30 μmol/g
含 水 量	≤9%
净 度	≥98%
纯 度	≥95%
发 芽 率	≥90%

4. 播种期 10 月 25 日前播种。

5. 播种量 每 667 m^2 大田用种量 0.25～0.4 kg。10 月 20 日前播种，每 667 m^2 大田用种量 0.2 kg；10 月 21 日至 25 日播种，每 667 m^2 大田用种量 0.3 kg；10 月 26 日至 31 日播种，每 667 m^2 大田用种量 0.4 kg。

6. 肥料运筹　一生氮施用量折合纯氮 16 kg，年前与年后之比为 75%∶25%。氮、磷、钾肥配比 1∶0.34∶0.39。

（四）栽培技术

1. 播种育苗

（1）适期播种　播种期 10 月 25 日前。均匀播种。

（2）施足基（种）肥　播种前或播种时，每 667 m^2 施复合肥 30 kg。

（3）沟系配套　油菜播种前后及时开沟。沟深：竖沟 30 cm，当家沟 40 cm，理清外围沟，确保田内沟系和外围沟的通畅，三沟配套。

（4）追施苗肥　油菜 2 叶期和 4 叶期定苗后，追施苗肥，每 667 m^2 施尿素均为 5 kg。

2. 冬前和冬期管理

（1）适期定苗　油菜 4～5 叶期，间苗、定苗，每 667 m^2 2.5 万～3.5 万株。

（2）防治病虫害　苗期病虫害以蚜虫、菜青虫和霜霉病为主。防治方法：蚜虫，每 667 m^2 选用 25%吡蚜酮可湿性粉剂 20 g，对水 50 kg 喷雾；菜青虫，30%阿维菌素 70 mL，对水 50 kg 喷雾；霜霉病，72.2%霜霉威水剂 120～150 mL，对水 50 kg 喷雾；或 75%百菌清可湿性粉剂 600 倍液喷雾。

（3）化学除草　采用稻后直播的田块，前茬杂草发生严重，选用 20%百草枯水剂 150～200 mL，对水 40～50 kg，用植保机均匀喷洒；在土壤湿润条件下，也可选用 20%敌草胺乳油 250 mL 或 50%乙草胺乳油 75～100 mL，对水 40～50 kg 喷雾。禾本科杂草较为严重的田块，于 12 月中旬前或翌年开春后温度适宜时，每 667 m^2 108 g/L 高效氟吡甲禾灵乳油 30 mL；阔叶杂草发生严重的田块，每 667 m^2 50%草除灵悬浮剂 30～40 mL，对水 40～50 kg，针对杂草茎叶喷雾。

（4）施好腊肥　于小寒节前后施冬腊肥，每 667 m^2 复合肥

20 kg。有条件的地区应大力提倡施用长效有机肥料。

（5）碎土壅根　越冬期间应继续结合清沟将冻过的土敲碎壅根，以利于保暖防冻，保护根颈。

3. 春后管理

（1）早施薹肥　见薹期施春薹肥，每 667 m^2 尿素 7.5～10 kg。

（2）防治菌核病　油菜盛花初期抢晴，每 667 m^2 用 25%多·酮可湿性粉剂 100 g。田间灰飞虱和蚜虫发生较重田块，每 667 m^2 加 25%吡蚜酮可湿性粉剂 20 g，对水 50 kg，全株喷雾。重茬田、重病田防治 2 次，即第一次防治后 7～10 d 进行第二次防治。

（3）防渍防涝，清理沟系　做好油菜生长后期的田间沟系清理工作，不仅可以防渍防涝，还可以减轻菌核病的发生，起到防病护根的作用，达到青秆活熟的目的。

（4）适时收割　机械收割 90%角果呈现枇杷黄时收获。此时，不但籽粒饱满、种皮色泽好、粒重和含油率较高，而且易于脱粒。同时，还要注意单打单收颗粒归仓。

第十五章 油菜苗情考查和田间试验记载项目试行标准

一、物候期

1. 播种期 实际播种的日期，以“月/日”表示。

2. 出苗期 75%的幼苗子叶平展。

3. 移栽期 移栽的日期，以“月/日”表示。

4. 现蕾期 出现绿色花蕾的植株达全田50%以上的日期，以“月/日”表示。

5. 抽薹期 全田50%以上植株主茎伸长，主茎顶端离子叶节达10 cm以上的日期，以“月/日”表示。

6. 初花期 全田25%植株开始开花的日期，以“月/日”表示。

7. 盛花期 全田75%花序开花的日期，以“月/日”表示。

8. 终花期 全田75%花序完全谢花（花瓣变色，开始枯萎）的日期，以“月/日”表示。

9. 成熟期 全田50%以上角果转黄变色、种子呈成熟色泽的日期，以“月/日”表示。

10. 收获期 实际收获的日期，以“月/日”表示。

11. 全生育期 从播种到成熟的天数，以“d”表示。

二、苗情

分别于大雪、冬至、小寒、大寒、立春、雨水、惊蛰、春分、清明节气考察油菜的种植密度（仅大雪、冬至节气考察）、叶龄、绿叶、新增叶、叶面积、根颈粗、开盘、薹高、薹粗、腋芽、分枝。

1. 叶龄 植株主茎着生的叶片数，以“叶”表示。

2. 绿叶 植株主茎着生的绿叶数，以“张”表示。

3. 新增叶 新出生的叶片数量，即本期叶龄比上期叶龄的增长值，以“张”表示。

4. 叶面积 每株植株每张叶片的最长和最宽值，对照油菜叶面积查对表，得出每张叶片叶面积，全株叶面积相加即得单株叶面积，以“cm^2”表示。

5. 根颈粗 采用游标卡尺测量植株子叶节下部位的直径，以“cm”表示。

6. 开盘 测量油菜叶片开展的最大直径，以“cm”表示。

7. 薹高 子叶节至主茎顶端的高度，以“cm”表示。

8. 薹粗 子叶节以上 10 cm 处的直径，以“cm”表示。

9. 腋芽 主茎叶腋中的腋芽数，以“个”表示。

10. 分枝 主茎着生的分枝数，以“个”表示。

三、抗逆性

1. 抗寒性 冻害发生 3 d 后，每个小区调查 30 株植株分别记载冻害发生率和冻害指数。

（1）冻害百分率 发生冻害的植株占调查植株总数的百分数。

（2）冻害指数 分 5 级。

0 级：植株正常，未受冻害。

Ⅰ级：个别大叶片受冻，受害叶局部萎缩或呈灰白色。

Ⅱ级：一半叶片受冻，受害叶局部萎缩或枯焦，但心叶生长正常。

Ⅲ级：全部叶片受冻，受害叶局部萎缩或枯焦，心叶生长正常或轻微受冻，植株能恢复生长。

Ⅳ级：全部叶片和心叶受冻，趋向死亡。

$$冻害指数=\frac{1\times S_1+2\times S_2+3\times S_3+4\times S_4}{调查总株数\times 4}\times 100$$

注：S_1、S_2、S_3、S_4 分别为Ⅰ至Ⅳ级的冻害株数。

2. 耐旱性　在干旱情况下调查，可以分为强、中、弱。叶色正常为强；暗淡无光为中；黄化并呈凋萎为弱。

3. 耐湿性　在多雨涝情况下调查，可以分为强、中、弱。叶色正常为强；叶色转紫红为中；全株紫红，且根呈黑色趋于死亡为弱。

4. 抗倒性　于成熟前调查，主茎与地面角度80°以上为“直”，45°～80°为“斜”，小于45°为“倒”，注明倒伏日期与原因。

5. 抗病性　成熟前每个小区调查50株植株，分别记载发病率和病害指数。

6. 抗病性

（1）菌核病

0级：全株无病。

Ⅰ级：主茎无病，全株1/3以下分枝发病。

Ⅱ级：主茎无病，全株1/3～2/3分枝发病，或主茎及全株1/3以下分枝发病。

Ⅲ级：主茎及全株1/3～2/3分枝发病；或主茎无病，全株2/3以上分枝发病。

Ⅳ级：全株发病。

病害指数计算方式同冻害指数。

（2）病毒病

0级：全株无病。

Ⅰ级：仅1～2片边叶叶片有病斑，心叶无病。

Ⅱ级：少数边叶叶片（2片左右）和心叶均有病斑，但植株生长正常。

Ⅲ级：全株大部叶片（包括心叶）均产生系统病斑，上部叶片皱缩畸形。

Ⅳ级：全株大部叶片均有系统病斑，部分病叶枯凋，植株枯死或趋枯死。

病害指数计算方式同冻害指数。

四、考种和实收产量

1. 收获密度 于收获前测量小区种植株数，折算每 667 m^2 植株数。

2. 株高 自子叶节至全株最高部分长度，以“cm”表示。

3. 一次有效分枝部位 第一个有效分枝离子叶节的长度，以“cm”表示。

4. 一次有效分枝数 主茎上具有一个以上有效角果的第一次分枝数。

5. 二次有效分枝数 第一次分枝上出生的具有 1 个以上有效角果的第二次分枝数。

6. 主花序有效长度 主花序顶端着生有效角果至主花序基部着生有效角果处的长度，以“cm”表示。

7. 主花序有效角果数 主花序上含有 1 粒以上饱满或欠饱满种子的角果数。

8. 一次分枝有效角果数 一次分枝上含有 1 粒以上饱满或欠饱满种子的角果数。

9. 二次分枝有效角果数 二次分枝上含有 1 粒以上饱满或欠饱满种子的角果数。

10. 全株有效角果数 全株含有 1 粒以上饱满或欠饱满种子的角果数。

11. 每角粒数 自主轴和上、中、下部的分枝花序上，分别随意摘取 10 个正常荚角，计算平均每角饱满或欠饱满的种子数。

12. 千粒重 在晒干（含水量 9%）、纯净的种子内，用对角线、四分法或分样器等方法取样 3 份，分别称量，取 3 个样本的平均值，以“g”表示。

13. 不育株率　杂交油菜从始花至终花，整株花朵无花粉，有微量花粉但无活力的植株，可在油菜收获期调查不育株占调查总数的百分数。

$$\text{不育株率（\%）}=\frac{\text{不育株数}}{\text{调查总株数}}\times 100$$

14. 实收产量　实际收获产量，折算每 667 m^2 产量。

参考文献

陈思思，李春燕，杨景，等 . 2014. 拔节期低温冻害对扬麦 16 光合特性及产量形成的影响 . 扬州大学农业学报（3）：59 - 64.

陈志伟，施晓钟，陈银华，等 . 2009. 不同播期、密度和施肥量对大麦新品种“花 11”产量和品质的影响 . 上海农业学报，25（4）：18 - 21.

陈新军，戚存扣，高建芹，等 . 2001. 不同栽培密度对杂交油菜产量的影响 . 江苏农业科学（1）：29 - 30.

程顺和，郭文善，王龙俊，等 . 2012. 中国南方小麦 . 南京：江苏科学技术出版社 .

刁操铨 . 1994. 作物栽培学各论：南方本 . 北京：中国农业出版社 .

丁锦峰，杨佳凤，王云翠，等 . 2013. 稻茬小麦公顷产量 9000kg 群体氮素积累、分配与利用特性 . 植物营养与肥料学报，19（3）：543 - 551.

丁锦峰，杨佳凤，訾妍，等 . 2013. 长江中下游稻茬小麦超高产群体磷素积累、分配与利用特性 . 麦类作物学报，33（1）：129 - 136.

丁锦峰，訾妍，杨佳凤，等 . 2014. 稻茬小麦公顷产量 9000kg 群体钾素积累、分配与利用特性 . 作物学报，40（6）：1035 - 1043.

丁颖 . 1961. 中国水稻栽培学 . 北京：农业出版社 .

郭文善，王龙俊 . 2012. 小麦抗逆高产栽培技术 . 南京：江苏科学技术出版社.

贺德先 . 2009. 世界小麦产消与贸易形势动态分析及小麦生产发展战略研究 . 河南农业大学学报（4）：223 - 226.

侯传庆 . 1992. 上海土壤 . 上海：上海科学技术出版社 .

胡立勇，丁艳锋 . 2008. 作物栽培学 . 北京：高等教育出版社 .

亢霞，王彦峰，曲云鹤，等 . 2009. 油菜籽生产贸易情况及我国油菜籽发展的对策建议 . 中国油脂（12）：1 - 5

李凤阳，何激光，官春云 . 2011. 油菜叶片和角果光合作用研究进展 . 作物研

究 (4)：405－409.
廖星，刘昌智，王江薇，等.1996. 不同施氮水平对杂交油菜生长发育的影响. 耕作与栽培 (2)：42－43.
刘后利.1987. 实用油菜栽培学.上海：上海科学技术出版社.
罗海峰，汤楚宙，官春云，等.2010. 适应机械化收获的田间油菜植株特性研究.农业工程学报 (10)：61－66.
姜楠，韩一军，李雪.2013. 上半年全球小麦产业发展特点与展望.中国市场，35 (750)：73－78.
农业部种植业管理司，中国水稻研究所.2002. 中国稻米品质区划及优质稻栽培.北京：中国农业出版社.
彭永欣.1992. 小麦栽培与生理.南京：东南大学出版社.
邱美良，沈淳，费全凤，等.2013. 氮肥运筹对"沪油杂1号"生长影响初探. 上海农业学报，29 (4)：82－84.
《上海农业志》编纂委员会.1996. 上海农业志.上海：上海社会科学院出版社.
沈金雄，傅廷栋.2011. 我国油菜生产、改良与食用油供给安全.中国农业科技导报，13 (1)：1－8.
施忠，陆峥嵘，李秀玲.1996. 稻麦油轻型栽培技术.上海：上海科学普及出版社.
石建福，施圣高，王新其，等.2014. 播期、播量对大麦'花22'产量及构成因素的影响.农学学报，4 (12)：8－11.
苏祖芳，沈巨云.1998. 水稻看苗诊断技术.南京：江苏科学技术出版社.
王伯伦.2010. 水稻优质高产育种的理论与实践.北京：中国水利水电出版社.
王汉中.2010. 我国油菜产业发展的历史回顾与展望.中国油料作物学报，32 (2)：300－302.
王建林，栾运芳，大次卓嘎.2006. 中国栽培油菜的起源和进化.作物研究 (3)：199－205.
徐乃瑜.1988. 小麦的分类起源与进化.武汉植物学研究 (5)：187－194.
徐雯，杨景，郑明明，等.2013. 低温对小麦植株形态、生理生化的影响及其防御研究.金陵科技学院学报 (6)：62－68.
徐雪高，曹慧，刘宏.2012. 中国油料作物及食用植物油供需现状与未来发展趋势分析.农业展望 (11)：9－15.

杨经泽．1997. 杂交油菜栽培技术．武汉：湖北科学技术出版社．

喻义珠，杨正山，张梅生．甘蓝型杂交油菜高产栽培技术研究．江苏农学院学报，19（3）：28－32.

张睿，刘党校．2007. 氮磷与有机肥配施对小麦光合作用及产量和品质的影响. 植物营养与肥料学报，13（4）：543－547.

张益彬，杜永林，苏祖芳．2003. 无公害优质稻米生产．上海：上海科学技术出版社．